计 算

何满喜　曹飞龙　编著

科 学 出 版 社

北 京

内 容 简 介

本书根据普通高等理工科院校“计算方法”和“数值分析”课程的教学大纲编写而成，重点介绍计算机上常用的典型计算方法和基本理论. 主要内容包括数值计算中的误差分析、线性方程组与非线性方程组的解法、矩阵特征值与特征向量的计算、非线性方程求根的方法、数值逼近的插值法与数据拟合法、数值积分与数值微分、常微分方程初值问题的数值解法等. 书中内容力求精炼充实、由浅入深，从典型算法与实际问题着手，循序渐进，简洁易懂，便于教学与自学. 每章都有较明确简洁的算法与实例，着重训练读者的计算能力，培养读者解决实际问题的方法和创新能力. 每章后还配有适量的习题，便于读者掌握和巩固重点内容、算法与基本思想.

本书可作为普通高等院校数学各专业的本科生、研究生和理工科各类相关专业的本科生、研究生的“计算方法”、“数值分析”课程的教材或参考书.

图书在版编目(CIP)数据

计算方法/何满喜，曹飞龙编著. —北京：科学出版社，2011
ISBN 978-7-03-031865-7

Ⅰ. 计… Ⅱ. ① 何… ② 曹… Ⅲ. ① 数值计算-高等学校-教材
Ⅳ. ① O241

中国版本图书馆 CIP 数据核字 (2011) 第 139646 号

责任编辑：张中兴 / 责任校对：陈玉凤
责任印制：赵 博 / 封面设计：北京华路天然图文设计工作室

科学出版社 出版
北京东黄城根北街 16 号
邮政编码：100717
http://www.sciencep.com
北京华宇信诺印刷有限公司印刷
科学出版社发行 各地新华书店经销
*
2011 年 7 月第 一 版 开本：720×1000 1/16
2025 年 1 月第十七次印刷 印张：12 1/4
字数：240 000

定价：42.00 元

(如有印装质量问题，我社负责调换)

前　言

本书是为普通高等理工科院校“计算方法”和“数值分析”课程而编写的教材，主要介绍计算机上常用的典型计算方法和基本理论．书中以介绍计算方法的重要理论和基本算法为主要内容，以解决实际问题的基本思想为引导，同时以数值算法的实用性为基础．我们力求取材内容合理、系统、科学，叙述简洁易懂．我们在多年给不同专业(数学、物理、计算机) 的不同层次学生 (本科生、研究生) 讲授“计算方法”、“数值分析”、“数值代数”、“算法分析设计”、“计算机程序设计”等相关课程的基础上总结经验，学习和参考了相关教材，取长补短，相互对比分析，并在“计算方法”、“数值分析”课程讲稿的基础上经过修改、完善、补充后，编写完成了本书．

近年来计算机与计算数学这一学科发展很快，计算数学的内容也在不断丰富和更新，数值计算方法在实际问题的研究和解决中的应用日趋活跃．因此本书在介绍常用的基本理论与方法的同时，把握一些典型算法介绍的广度和深度，结合作者的研究成果，突出了算法的实用与实际问题的解决，以典型算法在数学建模中的应用为例，介绍了有关算法在不同领域科学研究中的应用性．在注重内容充实与紧凑的同时，还注意了算法的描述与实现，并力求文字叙述流畅，内容简洁易懂．

随着高等教育迅速发展，教育教学改革研究不断深入，教学与教材面临着新的考验．高等教育已从精英教育转向大众教育，课程教学课时明显减少，对教学与教材建设提出了新的要求．考虑到教学课时的限制，编写中我们只能力求教材内容的精炼和算法的实用与简洁，很多好的算法没有继续研究和深入讨论．读者需要时可以在此基础上参考有关书籍，以便了解和掌握更多的算法．学习本书仅需高等代数、数学分析、高等数学、线性代数中的基础知识. 完整讲完本书约需要 60 学时, 只要适当削减书中部分章节, 便可用于不同专业或不同层次的讲授.

教材内容的合理性、系统性、科学性是我们所希望的, 但由于编者水平有限, 难免有不当之处, 恳请各位学者、同仁不吝赐教, 予以批评、指正.

编　者

2011 年 1 月于杭州

目　录

第 1 章

引　论

1.1　数值问题的计算方法

计算方法是解决实际问题过程中形成的处理数值问题的方法, 是计算数学的重要分支之一, 也是研究各种数学问题求解的数值计算方法.

为了研究某些科学与工程实际问题, 首先要依据物理现象、力学规律等可观察的因素, 建立问题的数学模型, 这些模型一般为代数方程、微分方程或更复杂的数学问题等. 科学计算的一个重要内容就是要研究这些数学问题的数值计算方法 (适合计算机计算的计算方法), 即求解数学模型. 因此在计算机成为数值计算的主要工具以后, 学习和研究适合于计算机上使用的数值计算方法是个重要的问题. 利用数值计算方法解决实际问题的大致过程如下:

实际问题 → 数学模型 → 数值计算方法 → 程序设计 → 上机处理数据 → 输出数值结果 → 分析结果

计算方法涉及的问题和内容很广, 但它主要是讨论如何把实际问题归结为数值问题, 制定数值问题的算法, 同时也讨论算法的优缺点和数值解的精度等问题.

所谓的*数值问题*就是对给定的问题或模型, 给出计算机上可以实现的算法或迭代公式, 或利用已知数据求出另一组结果数据, 使得这两组数据满足预先指定的某种关系. 而得到的这一组结果数据就是*数值解*, 得出数值解的过程或方法就称为*数值算法*.

数值问题的讨论通常以数学分析 (或高等数学) 和高等代数 (或线性代数) 作为主要工具和手段, 对实际问题进行理论的分析, 从而进一步讨论和研究数值问题. 计算方法作为数值分析的一个重要手段也有它自己的理论基础和基本的一些概念、有关重要的结果、定理等. 需要说明的是, 计算方法中得到的有关方法和结果在理论上虽不严格, 但通过实际计算、对比、分析等手段被证明是行之有效的方法和结果. 因此, 计算方法用来进行数值分析既有纯粹数学的高度抽象性与严密科学性的特点, 又有应用的广泛性与实际试验的高度技术性的特点, 是一门与计算机密切配合的实用性很强的数学内容和课程.

根据计算方法的数值分析的特点, 学习本课程时首先要注意掌握方法的基本原理和思想、处理问题的技巧及与计算机的结合, 其次还要充分重视方法的优缺点、数值结果的误差、迭代公式的收敛及稳定性.

1.2 浮 点 数

1.2.1 定点数

设 r 是大于 1 的正整数, $0 \leqslant a_i \leqslant r-1$, 则位数有限的 r 进制正数 x 可以表示为

$$x = a_l a_{l-1} \cdots a_2 a_1 . a_{-1} a_{-2} \cdots a_{-m} \tag{1.1}$$

那么 x 是有 l 位整数, m 位小数的 r 进制数. 因为 r 进制数的基为 r, 所以式 (1.1) 的 x 还可以表示成

$$x = a_l \times r^{l-1} + a_{l-1} \times r^{l-2} + \cdots + a_2 \times r^1 + a_1 \times r^0 + a_{-1} \times r^{-1} + \cdots + a_{-m} \times r^{-m} \tag{1.2}$$

这种把小数点固定在指定位置上, 位数有限的数称为*定点数*.

定点数的特点是小数点不能随意移动. 例如要把十进制数 1105.2391, 105.1268, 0.6 表示成 $l=4$, $m=4$ 的定点数, 那么可以写成：1105.2391, 0105.1268, 0000.6000, 也就是说, $l=4$, $m=4$, $r=10$ 的定点数是 8 位定点数, 而所有这样的 8 位定点数中绝对值最大的数是 ±9999.9999, 绝对值最小的非零数是 ±0000.0001. 所以说定点数是有限个、可数的.

对于给定的 l, m, r 组成的定点数全体用 $F(l,m,r)$ 来表示, 并称为定点数的*数系*. 对不同的 l, m, r 组成的定点数的数系是不同的数系.

1.2.2 浮点数

设 s 是 r 进制数, p 是十进制的整数, 记 $x = s \times r^p$, 则 x 是 r 进制的数. 若 s 的

整数部分为零, 即可表示成

$$s = \pm 0.a_1a_2\cdots a_t \tag{1.3}$$

即 s 是由 t 位小数构成, 其中 $0 \leqslant a_i \leqslant r-1\,(i=1,2,\cdots,t)$, 则有

$$x = \pm s \times r^p = \pm 0.a_1a_2\cdots a_t \times r^p \tag{1.4}$$

这时 x 称为 t 位**浮点数**, 其中 s 称为**尾数**, r 称为**基数**, p 称为**阶数**(是一个整数). 若 $a_1 \neq 0$, 则该浮点数称为 t 位的**规格化的浮点数**. 若取 $r=10$, 则式 (1.4) 就称为十进制的 t 位浮点数.

对于不同的 t, 浮点数所表示的数是不同的, 所以可用数系的方法来表示不同的 t 所表示的浮点数. 例如 $F(t,r,p)$ 来表示 t 位的、r 进制的、阶数为 p 的浮点数的全体.

例 1 把以下十进制数表示成 3 位的浮点数和 3 位的规格化的浮点数.

0.015 15.4 0.89

解 3 位浮点数的表示是: 0.015×10^0, 0.154×10^2, 0.890×10^0

还可以表示成: 0.150×10^{-1}, 0.154×10^2, 0.089×10^1

3 位规格化浮点数的表示是: 0.150×10^{-1}, 0.154×10^2, 0.890×10^0

因此 3 位浮点数的表示一般不是唯一的, 而 3 位规格化的浮点数的表示是唯一的. 所以说, 一个浮点数其规格化的表示是唯一的.

计算机中数的运算都是以浮点数的形式来实现的, 并以规定的 t 位规格化的浮点数进行运算.

在计算中必须注意浮点数的运算规则, 就是两个浮点数进行加减运算时先要对阶, 然后计算. 即把两个浮点数的阶数写成同一幂次, 然后才对两个浮点数的尾数进行加减运算. 例如对浮点数 $x = 0.156 \times 10^3$, $y = 0.08 \times 10^{-1}$, 在 6 位的规格化的浮点数的计算机上进行运算时有

$$\begin{aligned} x+y &= 0.156 \times 10^3 + 0.08 \times 10^{-1} = 0.156000 \times 10^3 + 0.000008 \times 10^3 \\ &= (0.156000 + 0.000008) \times 10^3 = 0.156008 \times 10^3. \end{aligned} \tag{1.5}$$

1.3 误差、有效数字

1.3.1 误差的来源

解决社会、经济、生态等领域的实际问题中常用的数值计算方法包括: 函数的数

值逼近、非线性方程数值解、数值线性代数、数值微积分和微分方程数值解等. 计算方法与数值分析不仅要讨论这些数值方法, 而且还要研究这些模型和算法的误差. 应该强调, 误差分析在计算方法、数值分析和数学建模中占有一定地位.

解决实际问题时对问题进行分析研究的基础上要建立对应的数学模型来刻画和描述原问题. 在这个建模过程中往往根据主要因素, 并忽略一些次要因素的影响, 简化许多条件, 使实际问题理想化, 便于用数学语言、数学表达式描述和表达原问题. 因此, 数学模型是实际问题理想化、简单化得到的, 是实际问题的近似. 把实际问题的解与数学模型的解之间的误差称为“*模型误差*”.

例 2 设一根铝棒在温度 t 时的实际长度为 L_t, 在 $t=0$ 时的实际长度为 L_0, 用 l_t 来表示铝棒在温度为 t 时的长度的近似值, 并已建立了数学模型

$$l_t = L_0(1+at) \tag{1.6}$$

式中, a 是由实验观测到的常数, 当不考虑代入数据本身的误差时, $L_t - l_t$ 就是模型误差.

数学模型一旦确定, 模型中包含有一些物理量 (变量), 这些物理量大多都是由观测、测量得到的. 即数值问题的原始数据一般是通过大量的实验和观测得到的, 这些数据往往与原问题的实际的精确值有误差. 而数学模型求解时总要利用一些观测数据, 所以不考虑模型误差时, 由于测量仪器精度的限制以及人工干预等多方面的原因, 模型中代入的数据是有误差的, 因此在求解过程中误差是不可避免的, 这种误差称之为“*测量误差*”或“*观测误差*”.

用数值计算方法来求数学模型的数值解时, 有时只能用有限次的运算来得到数值解. 如求一个无穷级数

$$\mathrm{e}^x = 1 + x + \frac{x^2}{2!} + \frac{x^3}{3!} + \cdots + \frac{x^n}{n!} + \cdots \tag{1.7}$$

之和时总是用它前面的若干项的和来近似代替无穷级数之和, 即截去该级数的后一段. 而根据计算方法的理论, 迭代公式是需要无限次地循环下去, 所以用级数的前面若干项的和来近似原级数时必然产生误差, 由此引入的误差称为“*截断误差*”, 截断误差也称为*方法误差*.

例如对某一函数 $f(x)$ 用它的泰勒多项式 $p_n(x)$ 来近似代替函数 $f(x)$ 时, 其产生

的截断误差为

$$r_n(x) = f(x) - p_n(x) = \frac{f^{(n+1)}(\xi)}{(n+1)!}x^{n+1} \tag{1.8}$$

其中,

$$p_n(x) = f(0) + f'(0)x + \frac{f''(0)}{2!}x^2 + \cdots + \frac{f^{(n)}(0)}{n!}x^n \tag{1.9}$$

对 $\frac{1}{3}, \frac{1}{7}$ 等有理数或 $\pi, \mathrm{e}, \sqrt{2}$ 等无理数, 在计算机上做运算时, 因受有效位数的限制, 计算过程中可能利用四舍五入的规则来解决或处理超出有效位数的数字, 这就有可能产生误差, 这样的误差称之为“**舍入误差**”.

例 3 对 π 取近似值 $\pi^* = 3.14$, 则 $\pi - \pi^* = 0.0015926\cdots$ 就是舍入误差, 对 $\frac{1}{3}$ 取近似值 0.333, 则 $\frac{1}{3} - 0.333 = 0.000333\cdots$ 就是舍入误差.

在数值计算方法中主要讨论方法误差和舍入误差.

1.3.2 误差

设准确值 x 的近似值为 x^*, 则由近似值 x^* 所产生的**误差**e^* 定义为

$$\mathrm{e}^* = x^* - x \tag{1.10}$$

由式 (1.10) 定义的 e^* 也称为**绝对误差**. 若 $\mathrm{e}^* \geqslant 0$, 则称 x^* 为**强近似**, 若 $\mathrm{e}^* \leqslant 0$, 则称 x^* 为**弱近似**. 在实际应用中一般无法得到准确值 x, 故误差 e^* 的大小不能直接估计, 但若能计算出 (给出) 误差绝对值的一个上限 ε^*, 即有

$$|x^* - x| \leqslant \varepsilon^*$$

则称 ε^* 为近似值 x^* 的**误差限**, 此时可以记为

$$x = x^* \pm \varepsilon^* \tag{1.11}$$

例 4 有一位顾客在超市用一台以 g(克) 为计量单位的电子秤对自己购买的货物进行了核实, 其读出的重量为 $x^* = 4500\mathrm{g}$, 电子秤本身的误差不超过 10g, 则有

$$|x^* - x| = |4500 - x| \leqslant 10\mathrm{g}$$

因此得 $4490 \leqslant x \leqslant 4510$ 或 $x = 4500 \pm 10$.

1.3.3 相对误差

误差限的大小并不能完全反映近似值的准确程度. 例如取

$$x = 10 \pm 1, \quad y = 1000 \pm 5,$$

则 x^*=10, $\varepsilon_x^* = 1$, $y^* = 1000$, $\varepsilon_y^* = 5$, 并有 $\varepsilon_y^* = 5\varepsilon_x^*$, 但是

$$\frac{\varepsilon_y^*}{y^*} = \frac{5}{1000} = 0.5\%, \quad \frac{\varepsilon_x^*}{x^*} = \frac{1}{10} = 10\%.$$

可以看出, y^* 对于 y 的近似程度远好于 x^* 对于 x 的近似程度. 所以经常用**相对误差**

$$\mathrm{e}_\mathrm{r}^* = \frac{\mathrm{e}^*}{x} = \frac{x^* - x}{x} \tag{1.12}$$

来刻画近似值的好坏情况, 在实际应用中由于 x 在多数情况下是不知道的, 因此 e_r^* 的大小不能估计, 但若能计算出 (给出) 相对误差绝对值的一个上限 ε_r^*, 即若有

$$|\mathrm{e}_\mathrm{r}^*| \leqslant \varepsilon_\mathrm{r}^*$$

则称 ε_r^* 为近似值 x^* 的**相对误差限**, 此时相对误差 e_r^* 的大小就可以估计. 在实际计算中可用表达式

$$\mathrm{e}_\mathrm{r}^* \approx \frac{x^* - x}{x^*} \tag{1.13}$$

来代替式 (1.12). 即当近似值 x^* 的**误差限**ε^* 给定后, 若 $\dfrac{\varepsilon^*}{|x^*|}$ 较小, 则可用 $\mathrm{e}_\mathrm{r}^* \approx \dfrac{x^* - x}{x^*}$ 作为 x^* 的相对误差, 此时可取 $\varepsilon_\mathrm{r}^* = \dfrac{\varepsilon^*}{|x^*|}$. 这是因为

$$\left|\frac{\mathrm{e}^*}{x} - \frac{\mathrm{e}^*}{x^*}\right| = \left|\frac{\mathrm{e}^*(x^* - x)}{xx^*}\right| = \left|\frac{\mathrm{e}^{*2}}{xx^*}\right| = \left|\frac{\left(\dfrac{\mathrm{e}^*}{x^*}\right)^2}{1 - \dfrac{\mathrm{e}^*}{x^*}}\right| \leqslant \frac{\left(\dfrac{\varepsilon^*}{x^*}\right)^2}{\left|1 - \dfrac{\mathrm{e}^*}{x^*}\right|}$$

所以 $\dfrac{\mathrm{e}^*}{x}$ 与 $\dfrac{\mathrm{e}^*}{x^*}$ 的误差是 $\dfrac{\varepsilon^*}{x^*}$ 的高阶无穷小量.

1.3.4 有效数字

定义 1 如果 x 的近似值 x^* 的误差不超过 x^* 某一位的半个单位, 而该位到 x^* 的第一位非零数字 (即自左向右看最左边的第一个非零数字) 共有 n 位, 就说 x^* 有 n **位有效数字**或者说 x^***准确到该位**.

定义 2 如果用 x^* 表示 x 的近似值, 并将 x^* 表示成

$$x^* = \pm 0.a_1a_2\cdots a_m \times 10^p(a_1 \neq 0, p\text{是整数}) \tag{1.14}$$

若有

$$|x^* - x| \leqslant \frac{1}{2} \times 10^{p-n} \quad (m \geqslant n) \tag{1.15}$$

则近似值 x^* 具有n 位有效数字.

用四舍五入法取准确值 x 的前 n 位作为近似值 x^*, 则 x^* 有 n 位有效数字, 即一个四舍五入得到的近似值

$$x^* = \pm 0.a_1a_2\cdots a_n \times 10^p(a_1 \neq 0, p\text{是整数}) \tag{1.16}$$

一定满足 $|x^* - x| \leqslant \frac{1}{2} \times 10^p \times 10^{-n} = \frac{1}{2} \times 10^{p-n}$. (1.17)

例 5 对 $\pi = 3.1415926\cdots$ 取近似值 $\pi^* = 3.14$, 则其误差满足

$$|\pi - \pi^*| = 0.0015926\cdots < \frac{1}{2} \times 0.01 = 0.005.$$

所以近似值 $\pi^* = 3.14$ 有 3 位有效数字. 因 $\pi^* = 3.14 = 0.314 \times 10^1$, 也看出其误差满足

$$|\pi - \pi^*| = 0.0015926\cdots \leqslant \frac{1}{2} \times 10^{1-3} = 0.005,$$

即满足式 (1.17), 所以近似值 $\pi^* = 3.14$ 具有 3 位有效数字. 再取近似值 $\pi^* = 3.141$, 则其误差是

$$|\pi - \pi^*| = 0.0005926\cdots > \frac{1}{2} \times 0.001 = 0.0005$$

因此近似值 $\pi^* = 3.141$ 不能有 4 位有效数字, 而只有 3 位有效数字. 若取近似值 $\pi^* = 3.1416$, 那么近似值 $\pi^* = 3.1416$ 有几位有效数字? 请读者考虑.

引入有效数字概念后需要明确的是: 两个近似值 50.8 与 50.800 是不同的, 前者只有 3 位有效数字, 而后者有 5 位有效数字.

1.4 误差的估计

在实际问题的数值计算中, 误差的产生与传播情况是比较复杂的, 误差的产生、传播及大小都可能取决于具体的数值计算的方法. 因此对于不同的计算方法将需要提出不同的误差估计方法. 这里只介绍误差估计的几个常用的方法.

定理 1 设形如式 (1.14) 的近似值 x^* 具有 n 位有效数字, 则其相对误差满足

$$|\mathrm{e}_\mathrm{r}^*| \approx \left|\frac{x^*-x}{x^*}\right| \leqslant \frac{1}{2a_1} \times 10^{-(n-1)} \tag{1.18}$$

证明 对形如式 (1.14) 的近似值 x^* 有

$$a_1 \times 10^{p-1} \leqslant |x^*| \leqslant (1+a_1) \times 10^{p-1} \tag{1.19}$$

因形如式 (1.14) 的近似值 x^* 具有 n 位有效数字, 故满足

$$|x^*-x| \leqslant \frac{1}{2} \times 10^{p-n}$$

所以由以上两式得

$$|\mathrm{e}_\mathrm{r}^*| \approx \left|\frac{x^*-x}{x^*}\right| \leqslant \frac{\frac{1}{2} \times 10^{p-n}}{a_1 \times 10^{p-1}} = \frac{1}{2a_1} \times 10^{1-n}$$

因此式 (1.18) 成立.

定理 2 设有形如式 (1.14) 的近似值 x^*, 若其相对误差限满足

$$\varepsilon_\mathrm{r}^* \leqslant \frac{1}{2(1+a_1)} \times 10^{-(n-1)} \tag{1.20}$$

则 x^* 至少具有 n 位有效数字.

证明 对形如式 (1.14) 的近似值 x^*, 由式 (1.19)、式 (1.20) 有

$$|x^*-x| = |x^*|\frac{|x^*-x|}{|x^*|} \leqslant |x^*|\varepsilon_\mathrm{r}^* \leqslant (1+a_1) \times 10^{p-1}\frac{1}{2(1+a_1)} \times 10^{-(n-1)} = \frac{1}{2} \times 10^{p-n}$$

所以形如式 (1.14) 的近似值 x^* 至少具有 n 位有效数字.

例 6 对 $\pi = 3.1415926\cdots$ 用四舍五入法取近似值 $\pi^* = 3.142$, 求其相对误差限.

解 因近似值 $\pi^* = 3.142$ 是用四舍五入法得到的, 故有 4 位有效数字, 因此由定理 1 得其相对误差满足

$$|\mathrm{e}_\mathrm{r}^*| \approx \left|\frac{\pi^*-\pi}{\pi^*}\right| \leqslant \frac{1}{2 \times 3} \times 10^{-(4-1)} = \frac{1}{6} \times 10^{-3}$$

所以 $\pi^* = 3.142$ 的相对误差限可取为 $\frac{1}{6} \times 10^{-3}$.

在数学建模中人们经常关心的是由于某些数据引入近似值而对模型整个结果的影响. 对于这个问题, 如果运算过程比较简单, 则可以从理论上对此误差的传播过程近似解决. 例如, 设 $x_1,x_2,\cdots,x_n$ 的近似值为 $x_1^*,x_2^*,\cdots,x_n^*$, 要计算多元函数 $f(x_1,x_2,\cdots,x_n)$, 那么近似值为 $f(x_1^*,x_2^*,\cdots,x_n^*)$(用多元函数泰勒展开式的第一项来近似), 则产生的误差可由多元函数的泰勒展开得 (用多元函数泰勒展开式的线性部分来近似)

$$\begin{aligned}\mathrm{e}^*(f)&=f(x_1^*,x_2^*,\cdots,x_n^*)-f(x_1,x_2,\cdots,x_n)=\sum_{k=1}^{n}\left(\frac{\partial f}{\partial x_k}\right)^*(x_k^*-x_k)\\&=\sum_{k=1}^{n}\left(\frac{\partial f}{\partial x_k}\right)^*\mathrm{e}_k^*\end{aligned}\tag{1.21}$$

于是误差限 $\varepsilon(f^*)$ 与相对误差限 $\varepsilon_{\mathrm{r}}(f^*)$ 分别近似于

$$\varepsilon(f^*)\approx\sum_{k=1}^{n}\left|\left(\frac{\partial f}{\partial x_k}\right)^*\right|\cdot|\mathrm{e}_k^*|$$

$$\varepsilon_{\mathrm{r}}(f^*)\approx\sum_{k=1}^{n}\left|\left(\frac{\partial f}{\partial x_k}\right)^*\right|\cdot\left|\frac{\mathrm{e}_k^*}{f^*}\right|$$

特别地有

$$\varepsilon(x_1^*\pm x_2^*)\approx\varepsilon(x_1^*)+\varepsilon(x_2^*)$$

$$\varepsilon(x_1^*\cdot x_2^*)\approx|x_1^*|\,\varepsilon(x_2^*)+|x_2^*|\,\varepsilon(x_1^*)$$

$$\varepsilon\left(\frac{x_1^*}{x_2^*}\right)\approx\frac{|x_1^*|\,\varepsilon(x_2^*)+|x_2^*|\,\varepsilon(x_1^*)}{|x_2^*|^2}$$

设 x^* 为 x 的近似值, 记 $\Delta x=x^*-x$, 则当 x^* 充分近似 x 时有

$$\mathrm{e}_{\mathrm{r}}^*=\frac{\mathrm{e}^*}{x}=\frac{x^*-x}{x}=\frac{\Delta x}{x}=\frac{\mathrm{d}x}{x}=\mathrm{d}\ln x\tag{1.22}$$

例 7 设 $y=x^5$, 求 y 的相对误差与 x 的相对误差的关系.

解 因 $\mathrm{e}_{\mathrm{r}}^*(y)=\mathrm{d}\ln y=\mathrm{d}\ln x^5=5\mathrm{d}\ln x=5\mathrm{e}_{\mathrm{r}}^*(x)$, 所以 y 的相对误差是 x 的相对误差的 5 倍.

同理可得 $\sqrt{x}$ 的相对误差是 x 的相对误差的一半.

1.5 在近似计算中需要注意的若干问题

如果模型中需作大量的复杂运算, 从理论上对误差的传播作出定性分析, 对模型

的算法进行算法敏感性分析一般具有相当难度. 通常做法是对模型中的参数取充分多的样本点, 每一类样本点取值于按一定规则控制的扰动范围内, 再按照模型给出的求解方法得到一系列解, 并与模型的真解比较, 以判断模型的数值稳定性. 以上讨论的误差估计和在此阐述的算法敏感性分析都是建立在模型求解本身的精度相当高的前提之下的. 数值计算中误差的产生与传播情况是非常复杂, 但计算过程本身往往会产生新的误差. 所以在数值计算过程中注意以下的几点是非常有必要的.

1.5.1 避免两个相近数相减

不妨设 x 与 y 都是正数, 当 x 与 y 很接近时, $x-y$ 就会很小, 因此相对误差将可能变的很大, 这是因为

$$|\mathrm{e_r}(x-y)|=\left|\frac{\mathrm{e}(x)-\mathrm{e}(y)}{x-y}\right|\leqslant\left|\frac{\mathrm{e}(x)}{x-y}\right|+\left|\frac{\mathrm{e}(y)}{x-y}\right|$$

在上式中分母很小 (一般都小于 1), 因此相对误差可能放大到比 x 与 y 的误差之和还要大. 另一方面, 两个相近数相减, 直接减少了原表达式的有效数字位数, 这将可能产生新的误差. 若遇到*相近数相减*的情形应当变换计算公式或多保留几位有效数字来保证数值结果的精度.

例 8 用四位数学用表来计算 $x=10^6(1-\cos 2^\circ)$.

解 *算法 1*: 查四位数学用表得 $\cos 2^\circ=0.9994$, 于是

$$x=10^6(1-\cos 2^\circ)=10^6(1-0.9994)=6\times 10^2$$

只有 1 位有效数字.

算法 2: 先利用三角函数倍角公式得 $1-\cos 2^\circ=2\sin^2 1^\circ$, 再查四位数学用表得 $\sin 1^\circ=0.0175$, 于是

$$x=10^6(1-\cos 2^\circ)=10^6\times 2(0.0175)^2=6.13\times 10^2$$

这样保留了 3 位有效数字, 可见算法 2 较好.

又例如当 Δx 相对于 x 较小, 则计算 $\sqrt{x+\Delta x}-\sqrt{x}, \ln(x+\Delta x)-\ln x$ 时可变为

$$\sqrt{x+\Delta x}-\sqrt{x}=\frac{\Delta x}{\sqrt{x+\Delta x}+\sqrt{x}}$$

$$\ln(x+\Delta x)-\ln x=\ln\frac{x+\Delta x}{x}=\ln\left(1+\frac{\Delta x}{x}\right)$$

来计算更好. 用什么算法来计算两个相近数的相减, 主要取决于表达式的形式.

1.5.2 防止大数“吃掉”小数

计算机记录数据的位数是有限的, 因此在计算机上进行数值计算时要注意相差较大数据之间的运算, 即要注意浮点数的运算特点“先对阶后运算”时出现大数“吃掉”小数的现象.

例 9 设计算机能表示 8 位小数, 计算

$$x = 5 \times 10^7 + \sum_{i=1}^{1000} \delta_i \quad (0.1 \leqslant \delta_i \leqslant 0.9)$$

解 *算法* 1: 为便于说明, 取 $\delta_i = 0.4$, 那么在 8 位小数的计算机上直接进行计算, 于是有

$$\begin{aligned} x &= 5 \times 10^7 + \sum_{i=1}^{1000} \delta_i = 5 \times 10^7 + \sum_{i=1}^{1000} 0.4 = 0.5 \times 10^8 + \sum_{i=1}^{1000} 0.000000004 \times 10^8 \\ &= \left(0.5 + \sum_{i=1}^{1000} 0.000000004\right) \times 10^8 = \left(0.5 + \sum_{i=1}^{1000} 0.00000000\right) \times 10^8 \\ &= (0.5 + 0) \times 10^8 = 0.5 \times 10^8. \end{aligned}$$

可见相差较大的数据中, 较小的数都没有起到作用.

算法 2: 根据表达式, 观察到进行运算的数据之间差距较大. 因此把表达式改成

$$x = 5 \times 10^7 + \sum_{i=1}^{1000} \delta_i = \sum_{i=1}^{1000} \delta_i + 5 \times 10^7$$

那么先计算表达式 $\sum\limits_{i=1}^{1000} \delta_i$, 若取 $\delta_i = 0.4$, 因 $\sum\limits_{i=1}^{1000} \delta_i = \sum\limits_{i=1}^{1000} 0.4 \times 10^0 = 0.4 \times 10^3 = 400$. 这样在 8 位小数的计算机上计算时有

$$x = \sum_{i=1}^{1000} \delta_i + 5 \times 10^7 = 400 + 5 \times 10^7 = 0.000004 \times 10^8 + 0.5 \times 10^8 = 0.500004 \times 10^8.$$

于是就起到保护小数的作用.

1.5.3 提高算法的效率, 防止误差的积累和传播

算法的好坏直接影响着数值计算的结果. 设计算法应注意提高算法的效率, 也要考虑算法的运算次数, 还需要对算法进行敏感性分析, 这些都有利于控制误差的传播和积累.

例 10 计算 $\ln 2$

解 算法 1: 因 $\ln(1+x)=x-\frac{1}{2}x^2+\frac{1}{3}x^3-\cdots+(-1)^{n-1}\frac{1}{n}x^n+\cdots$, $|x|<1$

所以有 $\ln 2=1-\frac{1}{2}+\frac{1}{3}-\cdots+(-1)^{n-1}\frac{1}{n}+\cdots$

若要求误差小于 10^{-5}, 用上式截断求和时就要取前十万项求和. 显然算法的效率极低, 另外, 在计算过程中每项都有舍入误差, 因此取前十万项求和的算法有明显弱点, 需考虑其他算法.

算法 2: 因 $\ln\frac{1+x}{1-x}=2x\left(1+\frac{1}{3}x^2+\frac{1}{5}x^4+\cdots+\frac{1}{2n-1}x^{2n}+\cdots\right)$, $|x|<1$

取 $x=\frac{1}{3}$ 则 $\ln\frac{1+x}{1-x}=\ln 2$, 用上式括号内和式截断求和就取前 9 项时, 其截断误差可以达到小于 10^{-10}. 显然算法的效率较高, 另外, 计算过程中因求和项个数少, 各项的累积舍入误差相对小, 因此以上这个方法是计算 $\ln 2$ 时可以考虑的算法.

例 11 设有代数多项式 $p_n(x)=a_0+a_1x+a_2x^2+\cdots+a_nx^n$, 计算 $p_n\left(\frac{1}{3}\right)$.

解 算法 1: 因 $p_n(x)=a_0+a_1x+a_2x^2+\cdots+a_nx^n$, 所以

$$p_n\left(\frac{1}{3}\right)=a_0+a_1\times\frac{1}{3}+a_2\times\left(\frac{1}{3}\right)^2+\cdots+a_n\times\left(\frac{1}{3}\right)^n$$

由于计算机记录数字的有限性, 计算过程中 $\frac{1}{3}$ 将产生舍入误差. 因计算 $a_k\times\left(\frac{1}{3}\right)^k$ 时要进行 k 次的乘法运算, 故对以上表达式计算它的每一项 $a_k\times\left(\frac{1}{3}\right)^k$ 时将产生 k 次的误差, 所以计算 $p_n\left(\frac{1}{3}\right)$ 时可能产生误差的次数 (机会) 是 $\frac{n(n+3)}{2}$, 即当 n 比较大时误差的积累可能很大.

算法 2: 因 $p_n(x)=x(x\cdots(xa_n+a_{n-1})+a_{n-2})+\cdots+a_1)+a_0$, 做迭代公式

$$\begin{cases} s_0=a_n \\ s_k=xs_{k-1}+a_{n-k} \end{cases} \quad (k=1,2,\cdots,n) \tag{1.23}$$

则 $s_n=p_n(x)=x(x\cdots(xa_n+a_{n-1})+a_{n-2})+\cdots+a_1)+a_0$, 若取 $x=\frac{1}{3}$, 则有

$$s_n=p_n\left(\frac{1}{3}\right)=\frac{1}{3}\left(\frac{1}{3}\cdots\left(\frac{1}{3}\times a_n+a_{n-1}\right)+a_{n-2}\right)+\cdots+a_1)+a_0$$

因此取 $x=\frac{1}{3}$, 直接用迭代公式 (1.23) 计算 $p_n\left(\frac{1}{3}\right)$. 此时计算 $p_n\left(\frac{1}{3}\right)$ 共进行 $2n$ 次

的运算, 可见运算次数比算法 1 的少很多, 故误差的积累和传播机会就少. 所以算法 2 比算法 1 好.

例 12 计算积分 $I_n = \int_0^1 \frac{x^n}{x+5}\mathrm{d}x(n=0,1,\cdots)$.

解 因为

$$\begin{aligned} I_n &= \int_0^1 \frac{x^n}{x+5}\mathrm{d}x = \int_0^1 \frac{x^{n-1}(x+5)-5x^{n-1}}{x+5}\mathrm{d}x \\ &= \int_0^1 x^{n-1}\mathrm{d}x - 5I_{n-1} = \frac{1}{n} - 5I_{n-1}. \end{aligned} \tag{1.24}$$

算法 1: 由式 (1.24) 可得迭代公式

$$I_n = \frac{1}{n} - 5I_{n-1}(n=1,2,\cdots) \tag{1.25}$$

因 $I_0 = \ln\frac{6}{5} \approx 0.18232155$, 利用式 (1.25) 得

$$I_1 \approx 0.09\cdots, \quad I_2 \approx 0.05\cdots, \quad I_3 \approx 0.083\cdots, \quad I_4 \approx -0.165\cdots$$

可以看出当 $n \geqslant 4$ 时就有 $I_{2n} < 0$, 且 $\lim\limits_{n\to\infty} I_{2n} = -\infty$. 例如 $I_{10} = -0.05097941$, $I_{14} = -41.45561831$, 这与 $I_n > 0$ 和 $\lim\limits_{n\to\infty} I_n = 0$ 矛盾.

记 $\mathrm{e}(I_n) = I_n - I_n^*$, 则可以推出 $\mathrm{e}(I_n) = I_n - I_n^* = 5\mathrm{e}(I_{n-1}) = (-5)^n\mathrm{e}(I_0)$, 故当 $\mathrm{e}(I_0) = 10^{-8}$ 时 $|\mathrm{e}(I_{20})| = 5^{20}|\mathrm{e}(I_0)| = \frac{10^{12}}{2^{20}} > 10^5$, 可见误差相当大, 所以该算法不可行.

算法 2: 由式 (1.24) 还可得算法

$$I_{n-1} = \frac{1}{5n} - \frac{1}{5}I_n, \quad (n=N, N-1, N-2, \cdots) \tag{1.26}$$

根据 $\lim\limits_{n\to\infty} I_n = 0$, 可取 $I_{20} \approx 0$ 或 $I_{30} \approx 0$, 用式 (1.26) 来计算 $I_n, n \leqslant 20$, 要比用式 (1.25) 来计算的结果更好. 例如取 $I_8 \approx 0.019$, 用式 (1.26) 来计算得

$$I_7 \approx 0.021\cdots, \quad I_6 \approx 0.025\cdots, \quad I_5 \approx 0.028\cdots, \quad I_4 \approx 0.034\cdots, \quad I_3 \approx 0.048\cdots$$

$$I_2 \approx 0.058\cdots, \quad I_1 \approx 0.088\cdots, \quad I_0 \approx 0.18232\cdots$$

可见误差逐步缩小, 对 I_0 得到了与 8 位数表查得结果基本一样的近似值, 所以该算法是可行的. 原因是用式 (1.26) 来计算 I_{n-1} 时, 上次计算 I_n 时的误差要缩小 5 倍, 即误差得到了有效的控制. 而用式 (1.25) 来计算 I_n 时, 上次计算 I_{n-1} 时的误差要放

大 5 倍, 即误差不断积累和传播. 一个是不断缩小误差的算法, 一个是不断放大误差的算法, 它们计算结果的差距是越来越大, 所以缩小误差的算法是合理的.

1.5.4 绝对值较小的数不宜做除数

用绝对值较小的数做除数, 可能放大原有的误差, 或可能出现数字的上溢 (即超出计算机规定的最大记录位数), 计算中应注意避免.

例 13 求解二元一次方程组

$$\begin{cases} 0.0001x_1 + x_2 = 1 \\ x_1 + x_2 = 2 \end{cases}$$

解 从第二个方程减去第一个方程的 $\dfrac{1}{0.0001}$ 倍, 那么精确解法是先得 $-9999x_2 = -9998$, 从而解为

$$x_1 = \frac{10000}{9999}, x_2 = \frac{9998}{9999}.$$

而在 4 位小数的计算机 (即用 4 位规格化的浮点数) 上进行计算, 从第二个方程减去第一个方程的 $\dfrac{1}{0.0001}$ 倍, 得

$$\begin{cases} 0.0001x_1 + x_2 = 1 \\ (1 - 10000)x_2 = 2 - 10000 \end{cases}$$

因 $1 - 10000 = (0.00001 - 0.1) \times 10^5 = (0.0000 - 0.1) \times 10^5 = -0.1 \times 10^5 = -10000$,

$2 - 10000 = (0.00002 - 0.1) \times 10^5 = (0.0000 - 0.1) \times 10^5 = -0.1 \times 10^5 = -10000$,

由于在 4 位小数的计算机上计算出现了大数 "吃掉" 小数的现象, 其结果是

$$\begin{cases} 0.0001x_1 + x_2 = 1 \\ -10000x_2 = -10000 \end{cases}$$

即可得 $x_2 = 1$, 用回代过程得 $x_1 = 0$.

但把方程组写成

$$\begin{cases} x_1 + x_2 = 2 \\ 0.0001x_1 + x_2 = 1 \end{cases}$$

再将第二个方程减去第一个方程的 0.0001 倍, 仍在 4 位小数的计算机上计算, 得

$$\begin{cases} x_1 + x_2 = 2 \\ (1 - 0.0001)x_2 = 1 - 0.0002 \end{cases}$$

同理可计算得 $x_2=1, x_1=1$, 可见这是较为理想的近似解.

以上几个例子都说明了算法的效率与敏感性对数值结果的影响, 所以算法的敏感性分析是必要的.

习　题　1

1. 把下列各数表示为规格化的浮点数:

   6.5231　356.32005　0.235651　0.007851

2. 下列各数是按四舍五入原则得到的近似数, 它们各有几位有效数字?

   21.897　0.00615　0.1200　17.32250

3. 按四舍五入原则, 把下列各数写成 5 位有效数字:

   916.4548　2.000052　83.21813　0.0152026

4. 若 $a=1.1062, b=0.947$ 是经过四舍五入后得到的近似值, 问 $a+b, a\times b$ 各有几位有效数字?

5. 设 $x=3.1415926\cdots$, $x^*=3.1416$, 则称 $x^*-x=0.0000073\cdots$ 为 ________ 误差.

6. 正方形的边长约为 100cm, 应该怎样测量才能使其面积的误差不超过 1cm^2?

7. 设 $x>0, x$ 的相对误差为 δ, 求 $\ln x$ 的绝对误差.

8. 设 x 的相对误差为 ε, 求 x^3 的相对误差.

9. 设 $x=3.6716, x^*=3.671$, 则x^* 有几位有效数字?

10. 设 $x^*=3.6573$ 是经四舍五入得到的近似值, 则 $|x^*-x|\leqslant$ ________.

11. $x^*=2.5631$ 是经四舍五入得到的近似值, 则其相对误差 $|\mathrm{e}_\mathrm{r}^*|\leqslant$ ________.

12. 设 $I_n=\int_0^1 \dfrac{x^n}{1+6x}\mathrm{d}x$, 设计一个计算 I_{10} 的算法, 并说明算法的合理性.

第 2 章

插值法与数值微分

插值法是函数逼近和数值逼近中的一个基本工具, 无论是数学的理论与应用研究, 还是解决现实问题中, 插值法的应用非常广泛. 特别要注意到, 在许多实际问题的研究和解决中插值法都起到了重要的作用, 参见文献 (何满喜, 2010).

在实际问题的研究过程中, 需要分析各影响因素之间的关系, 即需要考虑变量之间的相互依赖关系. 所以, 在研究的系统内, 某些变量之间确实存在一种函数关系, 而且这种函数关系往往是从实验观测得到的. 设变量 x, y 之间的函数关系为 $y = f(x)$, $x \in [a, b]$, 通过实验观测得到的数据为

$$y_i = f(x_i)(i = 0, 1, 2, \cdots, n) \tag{2.1}$$

这里设 $x_i \in [a, b]$, 且 $x_i(i = 0, 1, 2, \cdots, n)$ 互不相同, 即当 $j \neq i$ 时有 $x_j \neq x_i$. 对于只给出以上数据的函数 $y = f(x)$, 要研究它的变化规律或计算函数 $f(x)$ 在一些点上的值都不是很方便的, 所以希望根据式 (2.1) 得到形式简单、性质良好的一个函数 $\varphi(x)$ 来近似代替 (或逼近) $f(x)$. 插值法是求 $\varphi(x)$ 的一种有效方法, 即当 $\varphi(x)$ 满足条件

$$\varphi(x_i) = y_i(i = 0, 1, 2, \cdots, n) \tag{2.2}$$

时可构造 $\varphi(x)$, 则称 $\varphi(x)$ 为区间 $[a, b]$ 上的**插值函数**, 简称**插值函数**, 称 $x_i(i = 0, 1, 2, \cdots, n)$ 为**插值节点**, 式 (2.2) 称为**插值条件**.

若 $\varphi(x)$ 取为代数多项式, 那么 $x_i(i = 0, 1, 2, \cdots, n)$ 互不相同时, 则根据插值条件式 (2.2) 可以唯一确定一个 n 次代数多项式, 这样的插值函数称之为**多项式插值**. 多项式插值一般都记为 $p(x)$, n 次插值多项式记为 $p_n(x)$, 下面讨论多项式插值的求法.

2.1 拉格朗日 (Lagrange) 插值

2.1.1 线性插值

给出函数值 $y_0=f(x_0), y_1=f(x_1)$, 如何构造一个插值函数 $\varphi(x)$, 使 $\varphi(x)$ 满足插值条件式 (2.2) 呢? 最简单的方法是过点 $(x_0,y_0),(x_1,y_1)$ 作一条直线. 即求一次多项式

$$p_1(x)=a+bx \tag{2.3}$$

使 $p_1(x)$ 满足

$$p_1(x_0)=y_0,\quad p_1(x_1)=y_1 \tag{2.4}$$

由插值条件式 (2.4) 可以得到待定系数 a,b 满足的线性方程组

$$\begin{cases} a+bx_0=y_0 \\ a+bx_1=y_1 \end{cases} \tag{2.5}$$

由此可求出待定系数 a 和 b, 并代入到式 (2.3) 就得满足插值条件式 (2.4) 的一次插值多项式 $p_1(x)$, 把 $p_1(x)$ 称为**区间$[a,b]$上的线性插值**, 简称**线性插值**. 线性插值的几何意义是用直线来近似代替函数 $f(x)$, 如图 2.1 所示. 线性插值 $p_1(x)$ 还可以用以下方法得到. 记

$$l_0(x)=\frac{x-x_1}{x_0-x_1},\quad l_1(x)=\frac{x-x_0}{x_1-x_0} \tag{2.6}$$

则一次多项式 $l_0(x),l_1(x)$ 具有性质

$$\begin{cases} l_0(x_0)=1, l_0(x_1)=0 \\ l_1(x_0)=0, l_1(x_1)=1 \end{cases} \tag{2.7}$$

从而

$$p_1(x)=l_0(x)y_0+l_1(x)y_1 \tag{2.8}$$

就是满足插值条件式 (2.4) 的一次插值多项式. 把 $l_0(x)$ 称为点 x_0 的一次插值基函数, 把 $l_1(x)$ 称为点 x_1 的一次插值基函数. 由式 (2.8) 给出的满足插值条件式 (2.4) 的一次插值多项式称为**一次拉格朗日插值多项式**.

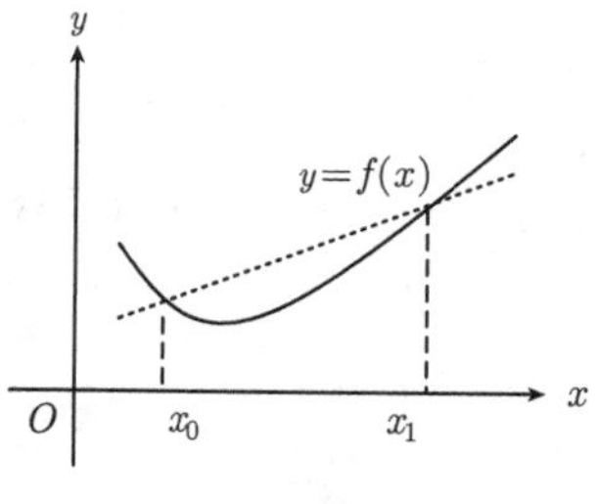

图 2.1

2.1.2 二次插值

若给出函数值 $y_i = f(x_i)(i = 0, 1, 2)$, 如何构造一个插值函数 $\varphi(x)$, 使 $\varphi(x)$ 满足插值条件式 (2.2) 呢? 根据一次插值多项式的构造方法, 过点 $(x_0, y_0), (x_1, y_1), (x_2, y_2)$ 作一条抛物线. 即求一个二次插值多项式

$$p_2(x) = a + bx + cx^2 \tag{2.9}$$

使 $p_2(x)$ 满足

$$p_2(x_0) = y_0, \quad p_2(x_1) = y_1, \quad p_2(x_2) = y_2 \tag{2.10}$$

由插值条件式 (2.10) 可以得到待定系数 a, b, c 满足的线性方程组

$$\begin{cases} a + bx_0 + cx_0^2 = y_0 \\ a + bx_1 + cx_1^2 = y_1 \\ a + bx_2 + cx_2^2 = y_2 \end{cases} \tag{2.11}$$

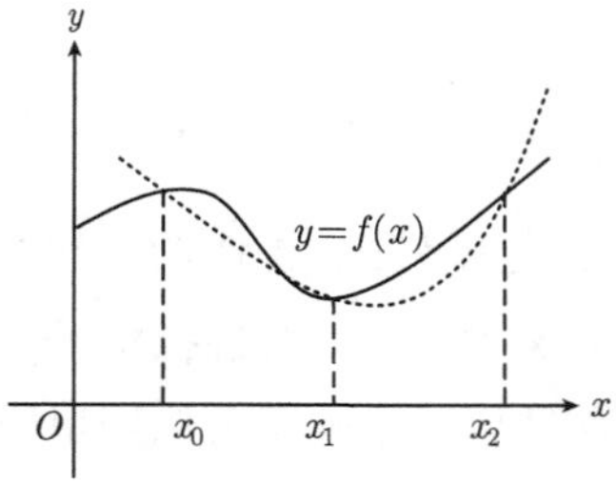

图 2.2

由此可求出待定系数 a, b, c, 并代入到式 (2.9) 就得到满足插值条件式 (2.10) 的二次插值多项式 $p_2(x)$, 这样的 $p_2(x)$ 称为**抛物线插值**或**二次插值**. 二次插值的几何意义是用一条抛物线来近似代替函数 $f(x)$, 如图 2.2 所示. 二次插值 $p_2(x)$ 还可以用以下方法得到, 记

$$l_0(x) = \frac{(x-x_1)(x-x_2)}{(x_0-x_1)(x_0-x_2)}, l_1(x) = \frac{(x-x_0)(x-x_2)}{(x_1-x_0)(x_1-x_2)}, l_2(x) = \frac{(x-x_0)(x-x_1)}{(x_2-x_0)(x_2-x_1)} \tag{2.12}$$

则二次多项式 $l_0(x), l_1(x), l_2(x)$ 具有性质

$$\begin{cases} l_0(x_0) = 1, l_0(x_1) = 0, l_0(x_2) = 0 \\ l_1(x_0) = 0, l_1(x_1) = 1, l_1(x_2) = 0 \\ l_2(x_0) = 0, l_2(x_1) = 0, l_2(x_2) = 1 \end{cases} \tag{2.13}$$

所以

$$p_2(x) = l_0(x)y_0 + l_1(x)y_1 + l_2(x)y_2 \tag{2.14}$$

就是满足插值条件式 (2.10) 的二次插值多项式. 把 $l_0(x)$ 称为点 x_0 的二次插值基函数; 把 $l_1(x)$ 称为点 x_1 的二次插值基函数; 把 $l_2(x)$ 称为点 x_2 的二次插值基函数. 由

式 (2.14) 给出的满足插值条件式 (2.10) 的二次插值多项式称为**二次拉格朗日插值多项式**.

2.1.3　n 次拉格朗日插值

若给出函数值 $y_i = f(x_i)(i = 0, 1, 2, \cdots, n)$, 如何构造一个插值函数 $\varphi(x)$, 使 $\varphi(x)$ 满足式 (2.2) 的要求? 根据以上方法, 求一个 n 次多项式 $p_n(x)$ 使它满足插值条件

$$p_n(x_i) = y_i \quad (i = 0, 1, 2, \cdots, n) \tag{2.15}$$

设 n 次多项式 $p_n(x)$ 为

$$p_n(x) = a_0 + a_1 x + a_2 x^2 + \cdots + a_n x^n \tag{2.16}$$

要使 $p_n(x)$ 满足插值条件式 (2.15), 则有

$$\begin{cases} a_0 + a_1 x_0 + a_2 x_0^2 + \cdots + a_n x_0^n = y_0 \\ a_0 + a_1 x_1 + a_2 x_1^2 + \cdots + a_n x_1^n = y_1 \\ \quad\cdots \qquad \cdots \qquad \cdots \\ a_0 + a_1 x_n + a_2 x_n^2 + \cdots + a_n x_n^n = y_n \end{cases} \tag{2.17}$$

当 $x_i(i = 0, 1, 2, \cdots, n)$ 互不相同时, 由此可唯一确定出待定系数 a_i, 并代入到式 (2.16) 就得到满足插值条件式 (2.15) 的 n 次插值多项式 $p_n(x)$, 我们把 $p_n(x)$ 称为 **n次插值多项式**. n 次插值多项式 $p_n(x)$ 也可用以下方法来构造. 即先构造具有性质

$$l_i(x_j) = \begin{cases} 1 & i = j \\ 0 & i \neq j \end{cases} \tag{2.18}$$

的 n 次插值基函数 $l_i(x)$, 那么把满足插值条件式 (2.15) 的 n 次插值多项式 $p_n(x)$ 可设为

$$p_n(x) = \sum_{i=0}^{n} l_i(x) y_i \tag{2.19}$$

其中

$$l_i(x) = \frac{(x - x_0)(x - x_1)\cdots(x - x_{i-1})(x - x_{i+1})\cdots(x - x_n)}{(x_i - x_0)(x_i - x_1)\cdots(x_i - x_{i-1})(x_i - x_{i+1})\cdots(x_i - x_n)} (i = 0, 1, \cdots, n) \tag{2.20}$$

此时称 $p_n(x)$ 为 n 次拉格朗日插值多项式.

定理 1 设插值节点 x_i 互不相同, 则满足插值条件式 (2.15), 由式 (2.16) 给出的 n 次插值多项式 $p_n(x)$ 存在且唯一.

证明 因 $p_n(x)$ 满足式 (2.15) 的 $n+1$ 个插值条件, 由此可以确定 n 次插值多项式, 且可设为式 (2.16) 的形式, 此时待定系数 $a_0, a_1, \cdots, a_n$ 满足线性方程组 (2.17). 因插值节点 x_i 互不相同, 所以线性方程组 (2.17) 的系数矩阵 $\boldsymbol{A}$ 的行列式 $D = \prod\limits_{0 \leqslant j < i \leqslant n} (x_i - x_j) \neq 0$, 故线性方程组 (2.17) 的解存在且唯一, 即满足插值条件式 (2.15) 的 n 次插值多项式 $p_n(x)$ 存在且唯一.

2.2 牛顿 (Newton) 插值

设函数值 $f(x_i)(i = 0, 1, 2, \cdots, n)$ 为已知, 那么对 $f(x)$ 定义一阶均差 $f[x_i, x_j]$ 如下:

$$f[x_i, x_j] = \frac{f(x_j) - f(x_i)}{x_j - x_i} \tag{2.21}$$

均差也称为*差商*. $f(x)$ 的二阶均差 $f[x_i, x_j, x_k]$ 定义为

$$f[x_i, x_j, x_k] = \frac{f[x_j, x_k] - f[x_i, x_j]}{x_k - x_i}$$

同理定义 $f(x)$ 的 $k(\leqslant n)$*阶均差*$f[x_0, x_1, \cdots, x_k]$ 如下:

$$f[x_0, x_1, \cdots, x_k] = \frac{f[x_1, x_2, \cdots, x_k] - f[x_0, x_1, \cdots, x_{k-1}]}{x_k - x_0} \tag{2.22}$$

若把满足插值条件式 (2.15) 的 n 次插值多项式 $p_n(x)$ 设为

$$p_n(x) = c_0 + c_1(x - x_0) + c_2(x - x_0)(x - x_1) + \cdots + c_n(x - x_0)(x - x_1)\cdots(x - x_{n-1}) \tag{2.23}$$

则利用插值条件式 (2.15) 可逐步推导出

$$c_0 = f(x_0), c_i = f[x_0, x_1, \cdots, x_i] \quad (i = 1, 2, \cdots, n) \tag{2.24}$$

因此有

$$\begin{aligned} p_n(x) =& f(x_0) + f[x_0, x_1](x - x_0) + f[x_0, x_1, x_2](x - x_0)(x - x_1) + \cdots \\ &+ f[x_0, x_1, \cdots, x_n](x - x_0)(x - x_1)\cdots(x - x_{n-1}) \end{aligned} \tag{2.25}$$

此时称 $p_n(x)$ 为 n 次牛顿插值多项式.

定义 1　设节点 $x_k=x_0+kh(k=0,1,\cdots,n)$, 其中 h 为步长, 函数 $f(x)$ 的值 $y_k=f(x_k)=f(x_0+kh)$ 为已知, 则把 $f(x)$ 在 x_k 处的**一阶差分**定义为

$$\Delta y_k=y_{k+1}-y_k \tag{2.26}$$

把 $f(x)$ 在 x_k 处的一阶差分 Δy_k 的一阶差分 $\Delta(\Delta y_k)$ 定义为 $f(x)$ 在 x_k 处的**二阶差分**, 即有

$$\Delta^2 y_k=\Delta(\Delta y_k)=\Delta y_{k+1}-\Delta y_k=y_{k+2}-2y_{k+1}+y_k$$

类似地, 可定义高阶差分, 如m **阶差分**定义为

$$\Delta^m y_k=\Delta(\Delta^{m-1}y_k)=\Delta^{m-1}y_{k+1}-\Delta^{m-1}y_k \tag{2.27}$$

由式 (2.26) 定义的差分称为**向前差分**, 类似把差分

$$\nabla y_k=y_k-y_{k-1} \tag{2.28}$$

称为 $f(x)$ 在点 x_k 处的**向后差分**.

对于差分有以下性质:

(1) 设 a,b 为常数, 则 $\Delta(ax_k+by_k)=a\Delta x_k+b\Delta y_k$　(2.29)

(2) $\Delta(x_ky_k)=y_k\Delta x_k+x_{k+1}\Delta y_k=x_k\Delta y_k+y_{k+1}\Delta x_k$　(2.30)

(3) $\displaystyle\sum_{i=0}^{n-1}x_i\Delta y_i=x_ny_n-x_0y_0-\sum_{i=0}^{n-1}y_{i+1}\Delta x_i$　(2.31)

(4) 向前向后差分之间的关系是: $\Delta^m y_{k-m}=\nabla^m y_k$　(2.32)

(5) 差分与差商的关系是: $f[x_0,x_1,\cdots,x_m]=\dfrac{\Delta^m y_0}{m!h^m}=\dfrac{\nabla^m y_m}{m!h^m}$　(2.33)

定理 2　各阶差分均可表示成函数值的线性组合, 即

$$\Delta^m y_k=\sum_{j=0}^{m}(-1)^j\begin{bmatrix}m\\j\end{bmatrix}y_{k+m-j},\quad \nabla^m y_k=\sum_{j=0}^{m}(-1)^j\begin{bmatrix}m\\j\end{bmatrix}y_{k-j} \tag{2.34}$$

其中, $\begin{bmatrix}m\\j\end{bmatrix}=\dfrac{m(m-1)\cdots(m-j+1)}{j!}$.

证明　对差分阶数 m 用归纳法来证明式 (2.34) 的第一式. 当 $m=1$ 时, 式 (2.34) 第一式的左边为

$$\Delta y_k=y_{k+1}-y_k$$

而右边为

$$\sum_{j=0}^{1}(-1)^j\begin{bmatrix}1\\j\end{bmatrix}y_{k+1-j}=y_{k+1}-y_k$$

所以 $m=1$ 时结论成立. 假设 $m=p$ 时结论也成立, 则当 $m=p+1$ 时有

$$\begin{aligned}\Delta^{p+1}y_k&=\Delta(\Delta^p y_k)=\Delta\sum_{j=0}^{p}(-1)^j\begin{bmatrix}p\\j\end{bmatrix}y_{k+p-j}\\&=\sum_{j=0}^{p}(-1)^j\begin{bmatrix}p\\j\end{bmatrix}(y_{k+p+1-j}-y_{k+p-j})\\&=\sum_{j=0}^{p}(-1)^j\begin{bmatrix}p\\j\end{bmatrix}y_{k+p+1-j}+\sum_{j=1}^{p+1}(-1)^j\begin{bmatrix}p\\j-1\end{bmatrix}y_{k+p+1-j}\\&=y_{k+p+1}+\sum_{j=1}^{p}(-1)^j\left(\begin{bmatrix}p\\j\end{bmatrix}+\begin{bmatrix}p\\j-1\end{bmatrix}\right)y_{k+p+1-j}+(-1)^{p+1}y_k\\&=y_{k+p+1}+\sum_{j=1}^{p}(-1)^j\begin{bmatrix}p+1\\j\end{bmatrix}y_{k+p+1-j}+(-1)^{p+1}y_k\\&=\sum_{j=0}^{p+1}(-1)^j\begin{bmatrix}p+1\\j\end{bmatrix}y_{k+p+1-j}\end{aligned}$$

所以结论对 $m=p+1$ 也成立, 故定理结论成立.

定理 3 函数值可表示成各阶差分的线性组合, 即

$$y_{k+m}=\sum_{j=0}^{m}\begin{bmatrix}m\\j\end{bmatrix}\Delta^j y_k \tag{2.35}$$

证明 对函数值序列的序号 m 用归纳法来证明式 (2.35). 当 $m=1$ 时, 式 (2.35) 的左边为 y_{k+1}, 而右边为

$$\sum_{j=0}^{1}\begin{bmatrix}1\\j\end{bmatrix}\Delta^j y_k=\Delta^0 y_k+\Delta y_k=y_k+y_{k+1}-y_k=y_{k+1}$$

所以 $m=1$ 时结论成立, 假设 $m=p$ 时结论也成立, 则当 $m=p+1$ 时有

$$
\begin{aligned}
y_{k+p+1}=&y_{k+p+1}-y_{k+p}+y_{k+p}=\Delta y_{k+p}+\sum_{j=0}^{p}\begin{bmatrix}p\\ j\end{bmatrix}\Delta^j y_k\\
&=\Delta\sum_{j=0}^{p}\begin{bmatrix}p\\ j\end{bmatrix}\Delta^j y_k+\sum_{j=0}^{p}\begin{bmatrix}p\\ j\end{bmatrix}\Delta^j y_k=\sum_{j=0}^{p}\begin{bmatrix}p\\ j\end{bmatrix}\Delta^{j+1} y_k+\sum_{j=0}^{p}\begin{bmatrix}p\\ j\end{bmatrix}\Delta^j y_k\\
&=\sum_{j=1}^{p+1}\begin{bmatrix}p\\ j-1\end{bmatrix}\Delta^j y_k+\sum_{j=0}^{p}\begin{bmatrix}p\\ j\end{bmatrix}\Delta^j y_k=\Delta^{p+1}y_k+\sum_{j=1}^{p}\left(\begin{bmatrix}p\\ j-1\end{bmatrix}+\begin{bmatrix}p\\ j\end{bmatrix}\right)\Delta^j y_k+y_k\\
&=\Delta^{p+1}y_k+\sum_{j=1}^{p}\begin{bmatrix}p+1\\ j\end{bmatrix}\Delta^j y_k+y_k=\sum_{j=0}^{p+1}\begin{bmatrix}p+1\\ j\end{bmatrix}\Delta^j y_k
\end{aligned}
$$

所以结论对 $m=p+1$ 也成立, 故定理结论成立.

当插值节点是等距时, 根据式 (2.33) , n 次牛顿插值多项式 $p_n(x)$ 可以写成

$$
\begin{aligned}
p_n(x)=&y_0+\frac{\Delta y_0}{h}(x-x_0)+\frac{\Delta^2 y_0}{2h^2}(x-x_0)(x-x_1)+\cdots\\
&+\frac{\Delta^n y_0}{n!h^n}(x-x_0)(x-x_1)\cdots(x-x_{n-1})
\end{aligned}
\tag{2.36}
$$

例 1　取节点 $x_0=0,x_1=2$ 和 $x_0=0,x_1=2,x_2=1$, 对函数 $y=\log_2(1+x)$ 分别建立线性插值多项式和二次插值多项式.

解　因 $y_0=\log_2(1+0)=0,y_1=\log_2(1+2)=\log_2 3,y_2=\log_2(1+1)=1$, 则过点 (x_0,y_0), (x_1,y_1) 的线性插值多项式为

$$
p_1(x)=l_0(x)y_0+l_1(x)y_1=-\frac{1}{2}(x-2)\cdot 0+\frac{1}{2}x\cdot\log_2 3=\frac{\log_2 3}{2}x
$$

因 $y_i=f(x_i)$, 所以过点 $(x_0,y_0),(x_1,y_1),(x_2,y_2)$ 的二次插值多项式为

$$
\begin{aligned}
p_2(x)&=f(x_0)+f[x_0,x_1](x-x_0)+f[x_0,x_1,x_2](x-x_0)(x-x_1)\\
&=0+\frac{\log_2 3}{2}(x-0)+\left(\frac{\log_2 3}{2}-1\right)(x-0)(x-2)\\
&=\frac{\log_2 3}{2}x+\left(\frac{\log_2 3}{2}-1\right)x(x-2)
\end{aligned}
$$

计算高阶差分与差商时采用表格形式比较方便, 以下就给出了计算高阶差分与差商的计算方法的表格, 如表 2.1 和表 2.2 所示.

表 2.1　差分表

x_i	y_i	Δy_i	$\Delta^2 y_i$	$\Delta^3 y_i$	$\Delta^4 y_i$	$\cdots$
x_0	y_0					
		Δy_0				
x_1	y_1		$\Delta^2 y_0$			
		Δy_1		$\Delta^3 y_0$		
x_2	y_2		$\Delta^2 y_1$		$\Delta^4 y_0$	$\cdots$
		Δy_2		$\Delta^3 y_1$	$\cdots$	
x_3	y_3		$\Delta^2 y_2$	$\cdots$		
		Δy_3	$\cdots$			
x_4	y_4	$\cdots$				
$\cdots$	$\cdots$					

表 2.2　差商表

x_i	y_i	一阶	二阶	三阶	四阶	$\cdots$
x_0	y_0					
		$f[x_0,x_1]$				
x_1	y_1		$f[x_0,x_1,x_2]$			
		$f[x_1,x_2]$		$f[x_0,x_1,x_2,x_3]$		
x_2	y_2		$f[x_1,x_2,x_3]$		$f[x_0,x_1,x_2,x_3,x_4]$	$\cdots$
		$f[x_2,x_3]$		$f[x_1,x_2,x_3,x_4]$	$\cdots$	
x_3	y_3		$f[x_2,x_3,x_4]$	$\cdots$		
		$f[x_3,x_4]$	$\cdots$			
x_4	y_4	$\cdots$				
$\cdots$	$\cdots$					

例 2　已知数据点 $(x_i,\ y_i)$ 取值如下：(0, 1),(1, 0),(2, 2),(3, −1),(4, 3) 先计算差分 $\Delta^4 y_0$ 及差商 $f[x_0,x_1,x_2,x_3,x_4]$，并求过以上数据点的四次插值多项式 $p_4(x)$.

解　因节点 $x_0=0,x_1=1,x_2=2,x_3=3,x_4=4$，函数值 $y_0=1,y_1=0,\ y_2=2,\ y_3=-1,\ y_4=3$，所以由表 2.1 及表 2.2 的方法和格式得到表 2.3 和表 2.4. 所以

$$\Delta^4 y_0=20,\quad f[x_0,x_1,x_2,x_3,x_4]=\frac{5}{6}$$

由表 2.4 及式 (2.25) 得以下插值多项式：

$$p_4(x)=1-x+1.5x(x-1)-\frac{4}{3}x(x-1)(x-2)+\frac{5}{6}x(x-1)(x-2)(x-3)$$

由于节点是等距的，即 $h=1$，因此也可由表 2.3 及式 (2.36) 得插值多项式 $p_4(x)$.

表 2.3　差分表

x_i	$y_i=f(x_i)$	Δy_i	$\Delta^2 y_i$	$\Delta^3 y_i$	$\Delta^4 y_i$
0	1				
		-1			
1	0		3		
		2		-8	
2	2		-5		20
		-3		12	
3	-1		7		
		4			
4	3				

表 2.4　差商表

x_i	$y_i=f(x_i)$	一阶	二阶	三阶	四阶
0	1				
		-1			
1	0		1.5		
		2		$-\frac{4}{3}$	
2	2		-2.5		$\frac{5}{6}$
		-3		2	
3	-1		3.5		
		4			
4	3				

2.3　埃尔米特 (Hermite) 插值

在某些实际问题中, 希望得到更好的插值多项式, 即不但要求插值多项式 $p(x)$ 在插值节点上满足 $p(x_i)=y_i(i=0,1,2,\cdots,n)$, 而且还要求 $p(x)$ 在插值节点上满足 $p'(x_i)=y_i'(i=0,1,2,\cdots,n)$ 等, 其中 $y_i'=f'(x_i)(i=0,1,2,\cdots,n)$. 甚至要求插值节点上的高阶导数也相等, 以这种插值要求来求 $p(x)$ 的方法就称为**埃尔米特插值法**, 并把插值多项式记为 $H(x)$, 称为**埃尔米特插值**. 这里只介绍三次埃尔米特插值的构造方法.

已知 $y_i=f(x_i)$, $y_i'=f'(x_i)(i=0,1)$, 求三次插值多项式 $H(x)$ 使节点 x_0,x_1 上满足

$$H(x_0)=y_0,\quad H(x_1)=y_1,\quad H'(x_0)=y_0',\quad H'(x_1)=y_1' \tag{2.37}$$

先构造具有性质

$$\begin{cases}\alpha_0(x_0)=1, & \alpha_0(x_1)=0, & \alpha_0'(x_0)=0, & \alpha_0'(x_1)=0\\ \alpha_1(x_0)=0, & \alpha_1(x_1)=1, & \alpha_1'(x_0)=0, & \alpha_1'(x_1)=0\\ \beta_0(x_0)=0, & \beta_0(x_1)=0, & \beta_0'(x_0)=1, & \beta_0'(x_1)=0\\ \beta_1(x_0)=0, & \beta_1(x_1)=0, & \beta_1'(x_0)=0, & \beta_1'(x_1)=1\end{cases} \tag{2.38}$$

的三次多项式 $\alpha_0(x),\alpha_1(x),\beta_0(x),\beta_1(x)$, 则满足插值条件式 (2.37) 的三次埃尔米特插值多项式可以表示为

$$H(x)=\alpha_0(x)y_0+\alpha_1(x)y_1+\beta_0(x)y_0'+\beta_1(x)y_1' \tag{2.39}$$

因为满足式 (2.38) 第一组插值条件的三次多项式 $\alpha_0(x)$ 可以表示为

$$\alpha_0(x)=\left(\frac{x-x_1}{x_0-x_1}\right)^2(a(x-x_0)+1)$$

再利用插值条件 $\alpha_0'(x_0)=0$ 把参数 a 求出, 所以得

$$\alpha_0(x)=\left(\frac{x-x_1}{x_0-x_1}\right)^2\left(\frac{2(x-x_0)}{x_1-x_0}+1\right) \tag{2.40}$$

同理可以得到

$$\alpha_1(x)=\left(\frac{x-x_0}{x_1-x_0}\right)^2\left(\frac{2(x-x_1)}{x_0-x_1}+1\right) \tag{2.41}$$

$$\beta_0(x)=\left(\frac{x-x_1}{x_0-x_1}\right)^2(x-x_0) \tag{2.42}$$

$$\beta_1(x)=\left(\frac{x-x_0}{x_1-x_0}\right)^2(x-x_1) \tag{2.43}$$

所以根据式 (2.40)～ 式 (2.43) 和式 (2.39) 可求出三次埃尔米特插值多项式 $H(x)$.

2.4 分段插值

在插值多项式的应用中容易产生一种错觉, 认为在给定区间 $[a,b]$ 中选取的节点越多, 所得到的插值多项式的次数越高, 从而逼近 $f(x)$ 的效果也越好. 对某些函数情况并非如此, 以下例子可以说明这个问题.

例 3 对函数

$$f(x)=\frac{1}{1+25x^2}$$

取等距节点, 考察区间 $[-1,1]$ 上的插值效果.

解 若把区间 $[-1,1]$ 五等分, 取分点 $x_i=-1+\frac{2}{5}i\ (i=0,1,\cdots,5)$ 为插值节点作五次插值多项式有

$$\begin{aligned}p_5(x)=&0.03846+0.15385(x+1)+1.05768(x+1)(x+0.6)\\&-1.92307(x+1)(x+0.6)(x+0.2)+1.20192(x+1)(x+0.6)(x^2-0.04)\end{aligned}$$

若把区间 $[-1,1]$ 十等分, 取插值节点 $x_i=-1+\dfrac{i}{5}(i=0,1,\cdots,10)$, 还可以作十次插值多项式 $p_{10}(x)$, 那么 $p_5(x)$ 与 $p_{10}(x)$ 逼近 $f(x)$ 的情况如何呢? 如表 2.5、图 2.3 和图 2.4 所示. 从图 2.3、图 2.4 和表 2.5 都可以看出, 对于 $f(x)=\dfrac{1}{1+25x^2}$, 即使增加插值节点个数, 提高插值多项式次数也很难控制逼近误差. 容易看出, 当 $|x|$ 取值越接近 1, 用多项式 $p_{10}(x)$ 逼近 $f(x)$ 的情况越比用多项式 $p_5(x)$ 逼近 $f(x)$ 的情况要差, 误差大.

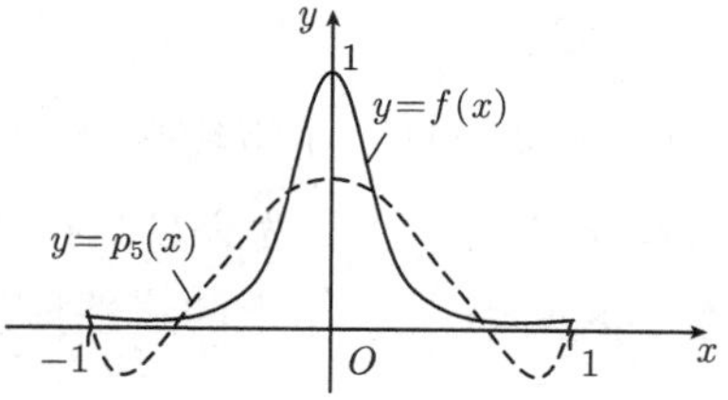

图 2.3

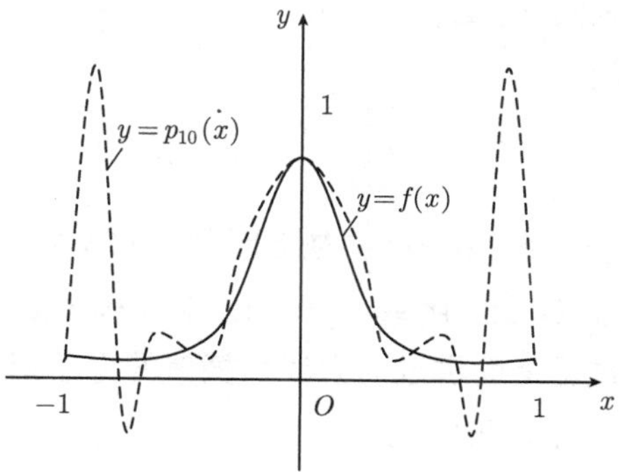

图 2.4

表 2.5　计算结果

x_i	$f(x)=\frac{1}{1+25x^2}$	$p_5(x)$	$p_{10}(x)$
−1	0.03846	0.03846	0.03846
−0.9	0.04706	−0.04604	1.57872
−0.8	0.05882	−0.04808	0.05882
−0.7	0.07547	0.00781	−0.2262
−0.6	0.1	0.1	0.1
−0.5	0.13793	0.20974	0.25376
−0.4	0.2	0.32115	0.2
−0.3	0.30796	0.42127	0.23535
−0.2	0.5	0.5	0.5
−0.1	0.8	0.55012	0.8434
0	1	0.56731	1

在应用中遇到以上的问题时, 我们考虑的是如何在给定区间 $[a,b]$ 上作出逼近 $f(x)$ 效果较好的插值多项式呢? 比较简单的方法就是把给定区间 $[a,b]$ 分成若干个小区间, 在每个小区间上作出次数不高的插值多项式, 达到较好地逼近 $f(x)$ 的效果. 这

种插值法就称为**分段插值方法**. 分段插值的优点是插值多项式的次数低, 整体逼近程度好, 容易计算函数的近似值和估计误差等. 分段插值方法中较简单且常用的方法是分段线性插值和分段三次埃尔米特插值. 以下分别介绍这两种分段插值方法.

2.4.1 分段线性插值

把给定的插值区间 $[a,b]$ 分成若干个小区间 $[x_i,x_{i+1}]$, 假设已分成 n 个小区间 $[x_i,x_{i+1}]$, 且 x_i 上的函数值都已知, 即 $y_i=f(x_i)(i=0,1,2,\cdots,n)$ 为已知. 那么在每个小区间 $[x_i,x_{i+1}](i=0,1,2,\cdots,n-1)$ 上作出一次插值多项式 $\varphi_i(x)$ 使节点 x_i,x_{i+1} 上满足

$$\varphi_i(x_i)=y_i,\quad \varphi_i(x_{i+1})=y_{i+1} \tag{2.44}$$

则 $\varphi_i(x)$ 是一条折线, 是上面讲过的线性插值多项式, 用这样的 n 个折线来逼近插值区间 $[a,b]$ 上的函数 $f(x)$ 的方法就称为**分段线性插值方法**, $\varphi_i(x)$ 称为**分段线性插值**.

根据上面讲过的求线性插值的方法得到, 每个小区间 $[x_i,x_{i+1}]$ 上的线性插值多项式 $\varphi_i(x)$ 的表达式为

$$\varphi_i(x)=\frac{x-x_{i+1}}{x_i-x_{i+1}}y_i+\frac{x-x_i}{x_{i+1}-x_i}y_{i+1} \tag{2.45}$$

这样把整个插值区间 $[a,b]$ 上的一个一次插值多项式 $\varphi(x)$, 就用这 n 个小区间上的 $\varphi_i(x)$ 来分段表示. 从几何上看, 所求的分段线性插值是以点 $(x_0,y_0),(x_1,y_1),\cdots,(x_n,y_n)$ 为顶点的一系列折线. 根据插值余项公式可以得到, 分段线性插值的误差要比整个区间 $[a,b]$ 上插值的误差要小.

2.4.2 分段三次埃尔米特插值

先把给定的插值区间 $[a,b]$ 分成若干个小区间, 假设已分成 n 个小区间 $[x_i,x_{i+1}]$, 且 x_i 上的函数值与导数值都已知, 即 $y_i=f(x_i),y_i'=f'(x_i)(i=0,1,2,\cdots,n)$ 为已知. 那么在每个小区间 $[x_i,x_{i+1}](i=0,1,2,\cdots,n-1)$ 上可以作出三次插值多项式 $H_i(x)$ 使节点 x_i,x_{i+1} 上满足

$$H_i(x_i)=y_i,\quad H_i(x_{i+1})=y_{i+1},\quad H_i'(x_i)=y_i',\quad H_i'(x_{i+1})=y_{i+1}' \tag{2.46}$$

这种插值就称为**分段三次插值**, 也称为**分段三次埃尔米特插值**.

根据以上介绍的三次埃尔米特插值的方法，在区间 $[x_i, x_{i+1}](i = 0,1,2,\cdots, n-1)$ 上先构造具有性质

$$\begin{cases} \alpha_i(x_i)=1, & \alpha_i(x_{i+1})=0, & \alpha_i'(x_i)=0, & \alpha_i'(x_{i+1})=0 \\ \alpha_{i+1}(x_i)=0, & \alpha_{i+1}(x_{i+1})=1, & \alpha_{i+1}'(x_i)=0, & \alpha_{i+1}'(x_{i+1})=0 \\ \beta_i(x_i)=0, & \beta_i(x_{i+1})=0, & \beta_i'(x_i)=1, & \beta_i'(x_{i+1})=0 \\ \beta_{i+1}(x_i)=0, & \beta_{i+1}(x_{i+1})=0, & \beta_{i+1}'(x_i)=0, & \beta_{i+1}'(x_{i+1})=1 \end{cases} \tag{2.47}$$

的三次多项式，则满足插值条件式 (2.46) 的分段三次埃尔米特插值多项式 $H_i(x)$ 可表示为

$$H_i(x)=\alpha_i(x)y_i+\alpha_{i+1}(x)y_{i+1}+\beta_i(x)y_i'+\beta_{i+1}(x)y_{i+1}' \tag{2.48}$$

与 $\alpha_0(x),\alpha_1(x),\beta_0(x),\beta_1(x)$ 的构造方法同理，可得具有性质式 (2.47) 的三次多项式 $\alpha_i(x)$, $\alpha_{i+1}(x)$, $\beta_i(x)$, $\beta_{i+1}(x)$ 分别为

$$\alpha_i(x)=\left(\frac{x-x_{i+1}}{x_i-x_{i+1}}\right)^2\left(\frac{2(x-x_i)}{x_{i+1}-x_i}+1\right) \tag{2.49}$$

$$\alpha_{i+1}(x)=\left(\frac{x-x_i}{x_{i+1}-x_i}\right)^2\left(\frac{2(x-x_{i+1})}{x_i-x_{i+1}}+1\right) \tag{2.50}$$

$$\beta_i(x)=\left(\frac{x-x_{i+1}}{x_i-x_{i+1}}\right)^2(x-x_i) \tag{2.51}$$

$$\beta_{i+1}(x)=\left(\frac{x-x_i}{x_{i+1}-x_i}\right)^2(x-x_{i+1}) \tag{2.52}$$

对于 $i=0,1,2,\cdots,n-1$，根据式 (2.49) ~ 式 (2.52) 和式 (2.48) 可求出 n 个分段的三次埃尔米特插值多项式 $H_i(x)$，这样把整个插值区间 $[a,b]$ 上的一个三次插值多项式 $H(x)$，就用这 n 个小区间上的 $H_i(x)$ 来分段表示. 根据三次埃尔米特插值多项式的余项公式可以肯定，分段三次埃尔米特插值的误差比整个区间 $[a,b]$ 上插值的误差要小.

2.5　三次样条插值

在工程制图、绘制中若要求作过给定点的曲线，则可以用以下的三次样条插值方法.

在区间 $[a,b]$ 上取 $n+1$ 个节点 $a=x_0<x_1<\cdots<x_n=b$, 并在这些点上给定了函数 $f(x)$ 的值 $y_i=f(x_i)$ 及导数值 $y'_i=f'(x_i)(i=0,1,2,\cdots,n)$, 那么在区间 $[x_i,x_{i+1}]$ 上可以求出分段三次埃尔米特插值 $H_i(x)$, 该插值函数属于 $C^1[a,b]$. 如果想得到更光滑的插值函数, 就需要将给定的条件进一步加强. 例如, 不仅要求插值函数的导数在节点上的值要与 $f'(x_i)$ 相等, 而且要求它在 $[a,b]$ 上具有连续的一阶、二阶导数, 则所得到的插值函数就是三次样条插值函数.

定义 2 若函数 $S(x)$ 满足下列条件:

① $S(x)\in C^2[a,b]$

② 每个区间 $[x_i,x_{i+1}]$ 上, $S(x)$ 是三次多项式

③ 在节点 x_i 上满足 $S(x_i)=y_i(i=0,1,2,\cdots,n)$ (2.53)

则 $S(x)$ 是 $[a,b]$ 上的三次样条插值函数.

因为 $S(x)$ 在 $[a,b]$ 上二阶导数连续, 因此在节点 $x_i(i=0,1,2,\cdots,n)$ 上应满足条件

$$S(x_i-0)=S(x_i+0),S'(x_i-0)=S'(x_i+0),S''(x_i-0)=S''(x_i+0) \tag{2.54}$$

$S(x)$ 在每个区间 $[x_i,x_{i+1}]$ 上是三次多项式 $S_i(x)$, 所以要确定 4 个待定系数, 共有 n 个区间, 故有 $4n$ 个待定系数. 由式 (2.53) 和式 (2.54) 可知共有 $n+1+3n-3=4n-2$ 个条件, 因此还需要两个条件才能把 $S(x)$ 确定. 一般在 $[a,b]$ 的端点 $x_0=a,x_n=b$ 上各加一个条件, 即加边界条件:

① 问题本身已给出 $S'(x_0)=m_0,S'(x_n)=m_n$ 的值

② 样条两端自然地向外伸出, 此时 $S''(x_0)=0,S''(x_n)=0$

③ 若 $f(x)$ 是以 $b-a=x_n-x_0$ 为周期的周期函数, 则可以要求 $S(x)$ 也是周期的, 因而有 $S'(x_0)=S'(x_n),S''(x_0+0)=S''(x_n-0)$

记 $S(x)$ 在节点 x_i 处的函数值、一阶导数值、二阶导数值分别为

$$S(x_i)=y_i,S'(x_i)=m_i,\quad S''(x_i)=M_i(i=0,1,2,\cdots,n) \tag{2.55}$$

因 $S(x)$ 在 $[a,b]$ 上是分段三次多项式, 所以在每个区间 $[x_{i-1},x_i]$ 上 $S(x)$ 的二阶导数是一个线性函数. 记 $h_i=x_i-x_{i-1}$, 则有

$$S''(x)=M_{i-1}\frac{x_i-x}{h_i}+M_i\frac{x-x_{i-1}}{h_i}\quad x\in[x_{i-1},x_i]$$

上式两边积分得

$$S'(x) = -M_{i-1}\frac{(x_i - x)^2}{2h_i} + M_i\frac{(x - x_{i-1})^2}{2h_i} + c_{i1} \tag{2.56}$$

再积分得

$$S(x) = M_{i-1}\frac{(x_i - x)^3}{6h_i} + M_i\frac{(x - x_{i-1})^3}{6h_i} + c_{i1}x + c_{i2} \tag{2.57}$$

根据插值条件 $S(x_{i-1}) = y_{i-1}$, $S(x_i) = y_i$ 及式 (2.57) 得

$$\begin{cases} c_{i1} = \dfrac{y_i - y_{i-1}}{h_i} - \dfrac{h_i(M_i - M_{i-1})}{6} \\ c_{i2} = \left(\dfrac{y_{i-1}}{h_i} - \dfrac{h_iM_{i-1}}{6}\right)x_i + \left(-\dfrac{y_i}{h_i} + \dfrac{h_iM_i}{6}\right)x_{i-1} \end{cases} \tag{2.58}$$

由式 (2.56) 有

$$\begin{cases} S'(x_i - 0) = \dfrac{y_i - y_{i-1}}{h_i} - \dfrac{h_i(M_i - M_{i-1})}{6} + \dfrac{h_i}{2}M_i \quad x_i - 0 \in [x_{i-1}, x_i] \\ S'(x_i + 0) = \dfrac{y_{i+1} - y_i}{h_{i+1}} - \dfrac{h_{i+1}(M_{i+1} - M_i)}{6} - \dfrac{h_{i+1}}{2}M_i \quad x_i + 0 \in [x_i, x_{i+1}] \end{cases} \tag{2.59}$$

由于一阶导数连续, 即 $S'(x_i - 0) = S'(x_i + 0)(i = 1, 2, \cdots, n-1)$, 所以由式 (2.59) 得

$$\alpha_iM_{i-1} + 2M_i + \beta_iM_{i+1} = d_i \quad (i = 1, 2, \cdots, n-1) \tag{2.60}$$

其中, $\alpha_i = \dfrac{h_i}{h_i + h_{i+1}}, \beta_i = \dfrac{h_{i+1}}{h_i + h_{i+1}}, d_i = \dfrac{6}{h_i + h_{i+1}}\left(\dfrac{y_{i+1} - y_i}{h_{i+1}} - \dfrac{y_i - y_{i-1}}{h_i}\right)$　(2.61)

若已知第一边界条件 $S'(x_0) = m_0, S'(x_n) = m_n$, 则由式 (2.56) 有

$$\begin{cases} m_0 = -\dfrac{h_1M_0}{2} + c_{11} \\ m_n = \dfrac{h_nM_n}{2} + c_{n2} \end{cases} \tag{2.62}$$

把式 (2.58) 的 c_{i1}, c_{i2} 代入到式 (2.62) 并整理得

$$\begin{cases} 2M_0 + M_1 = \dfrac{6}{h_1}\left(\dfrac{y_1 - y_0}{h_1} - m_0\right) \\ M_{n-1} + 2M_n = \dfrac{6}{h_n}\left(m_n - \dfrac{y_n - y_{n-1}}{h_n}\right) \end{cases} \tag{2.63}$$

记 $\alpha_n = 1, \beta_0 = 1, d_0 = \dfrac{6}{h_1}\left(\dfrac{y_1 - y_0}{h_1} - m_0\right), d_n = \dfrac{6}{h_n}\left(m_n - \dfrac{y_n - y_{n-1}}{h_n}\right)$, 那么把式

(2.60)、式 (2.63) 联立在一起, 得三对角线性方程组

$$\begin{bmatrix} 2 & \beta_0 & & & & \\ \alpha_1 & 2 & \beta_1 & & & \\ & \alpha_2 & 2 & \beta_2 & & \\ & & \ddots & \ddots & \ddots & \\ & & & \alpha_{n-1} & 2 & \beta_{n-1} \\ & & & & \alpha_n & 2 \end{bmatrix} \begin{bmatrix} M_0 \\ M_1 \\ M_2 \\ \vdots \\ M_{n-1} \\ M_n \end{bmatrix} = \begin{bmatrix} d_0 \\ d_1 \\ d_2 \\ \vdots \\ d_{n-1} \\ d_n \end{bmatrix} \tag{2.64}$$

方程组 (2.64) 的系数矩阵的各阶顺序主子式都不为零, 所以解是唯一存在的, 由此求出 $M_0, M_1, \cdots, M_n$, 则由式 (2.57) 就确定了对应区间 $[x_{i-1}, x_i]$ 上的三次插值函数 $S(x)$. 当 $i = 1, 2, \cdots, n$ 时, 可得 $[a, b]$ 上的三次样条插值函数 $S(x)$. 对于第二、第三边界条件, 可以得到与方程组 (2.64) 相似的方程组, 从而也可以确定区间 $[x_{i-1}, x_i]$ 上的 $S(x)$.

2.6 插值余项公式

插值多项式逼近函数 $f(x)$ 的程度如何描述? 这里用插值余项的概念来描述.

设 $p(x)$ 是函数 $f(x)$ 的满足一定插值条件的插值多项式, 则误差 $f(x) - p(x)$ 称为插值多项式 $p(x)$ 的余项, 记为

$$r(x) = f(x) - p(x) \tag{2.65}$$

若余项的表达式能够确定, 即有余项公式, 则用该公式可以研究插值多项式 $p(x)$ 逼近函数 $f(x)$ 的误差的大小. 因插值条件的不同, 所得到的插值多项式也不一样, 对不同的插值多项式其余项公式也不同. 因此要根据不同插值多项式给出不同的余项公式的具体表达式.

定理 4 设 $p_1(x)$ 是 $f(x)$ 在区间 $[a, b]$ 上的线性插值, $f(x) \in C^1_{[a,b]}$, $f''(x)$ 存在, 则有

$$r(x) = f(x) - p_1(x) = \frac{f''(\xi)}{2}(x - x_0)(x - x_1) \tag{2.66}$$

其中, ξ 与 x 有关, 且 $\xi \in (a, b)$.

证明 因 $p_1(x)$ 满足插值条件式 (2.4), 得 $r(x_0) = r(x_1) = 0$, 所以不妨设 $r(x)$ 的表达式具有形式

$$r(x) = (x - x_0)(x - x_1)k(x)$$

其中, $k(x)$ 为待定函数. 由 $r(x) = f(x) - p_1(x)$ 可知辅助函数

$$\varphi(t) = f(t) - p_1(t) - (t - x_0)(t - x_1)k(x)$$

有三个零点 x, x_0, x_1, 因 $\varphi(t)$ 有二阶导数, 所以由罗尔 (Rolle) 定理得 $\varphi'(t)$ 有两个零点, 记为 t_1, t_2, 且至少有一个与 x 有关. 再用罗尔定理得 $\varphi''(t)$ 有一个零点, 记为 ξ, 即 ξ 满足 $\varphi''(\xi) = 0$, 且由传递性得 ξ 与 x 有关. 而

$$\varphi''(t) = f''(t) - 2k(x)$$

所以

$$k(x) = \frac{f''(\xi)}{2}$$

从而有

$$r(x) = (x - x_0)(x - x_1)k(x) = (x - x_0)(x - x_1)\frac{f''(\xi)}{2}$$

即得式 (2.66).

定理 5 设 $p_n(x)$ 是 $f(x)$ 在区间 $[a, b]$ 上的 n 次插值, $f(x) \in C^n_{[a,b]}$, $f^{(n+1)}(x)$ 存在, 则

$$r(x) = f(x) - p_n(x) = (x - x_0)(x - x_1)\cdots(x - x_n)\frac{f^{(n+1)}(\xi)}{(n+1)!} \tag{2.67}$$

其中, ξ 与 x 有关, 且 $\xi \in (a, b)$.

证明 因 $p_n(x)$ 满足插值条件式 (2.15) , 得 $r(x_i) = 0(i = 0, 1, 2, \cdots, n)$, 所以不妨设 $r(x)$ 的表达式具有形式

$$r(x) = (x - x_0)(x - x_1)\cdots(x - x_n)k(x)$$

其中, $k(x)$ 为待定函数. 由 $r(x) = f(x) - p_n(x)$ 可知辅助函数

$$\varphi(t) = f(t) - p_n(t) - (t - x_0)(t - x_1)\cdots(t - x_n)k(x)$$

有 $n + 2$ 个零点 $x, x_i(i = 0, 1, 2\cdots, n)$, 因 $\varphi(t)$ 有 $n + 1$ 阶导数, 所以由罗尔 (Rolle) 定理得 $\varphi'(t)$ 有 $n + 1$ 个零点, 记为 $t_i(i = 0, 1, 2, \cdots, n)$, 且至少有一个与 x 有关. 再用罗尔定理得 $\varphi''(t)$ 有 n 个零点, 继续利用罗尔定理得 $\varphi^{(n+1)}(t)$ 有一个零点, 记为 ξ, 即 ξ 满足 $\varphi^{(n+1)}(\xi) = 0$, 且由传递性得 ξ 与 x 有关. 而因为

$$\varphi^{(n+1)}(t) = f^{(n+1)}(t) - (n+1)!k(x)$$

所以

$$k(x)=\frac{f^{(n+1)}(\xi)}{(n+1)!}$$

从而有

$$r(x)=(x-x_0)(x-x_1)\cdots(x-x_n)k(x)=(x-x_0)(x-x_1)\cdots(x-x_n)\frac{f^{(n+1)}(\xi)}{(n+1)!}$$

即得式 (2.67).

对定理 5 取 $n=2$, 则可得抛物线插值的余项公式

$$r(x)=f(x)-p_2(x)=\frac{f^{(3)}(\xi)}{3!}(x-x_0)(x-x_1)(x-x_2) \tag{2.68}$$

定理 6 设插值节点为 $a=x_0<x_1<x_2<\cdots<x_n<b$, $\varphi_i(x)$ 是区间 $[x_i,x_{i+1}]$ 上的分段线性插值, $f(x)$ 二阶连续可微, $r_i(x)$ 是 $f(x)$ 的分段线性插值 $\varphi_i(x)$ 的余项公式, 则

$$|r_i(x)|=|f(x)-\varphi_i(x)|\leqslant\frac{(x_{i+1}-x_i)^2}{8}\max_{x_i\leqslant x\leqslant x_{i+1}}|f''(x)|\quad(x_i\leqslant x\leqslant x_{i+1}) \tag{2.69}$$

由于 $x_{i+1}-x_i\leqslant b-a$, 所以对于任意 $x\in[a,b]$ 都有 $|r_i(x)|\leqslant|r(x)|$, 这里 $r(x)$ 是由式 (2.66) 给出.

定理 7 设 $H_i(x)$ 是 $f(x)$ 在区间 $[x_i,x_{i+1}]$ 上的三次分段埃尔米特插值多项式, 设 $f(x)\in C^3_{[a,b]}$, $f^{(4)}(x)$ 存在, 则

$$r_i(x)=f(x)-H_i(x)=\frac{f^{(4)}(\xi)}{4!}(x-x_i)^2(x-x_{i+1})^2 \tag{2.70}$$

其中, ξ 与 x 有关, 且 $\xi\in(x_i,x_{i+1})$.

定理 8 设 $f(x)\in C^4_{[a,b]}$, $S(x)$ 是由式 (2.55) 给出的 $f(x)$ 的区间 $[x_i,x_{i+1}]$ 上的三次样条插值多项式, 记 $\delta=\max\limits_{0\leqslant i\leqslant n-1}|x_i-x_{i+1}|$, 则当 $\delta\to 0$ 时, 对 $x\in[a,b]$ 有

$$\left|f^{(k)}(x)-S^{(k)}(x)\right|\leqslant C_k\delta^{4-k}(k=0,1,2) \tag{2.71}$$

其中, C_k 是与 $\delta\to 0$ 无关的常数.

例 4 给定 $f(-1)=1, f(0)=12, f(1)=6$, 求 $p(x)$ 使 $p(x_i)=f(x_i)(i=0,1,2)$, 又设 $|f'''(x)|\leqslant M$, 则估计余项 $r(x)=f(x)-p(x)$ 的大小.

解 因 $x_0=-1, y_0=1, x_1=0, y_1=12, x_2=1, y_2=6$, 由牛顿插值公式 (2.25) 得

$$
\begin{aligned}
p(x) &= f(x_0)+f[x_0,x_1](x-x_0)+f[x_0,x_1,x_2](x-x_0)(x-x_1)\\
&= 1+11(x+1)-\frac{17}{2}(x+1)x
\end{aligned}
$$

由余项公式 (2.68) 得

$$
|r(x)|=\left|\frac{f'''(\eta)}{3!}(x+1)x(x-1)\right|\leqslant \frac{M}{6}\left|(x+1)x(x-1)\right|\leqslant \frac{M}{6}\times\frac{2}{3\sqrt{3}}=\frac{\sqrt{3}}{27}M
$$

2.7 数值微分

数值微分的基本思想是用给定点的函数值的线性组合来近似函数在某点的导数值. 按导数定义, 点 a 上的导数是

$$
f'(a)=\lim_{h\to 0}\frac{f(a+h)-f(a)}{h}
$$

若考虑应用上的简单, 可以用差商来近似导数, 这样就得以下数值微分公式

$$
\begin{cases}
f'(a)\approx \dfrac{f(a+h)-f(a)}{h}\\[2mm]
f'(a)\approx \dfrac{f(a)-f(a-h)}{h}
\end{cases}
\tag{2.72}
$$

其中, h 为一增量, 称为步长, 式 (2.72) 称为**两点公式**. 利用点 a 上的泰勒展开式可得对应的误差分别为 $-\dfrac{h}{2}f''(\xi)$ 和 $\dfrac{h}{2}f''(\xi)$. 式 (2.72) 也可用插值函数的方法来得到, 为此先看一般的插值型数值微分公式的构造.

设函数值 $f(x_i)(i=0,1,2,\cdots,n)$ 已知, 由式 (2.19) 得对应的 n 次拉格朗日插值多项式为

$$
p_n(x)=\sum_{i=0}^{n}l_i(x)f(x_i)
$$

所以有

$$
f'(x)\approx p_n'(x)=\sum_{i=0}^{n}l_i'(x)f(x_i)
\tag{2.73}
$$

且有

$$
r'(x)=f'(x)-p_n'(x)=\frac{\mathrm{d}}{\mathrm{d}x}\left(\frac{f^{(n+1)}(\xi)}{(n+1)!}(x-x_0)(x-x_1)\cdots(x-x_n)\right)
\tag{2.74}
$$

式 (2.73) 就是插值型数值微分公式.

若求点 x^* 处的导数值 $f'(x^*)$, 那么由式 (2.73) 得导数值为

$$f'(x^*) \approx p_n'(x^*) = \sum_{i=0}^{n} l_i'(x^*) f(x_i)$$

同理, 还可以得到更高阶的导数值, 只是结果的数值稳定性差些.

设 $h = x_i - x_{i-1}$, 则 $n = 1$ 时可以得到式 (2.72) 的两点公式, 当 $n = 2$ 时可以得到三点公式

$$\begin{cases} f'(x_0) \approx \dfrac{1}{2h}(-3f(x_0) + 4f(x_1) - f(x_2)) \\ f'(x_1) \approx \dfrac{1}{2h}(f(x_2) - f(x_0)) \\ f'(x_2) \approx \dfrac{1}{2h}(f(x_0) - 4f(x_1) + 3f(x_2)) \end{cases} \tag{2.75}$$

此时对应的误差分别为: $\dfrac{h^2}{3}f^{(3)}(\xi), -\dfrac{h^2}{6}f^{(3)}(\xi), \dfrac{h^2}{3}f^{(3)}(\xi)$.

三次样条插值函数 $S(x)$ 作为 $f(x)$ 的近似, 不但函数值很接近, 导数值也很接近. 所以也可以利用三次样条插值函数 $S(x)$ 来近似函数的导数值, 即有

$$f^{(k)}(x) \approx S^{(k)}(x)(k = 0, 1, 2)$$

另外, 利用中点公式

$$f'(x) \approx G(h) = \frac{f(x+h) - f(x-h)}{2h}$$

来计算导数值时, 对 $f(x)$ 在点 x 做泰勒级数展开有

$$f'(x) = G(h) + a_1 h^2 + a_2 h^4 + \cdots$$

其中, a_i 是与 h 无关的常数, 利用理查森 (Richardson) 外推法对 h 逐次分半, 若记 $G_0(h) = G(h)$, 则有递推公式

$$G_m(h) = \frac{4^m G_{m-1}\left(\dfrac{h}{2}\right) - G_{m-1}(h)}{4^m - 1} \quad (m = 1, 2, \cdots) \tag{2.76}$$

因为式 (2.76) 的误差为

$$f'(x) - G_m(h) = O(h^{2(m+1)})$$

所以式 (2.76) 是比较理想的数值微分公式.

习　题　2

1. 设 $y=\sqrt[3]{x}$, 在 $x=1,8,64$ 三处的值是容易计算的, 试以这三点建立 $y=\sqrt[3]{x}$ 的一次插值多项式和二次插值多项式, 并用所建立的多项式计算 $\sqrt[3]{5}$ 的近似值, 并对结果进行分析.

2. 求经过点 (0, 2), (1, −2), (2, 10) 的插值多项式.

3. 对数据 (−1, 0), (0, 1), (1, −4), (2, 10) , 计算 $f[-1,0,1,2]$.

4. 对函数值序列 $\{1,2,5,-6,8\}$, 计算 $\Delta^4 y_0$.

5. 用拉格朗日插值和牛顿插值求经过点 (−3, −1), (0, 2), (3, −2), (6, 10) 的三次插值多项式.

6. 求一个多项式 $p(x)$, 使 $p(0)=0, p'(0)=0, p(1)=1, p'(1)=5$.

7. 设 $R(x)$ 是 $f(x)$ 的线性插值 $p_1(x)$ 的余项, $f(x)$ 二阶连续可微, 证明

$$|R(x)| \leqslant \max_{x_0\leqslant x\leqslant x_1} \left|f''(x)\right| \frac{(x_1-x_0)^2}{8} \quad (x_0 \leqslant x \leqslant x_1)$$

8. 设 $f(-2)=-1, f(0)=1, f(2)=2$, 求 $p(x)$ 使 $p(x_i)=f(x_i)(i=0,1,2)$; 又设 $|f'''(x)|\leqslant M$, 则估计余项 $r(x)=f(x)-p(x)$ 的大小.

9. 若 $x_j(j=0,1,\cdots,n)$ 为互异节点, 且有

$$l_j(x)=\frac{(x-x_0)(x-x_1)\cdots(x-x_{j-1})(x-x_{j+1})\cdots(x-x_n)}{(x_j-x_0)(x_j-x_1)\cdots(x_j-x_{j-1})(x_j-x_{j+1})\cdots(x_j-x_n)}$$

证明 $\sum\limits_{j=0}^{n} x_j^k l_j(x) \equiv x^k (k=0,1,\cdots,n)$.

10. 试构造满足插值条件 $p_3(a)=f(a), p_3(c)=f(c), p_3(b)=f(b), p_3'(c)=f'(c)$ 的三次插值代数多项式 $p_3(x)$, 并设 $f(x)$ 的 4 阶导数连续, 推出其余项 $r(x)=f(x)-p_3(x)$ 的表达式.

11. 设 $f(x)\in C^3$, 求一多项式 $p(x)$ 使满足 $p(a)=f(a), p'(a)=f'(a), p''(a)=f''(a)$, 并推出其余项 $r(x)=f(x)-p(x)$ 的表达式.

12. 求三次样条函数 $s(x)$, 已知

x_i	0.2	0.3	0.4	0.5	0.6
y_i	0.5	0.55	0.65	0.7	0.85

和边界条件 $s'(0.2)=1, s'(0.6)=0.8$.

第 3 章

数据拟合法

3.1 最小二乘原理

在科学实验或统计研究中, 需要从一组测定的数据去求自变量与因变量之间的一个函数关系. 第 2 章中介绍过的插值方法在一定程度上解决了这个问题. 但实验数据或统计数据通常很多, 在这种情况下, 用插值方法来求自变量与因变量之间的插值多项式关系, 往往多项式次数都比较高, 对计算和应用都带来一定困难. 另一方面, 实验数据或统计数据本身带有误差, 在这种情况下, 用插值方法的插值条件来求拟合曲线, 要求所得拟合曲线精确地通过给定的所有数据点时就会使曲线保留数据原有的误差, 所以有必要考虑与插值方法不同的求自变量与因变量之间的函数关系的其他方法. 这里要介绍数据拟合法, 数据拟合法是数学建模过程中常用的一个有效方法, 在许多实际问题的研究和解决中都起到了重要的作用, 在解决现实问题中应用非常广泛, 见文献 (何满喜, 2010) 和 (何满喜, 2007).

3.1.1 最小二乘问题

最小二乘问题的一般提法是: 对于给定的数据点 $(x_i, y_i)(i = 1, 2, \cdots, n)$, 要求在函数类 $\varPhi = \{\varphi_0, \varphi_1, \cdots, \varphi_m\}$ 中寻找一个函数

$$\varphi(x) = a_0\varphi_0 + a_1\varphi_1 + \cdots + a_m\varphi_m \quad (m < n) \tag{3.1}$$

使 $\varphi(x)$ 各点上的偏差 $\delta_i = y_i - \varphi(x_i)$ 的绝对值都尽可能小, 即偏差平方和

$$\sum_{i=1}^{n} \delta_i^2 = \sum_{i=1}^{n} (y_i - \varphi(x_i))^2$$

达到极小. 设 $\omega(x)(\geqslant 0)$ 是权函数, 用来调解数据点 (x_i,y_i) 的作用大小或准确程度, 即数据点 (x_i,y_i) 的作用越大, $\omega(x_i)$ 取值也越大. 则偏差平方和 $\sum\limits_{i=1}^{n}\delta_i^2=\sum\limits_{i=1}^{n}(y_i-\varphi(x_i))^2$ 达到极小等价于

$$Q(a_0,a_1,\cdots,a_m)=\sum_{i=1}^{n}\omega(x_i)\delta_i^2=\sum_{i=1}^{n}\omega(x_i)(y_i-\varphi(x_i))^2 \tag{3.2}$$

达到极小.

寻找函数 $\varphi(x)$ 就是在函数类 $\Phi=\{\varphi_0,\varphi_1,\cdots,\varphi_m\}$ 中构造式 (3.1), 即根据式 (3.2) 达到极小的条件来求待定系数 $a_0,a_1,\cdots,a_m$. 因此待定系数 a_k 满足

$$\frac{\partial Q}{\partial a_k}=0\quad(k=0,1,2,\cdots,m) \tag{3.3}$$

把式 (3.1) 表示的 $\varphi(x)$ 代入到式 (3.3) 得

$$\begin{cases}\dfrac{\partial Q}{\partial a_0}=-2\sum\limits_{i=1}^{n}\omega(x_i)\varphi_0(x_i)(y_i-a_0\varphi_0(x_i)-a_1\varphi_1(x_i)-\cdots-a_m\varphi_m(x_i))=0\\ \dfrac{\partial Q}{\partial a_1}=-2\sum\limits_{i=1}^{n}\omega(x_i)\varphi_1(x_i)(y_i-a_0\varphi_0(x_i)-a_1\varphi_1(x_i)-\cdots-a_m\varphi_m(x_i))=0\\ \qquad\qquad\cdots\qquad\cdots\qquad\cdots\\ \dfrac{\partial Q}{\partial a_m}=-2\sum\limits_{i=1}^{n}\omega(x_i)\varphi_m(x_i)(y_i-a_0\varphi_0(x_i)-a_1\varphi_1(x_i)-\cdots-a_m\varphi_m(x_i))=0\end{cases}$$

记 $(\varphi_i,\varphi_j)=\sum\limits_{k=1}^{n}\omega(x_k)\varphi_i(x_k)\varphi_j(x_k)$, $(y,\varphi_j)=\sum\limits_{k=1}^{n}\omega(x_k)y_k\varphi_j(x_k)$, 则整理以上方程组得

$$\begin{cases}(\varphi_0,\varphi_0)a_0+(\varphi_0,\varphi_1)a_1+\cdots+(\varphi_0,\varphi_m)a_m=(y,\varphi_0)\\(\varphi_1,\varphi_0)a_0+(\varphi_1,\varphi_1)a_1+\cdots+(\varphi_1,\varphi_m)a_m=(y,\varphi_1)\\ \qquad\cdots\qquad\cdots\qquad\cdots\\(\varphi_m,\varphi_0)a_0+(\varphi_m,\varphi_1)a_1+\cdots+(\varphi_m,\varphi_m)a_m=(y,\varphi_m)\end{cases} \tag{3.4}$$

求解方程组 (3.4) 可得待定系数 $a_0,a_1,\cdots,a_m$, 即由式 (3.1) 得 $\varphi(x)$, 这就是**最小二乘问题**, 也称为**最小二乘原理**. 满足条件式 (3.3) 或式 (3.4) 的 $\varphi(x)$ 就称为最小二乘问题的**最小二乘解**. 方程组 (3.3)、(3.4) 称为待定系数 $a_0,a_1,\cdots,a_m$ 的正规方程组.

对于给定的一组数据如何进行数据拟合? 可以根据以下步骤来进行:

(1) 点画出给定数据的粗略图形, 即作数据点的散点图.

(2) 根据散点图的形状与趋势, 确定因变量与自变量之间的函数类型, 即确定函数类型: $\Phi=\{\varphi_0,\varphi_1,\cdots,\varphi_m\}$.

(3) 通过最小二乘原理, 即用正规方程组 (3.4) 求出函数表达式中的未知参数 (系数).

3.1.2 一元线性数据拟合

在数据信息分析中线性回归模型是较基本的方法. 从问题的简化角度来讲, 多数系统的特征因素的数据信息, 都可以建立线性回归模型来分析研究. 先看一个例子.

例 1 某地区农村居民人均纯收入与人均生活消费性支出的 1990~2007 年的统计数据如表 3.1 所示. 应该肯定的是, 农村居民的人均生活消费性支出的水平与人均纯收入的高低有直接的关系, 请研究人均生活消费性支出与人均纯收入之间的函数关系.

表 3.1 某地区农村居民人均纯收入与人均生活消费性支出的 1990~2007 年的统计数据

年	1990	1991	1992	1993	1994	1995
纯收入/元	1099	1211	1359	1746	2225	2966
消费性支出/元	946	1027	1112	1263	1680	2378
年	1996	1997	1998	1999	2000	2001
纯收入/元	3463	3684	3815	3948	4254	4582
消费性支出/元	2702	2839	2891	2806	3231	3479
年	2002	2003	2004	2005	2006	2007
纯收入/元	4940	5431	6096	6660	7335	8265
消费性支出/元	3693	4287	4659	5215	5762	6442

为研究人均生活消费性支出与人均纯收入这两个变量之间的函数关系, 把人均生活消费性支出设为因变量 y, 人均纯收入设为自变量 x. 对数据 $(x_i,y_i)(i=1,2,\cdots,18)$ 作出散点图 (图 3.1) 后, 观察统计数据 $(x_i,y_i)(i=1,2,\cdots,18)$ 的大致变化情况和分布状态, 可以确定, y 与 x 之间的关系近似呈线性关系, 所以设

$$y=a+bx \tag{3.5}$$

那么对于表 3.1 的数据, 如何确定模型 (3.5) 中的 a,b 使得模型 (3.5) 比较好的拟合表 3.1 的数据. 也就是说, 当我们用某种方法确定 a,b 之后, 由模型 (3.5) 得到的 $\hat{y}_i$ 作为 y_i 的回归值, 希望各点上的偏差

$$\delta_i = y_i - \hat{y}_i \tag{3.6}$$

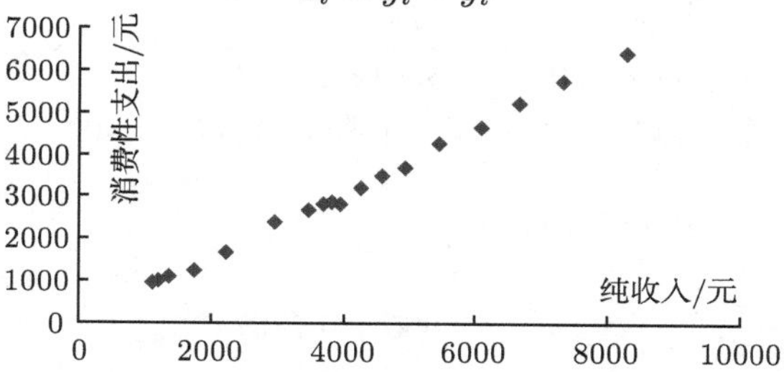

图 3.1 消费性支出与纯收入的关系

的绝对值都尽可能小. 因为 $\hat{y}_i = a + bx_i$, 所以根据数学中的等价关系, 模型 (3.5) 中 a, b 的确定, 必须满足偏差平方和

$$Q(a,b) = \sum_{i=1}^{18} \delta_i^2 = \sum_{i=1}^{18} (y_i - a - bx_i)^2 \tag{3.7}$$

达到极小. 这就是对应于模型 (3.5) 的数据拟合的**最小二乘原理**.

为推导求解 a, b 的公式, 先设统计数据 (x_i, y_i) 的个数为 n. 根据最小二乘原理和高等数学中的有关结果, 模型 (3.5) 中的 a, b 要使式 (3.7) 达到极小, 必有

$$\begin{cases} \dfrac{\partial Q}{\partial a} = -2\sum\limits_{i=1}^{n}(y_i - a - bx_i) = 0 \\ \dfrac{\partial Q}{\partial b} = -2\sum\limits_{i=1}^{n}(y_i - a - bx_i)x_i = 0 \end{cases} \tag{3.8}$$

即

$$\begin{cases} \sum\limits_{i=1}^{n}(y_i - a - bx_i) = 0 \\ \sum\limits_{i=1}^{n}(y_i - a - bx_i)x_i = 0 \end{cases}$$

由此得

$$\begin{cases} na + \sum\limits_{i=1}^{n} x_i b = \sum\limits_{i=1}^{n} y_i \\ \sum\limits_{i=1}^{n} x_i a + \sum\limits_{i=1}^{n} x_i^2 b = \sum\limits_{i=1}^{n} x_i y_i \end{cases} \tag{3.9}$$

以上式 (3.8) 和式 (3.9) 都称为求 a, b 的正规方程组, 由此得到的 a, b 使偏差平方和式 (3.7) 达到极小. 式 (3.5) 称为一元线性数据拟合模型或一元线性回归模型.

现把表 3.1 的数据代入到式 (3.9) 得 a, b 所满足的正规方程组

$$\begin{cases} 18a + 73079b = 56412 \\ 73079a + 3.7364 \times 10^8 b = 2.8856 \times 10^8 \end{cases}$$

求解得 $a = -7.3665, b = 0.7737$, 所以有

$$y = -7.3665 + 0.7737x$$

这就是描述某地区农村居民人均生活消费性支出与人均纯收入关系的拟合函数. 该数据拟合模型的经济意义可以解释为: 当农村居民的人均纯收入增加 1 元时, 农村居民人均生活消费性支出的水平将提高 0.77 元; 或解释为农村居民的人均生活消费性支出占农村居民人均纯收入的 77.37%.

3.2 多元线性数据拟合

3.2.1 多元线性数据拟合

一般地, 影响 y 的因素往往不止一个, 假设有 k 个因素 $x_1, x_2, \cdots, x_k$, 如果 y 与 $x_1, x_2, \cdots, x_k$ 之间有如下的线性关系

$$y = \beta_0 + \beta_1 x_1 + \beta_2 x_2 + \cdots + \beta_k x_k + \varepsilon \tag{3.10}$$

式中, y 称为因变量; $x_1, x_2, \cdots, x_k$ 称为自变量; $\beta_0, \beta_1, \cdots, \beta_k$ 称为未知参数 (回归系数); ε 称为随机变量, 服从 $N(0, \sigma^2)$ 分布. 式 (3.10) 就是*多元线性数据拟合模型*, 也称为*多元线性回归模型*.

假设对若干次独立试验, 有数据组 $(y_i, x_{1i}, x_{2i}, \cdots, x_{ki}), (i = 1, 2, \cdots, n; n > k+1)$, 那么由式 (3.10) 得

$$y_i = \beta_0 + \beta_1 x_{1i} + \beta_2 x_{2i} + \cdots + \beta_k x_{ki} + \varepsilon_i \quad (i = 1, 2, \cdots, n)$$

式中, ε_i 为独立的随机误差, 是样本的随机误差项, 均服从 $N(0, \sigma^2)$ 分布. 若用数据组 $(y_i, x_{1i}, x_{2i}, \cdots, x_{ki})$, 已由某种方法得到了 $\beta_0, \beta_1, \cdots, \beta_k$ 之后, 则由多元线性回归模型

$$\hat{y} = \beta_0 + \beta_1 x_1 + \beta_2 x_2 + \cdots + \beta_k x_k \tag{3.11}$$

得到的 $\hat{y}_i$ 作为 y_i 的回归值时, 根据建立一元线性回归模型的方法可知, 多元线性回归模型 (3.10) 或式 (3.11) 的回归系数 $\beta_0,\beta_1,\cdots,\beta_k$ 必须使偏差平方和

$$\sum_{i=1}^{n}\varepsilon_i^2=\sum_{i=1}^{n}(y_i-\hat{y}_i)^2=\sum_{i=1}^{n}(y_i-\beta_0-\beta_1x_{1i}-\beta_2x_{2i}-\cdots-\beta_kx_{ki})^2 \tag{3.12}$$

达到极小. 记 $Q(\beta_0,\beta_1,\beta_2,\cdots,\beta_k)=\sum\limits_{i=1}^{n}\varepsilon_i^2$, 所以回归系数 $\beta_0,\beta_1,\cdots,\beta_k$ 必须满足

$$\frac{\partial}{\partial\beta_j}Q(\beta_0,\beta_1,\beta_2,\cdots,\beta_k)=\frac{\partial}{\partial\beta_j}\sum_{i=1}^{n}(y_i-\beta_0-\beta_1x_{1i}-\beta_2x_{2i}-\cdots-\beta_kx_{ki})^2=0$$
$$(j=0,1,2,\cdots,k) \tag{3.13}$$

经过整理化简, 式 (3.13) 可变为

$$\begin{cases}n\beta_0+\sum\limits_{i=1}^{n}x_{1i}\beta_1+\sum\limits_{i=1}^{n}x_{2i}\beta_2+\cdots+\sum\limits_{i=1}^{n}x_{ki}\beta_k=\sum\limits_{i=1}^{n}y_i\\ \sum\limits_{i=1}^{n}x_{1i}\beta_0+\sum\limits_{i=1}^{n}x_{1i}^2\beta_1+\sum\limits_{i=1}^{n}x_{1i}x_{2i}\beta_2+\cdots+\sum\limits_{i=1}^{n}x_{1i}x_{ki}\beta_k=\sum\limits_{i=1}^{n}x_{1i}y_i\\ \qquad\cdots\qquad\qquad\cdots\qquad\qquad\cdots\\ \sum\limits_{i=1}^{n}x_{ki}\beta_0+\sum\limits_{i=1}^{n}x_{ki}x_{1i}\beta_1+\sum\limits_{i=1}^{n}x_{ki}x_{2i}\beta_2+\cdots+\sum\limits_{i=1}^{n}x_{ki}^2\beta_k=\sum\limits_{i=1}^{n}x_{ki}y_i\end{cases} \tag{3.14}$$

记 $\bar{y}=\dfrac{1}{n}\sum\limits_{i=1}^{n}y_i$, $\bar{x}_j=\dfrac{1}{n}\sum\limits_{i=1}^{n}x_{ji}$, 由式 (3.14) 的第一式得

$$\beta_0=\bar{y}-\beta_1\bar{x}_1-\beta_2\bar{x}_2-\cdots-\beta_k\bar{x}_k \tag{3.15}$$

把式 (3.15) 的 β_0 代入到式 (3.14) 的其余方程得

$$\begin{cases}l_{11}\beta_1+l_{12}\beta_2+\cdots+l_{1k}\beta_k=l_{1y}\\ l_{21}\beta_1+l_{22}\beta_2+\cdots+l_{2k}\beta_k=l_{2y}\\ \qquad\cdots\qquad\cdots\qquad\cdots\\ l_{k1}\beta_1+l_{k2}\beta_2+\cdots+l_{kk}\beta_k=l_{ky}\end{cases} \tag{3.16}$$

记式 (3.16) 的系数矩阵为 $\boldsymbol{L}=(l_{ij})_{k\times k}$, 其中

$$l_{ij}=l_{ji}=\sum_{m=1}^{n}(x_{im}-\bar{x}_i)(x_{jm}-\bar{x}_j),\quad l_{iy}=\sum_{m=1}^{n}(x_{im}-\bar{x}_i)(y_m-\bar{y})$$
$$(i,j=1,2,\cdots,k) \tag{3.17}$$

以上式 (3.13)、式 (3.14)、式 (3.16)、式 (3.17) 都称为求 $\beta_0, \beta_1, \cdots, \beta_k$ 的正规方程组，由此得到的 $\beta_0, \beta_1, \cdots, \beta_k$ 使偏差平方和式 (3.12) 达到极小. 通过求解式 (3.14) 或式 (3.16)、式 (3.15) 可得到多元线性回归模型：

$$\hat{y} = \beta_0 + \beta_1 x_1 + \beta_2 x_2 + \cdots + \beta_k x_k \tag{3.18}$$

3.2.2 线性回归模型的检验

所建立的数学模型是否可行, 一般都需要检验, 对于线性回归模型有以下的检验方法. 记

$$Q = \sum_{i=1}^{n} (y_i - \hat{y}_i)^2, \quad U = \sum_{i=1}^{n} (\hat{y}_i - \bar{y})^2$$

$$S^2 = \frac{Q}{n-k-1}, \qquad F = \frac{U/k}{Q/(n-k-1)} = \frac{U}{kS^2} \tag{3.19}$$

式中, Q 称为*残差平方和或剩余平方和*; U 称为*回归平方和或回归方差*; S^2 称为*方差或均方差*; S 称为*剩余标准差*; 由回归方差与剩余平方和的比确定的 F 称为 F 检验值. F 分布表中有两个自由度: 第一个表示回归平方和的自由度 k, 第二个表示剩余平方和的自由度 $n-k-1$. 若 $F \geqslant F_\alpha(k, n-k-1)$, 则线性回归模型在 α 水平上是显著相关. 又记

$$R^2 = \frac{U}{Q} = \frac{\sum (\hat{y}_i - \bar{y})^2}{\sum (y_i - \hat{y}_i)^2} \tag{3.20}$$

把 R^2 开方, 即得相关系数 R, R 又称为*复相关系数*.

回归系数的显著性检验是通过偏相关系数来进行的. 偏相关系数是反映在消除其他变量影响之下, 某一变量 x_i 与 y 是否确实有相关关系, 以及相关性的强弱. 偏相关系数的计算公式为

$$t_j = \frac{\beta_j / \sqrt{c_{jj}}}{S} \quad (j = 1, 2, \cdots, k) \tag{3.21}$$

式中, c_{jj} 是 $\boldsymbol{L}^{-1} = \boldsymbol{C}$ 的第 j 个对角线元素, $S = \sqrt{\dfrac{Q}{n-k-1}}$. 计算出偏相关系数 t_j 后查表与 $t_\alpha(n-k-1)$ 的值比较, 若 $t_j \geqslant t_\alpha(n-k-1)$, 则变量 x_j 与 y 是在 α 水平上是显著相关.

3.3　非线性数据拟合

在很多实际问题的解决过程中, 因变量与自变量之间的关系并不是线性关系. 这时需要通过变量的变换把非线性关系变为线性关系, 利用建立线性模型的最小二乘法来估计有关参数, 再通过变换的公式确定原非线性关系中的一些参数, 进行曲线拟合与估计. 以下对较常见的几种简单的非线性模型的建模过程作介绍, 说明非线性数据拟合的思想及方法.

例 2　设对变量 x 和 y 有实验数据如表 3.2 所示, 试确定 y 与 x 的函数关系.

表 3.2　一组实验数据

x	1	2	3	4	5	6	7	8	9	10	11	12	13	14	15
y	1	4.5	6.5	8	7.8	9	9.2	9.8	10.1	10.2	10.3	10.4	10	10.5	10.8

解　先画出数据的散点图, 如图 3.2 所示.

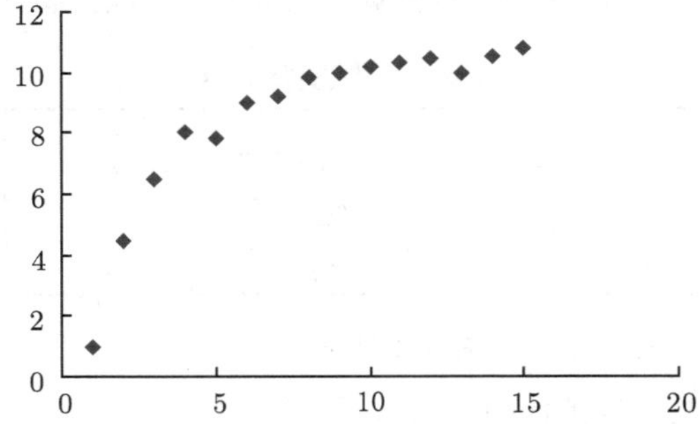

图 3.2　给定数据的散点图

从图的特征看出, 可以选用双曲线

$$\frac{1}{y}=a+b\frac{1}{x}$$

来表示 x 与 y 之间的关系. 若令

$$y'=\frac{1}{y},x'=\frac{1}{x}$$

则有

$$y'=a+bx'$$

可见形式与模型 (3.5) 相同, 因此利用对应的正规方程组 (3.9) 可得

$$\begin{cases} na + \sum_{i=1}^{n} x_i' b = \sum_{i=1}^{n} y_i' \\ \sum_{i=1}^{n} x_i' a + \sum_{i=1}^{n} {x_i'}^2 b = \sum_{i=1}^{n} x_i' y_i' \end{cases}$$

式中, $y_i' = \dfrac{1}{y_i}, x_i' = \dfrac{1}{x_i}$. 所以对以上数据得

$$\begin{cases} 15a + 3.31823b = 2.62924 \\ 3.31823a + 1.58044b = 1.32443 \end{cases}$$

解得 $a = -0.018857, b = 0.8776$, 于是有

$$y' = -0.018857 + 0.8776x'$$

即

$$y = \frac{x}{-0.018857x + 0.8776}$$

例 3 设对变量 x 和 y 有实验数据如表 3.3 所示, 试分析 y 与 x 的函数关系.

表 3.3 一组实验数据

x	1	2	3	4	5
y	2	3	5	8	13.5
x	6	7	8	9	10
y	20	28	40	56	80

解 先作数据点的散点图, 如图 3.3 所示.

从图的特征看, y 与 x 之间近似呈指数函数关系, 所以设

$$y = ae^{bx}$$

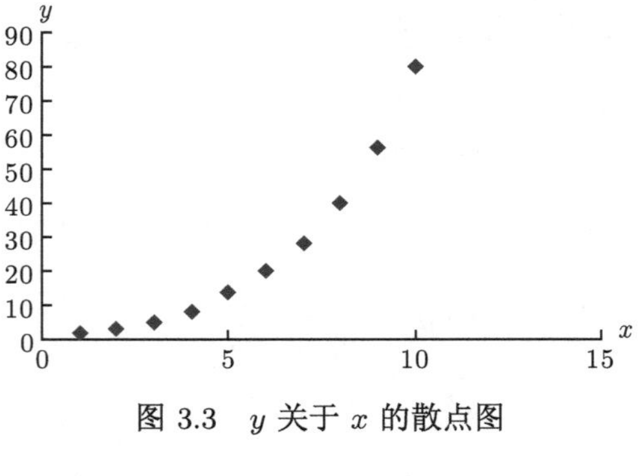

图 3.3 y 关于 x 的散点图

这是非线性关系. 两边取对数得

$$\ln y = \ln a + bx$$

令 $Y = \ln y, A = \ln a$, 则有

$$Y = A + bx$$

可见形式与模型 (3.5) 相同, 因此利用对应的正规方程组 (3.9) 可得

$$\begin{cases} nA + \sum_{i=1}^{n} x_i b = \sum_{i=1}^{n} Y_i \\ \sum_{i=1}^{n} x_i A + \sum_{i=1}^{n} x_i^2 b = \sum_{i=1}^{n} x_i Y_i \end{cases}$$

式中, $Y_i = \ln y_i$. 所以对以上数据得

$$\begin{cases} 10A + 55b = 26.5075 \\ 55A + 0.537218b = 179.9092 \end{cases}$$

解得 $A = 0.37623, b = 0.41355$, 于是有 $a = 1.45678$, 所以得

$$y = 1.45678\mathrm{e}^{0.41355x}$$

因变量与自变量之间的非线性关系较复杂时, 以上介绍的方法可能不太实用或不能直接应用. 对因变量与自变量之间的非线性关系, 如何进行变换使非线性关系成为线性关系, 也没有固定的格式与方法, 只能根据具体模型来采用一些可行的方法. 例如对已知数据 $(x_i, y_i)(i = 1, 2, \cdots, n)$ 拟建立一个 m 次的代数多项式

$$y = a_0 + a_1 x + a_2 x^2 + \cdots + a_m x^m \tag{3.22}$$

那么可做变量替换

$$z_1 = x, z_2 = x^2, \cdots, z_m = x^m$$

这样就得到多元线性回归模型

$$y = a_0 + a_1 z_1 + a_2 z_2 + \cdots + a_m z_m$$

该模型与式 (3.18) 的形式一样, 因此由方程组 (3.14) 求解得式 (3.22) 的待定系数 $a_0, a_1, a_2, \cdots, a_m$.

3.4 正交多项式拟合

上面的模型 (3.22) 是用代数多项式

$$p(x)=\sum_{j=0}^{m}a_jx^j$$

来拟合给定的数据 $(x_i,y_i)(i=1,2,\cdots,n)$. 当多项式的次数比较大时, 正规方程组可能出现 "病态" 情况. 为克服这方面的问题, 考虑更一般的情形, 即用

$$y*=\varphi_m(x)=a_0p_0(x)+a_1p_1(x)+\cdots+a_mp_m(x) \tag{3.23}$$

来拟合, 其中 $p_k(x)$ 是 k 次多项式, 由于测试所得数据不一定是等精度的, 对于每个误差 δ_i 的平方分别有权数 ω_i, 于是按最小二乘原理, 在式 (3.23) 中选择适当系数 a_k 使

$$\phi(a_0,a_1,\cdots,a_m)=\sum_{i=1}^{n}\omega_i\delta_i^2=\sum_{i=1}^{n}\omega_i\left(y_i-\sum_{k=0}^{m}a_kp_k(x_i)\right)^2 \tag{3.24}$$

达到最小. 为此对 a_j 分别求偏导数并令其等于零, 得到

$$-2\sum_{i=1}^{n}\omega_i\left(y_i-\sum_{k=0}^{m}a_kp_k(x_i)\right)p_j(x_i)=0(j=0,1,\cdots,m) \tag{3.25}$$

记

$$c_{jk}=\sum_{i=1}^{n}\omega_ip_j(x_i)p_k(x_i),c_j=\sum_{i=1}^{n}\omega_iy_ip_j(x_i) \tag{3.26}$$

则式 (3.25) 可以写成

$$\sum_{k=0}^{m}c_{jk}a_k-c_j=0(j=0,1,\cdots,m) \tag{3.27}$$

这就是多项式拟合较一般情形下的正规方程组, 这是式 (3.4) 的特殊情况.

如果能找到多项式 $p_k(x)(k=0,1,\cdots,m)$ 满足以下关系:

$$\begin{cases} c_{jk}=\sum_{i=1}^{n}\omega_ip_j(x_i)p_k(x_i)=0 \quad (j\neq k) \\ c_{jj}=\sum_{i=1}^{n}\omega_i\{p_j(x_i)\}^2>0 \quad (j=0,1,\cdots,m) \end{cases} \tag{3.28}$$

则求解正规方程组 (3.27) 的问题, 就变得更简单, 因为当式 (3.28) 成立时正规方程组 (3.27) 就变为 $c_{jj}a_j = c_j$, 由此可得

$$a_j = c_j/c_{jj}(j = 0, 1, \cdots, m) \tag{3.29}$$

满足条件 (3.28) 的多项式 $p_k(x)$ 称为对某组 x_i 值和与之对应的权数 ω_i 值的正交多项式族 $\{p_k(x)\}$. 关于正交多项式还有以下定义:

(1) 如果函数族 $\{\varphi_k(x)\}$ 中的每个 $\varphi_k(x)$ 在区间 $[a,b]$ 上连续, 不恒等于零, 且满足

$$\begin{cases} (\varphi_i, \varphi_j) = \displaystyle\int_a^b \varphi_i(x)\varphi_j(x)\mathrm{d}x = 0(i \neq j) \\ (\varphi_i, \varphi_i) = \displaystyle\int_a^b [\varphi_i(x)]^2\mathrm{d}x = \sigma_i > 0 \end{cases} \tag{3.30}$$

则称这族函数 $\{\varphi_k(x)\}$ 在 $[a,b]$ 上为正交函数族.

(2) 如果一个多项式序列 $p_0(x), p_1(x), \cdots, p_m(x), \cdots$ 具有

$$\int_a^b \omega(x)p_i(x)p_j(x)\mathrm{d}x = 0(i \neq j; i, j = 0, 1, 2, \cdots) \tag{3.31}$$

则称此多项式序列 $\{p_k(x)\}$ 为在 $[a,b]$ 上关于权函数 $\omega(x)$ 的正交多项式系. 若有

$$\int_a^b \omega(x)p_i^2(x)\mathrm{d}x = 1(i = 0, 1, 2, \cdots) \tag{3.32}$$

则称 $\{p_k(x)\}$ 为在 $[a,b]$ 上关于权函数 $\omega(x)$ 的规格化正交多项式系.

问题是如何得到 $\{p_k(x)\}$？　以下给出常用的两种正交多项式系.

1) 勒让德 (Legendre) 多项式

勒让德多项式的一般形式为

$$p_n(x) = \frac{1}{2^n n!}\frac{\mathrm{d}^n(x^2-1)^n}{\mathrm{d}x^n}(n = 0, 1, 2, \cdots) \tag{3.33}$$

其前几项为

$$\begin{aligned} &p_0(x) = 1, p_1(x) = x, p_2(x) = \frac{1}{2}(3x^2 - 1), p_3(x) = \frac{1}{2}(5x^3 - 3x)\cdots \\ &p_n(x) = \sum_{k=0}^{\left[\frac{n}{2}\right]} \frac{(-1)^k(2n-2k)!}{2^n k!(n-k)!(n-2k)!}x^{n-2k}(n = 0, 1, 2, \cdots) \end{aligned} \tag{3.34}$$

勒让德多项式有以下性质:

(1) $\{p_n(x)\}$ 是区间 $[-1,1]$ 上关于权函数 $\omega(x)=1$ 的正交函数系, 且

$$(p_n(x),p_m(x))=\int_{-1}^{1}p_n(x)p_m(x)\mathrm{d}x=\begin{cases}0 & n\neq m\\ \dfrac{2}{2n+1} & n=m\end{cases} \tag{3.35}$$

(2) 勒让德多项式有以下递推关系

$$(n+1)p_{n+1}(x)=(2n+1)xp_n(x)-np_{n-1}(x)\quad(n=1,2,\cdots) \tag{3.36}$$

2) 拉盖尔 (laguerre) 多项式

拉盖尔多项式的一般形式为

$$L_n(x)=\mathrm{e}^x\frac{\mathrm{d}^n(x^n\mathrm{e}^x)^n}{\mathrm{d}x^n}(n=0,1,2,\cdots) \tag{3.37}$$

其前几项为

$$\begin{aligned}&L_0(x)=1,L_1(x)=-x+1,L_2(x)=x^2-4x+2\\&L_3(x)=-x^3+9x^2-18x+6\cdots\\&L_n(x)=\sum_{k=0}^{n}\frac{(-1)^k n!}{k!}\begin{pmatrix}n\\k\end{pmatrix}x^k(n=1,2,\cdots)\end{aligned} \tag{3.38}$$

拉盖尔多项式有以下性质:

(1) $\{L_n(x)\}$ 是区间 $[0,+\infty)$ 上关于权函数 $\omega(x)=\mathrm{e}^{-x}$ 的正交多项式系, 且

$$(L_n(x),L_m(x))=\int_{0}^{\infty}\mathrm{e}^{-x}L_n(x)L_m(x)\mathrm{d}x=\begin{cases}0 & n\neq m\\ (n!)^2 & n=m\end{cases} \tag{3.39}$$

(2) 拉盖尔多项式有以下递推关系

$$L_{n+1}(x)=(2n+1-x)L_n(x)-n^2L_{n-1}(x)\quad(n=1,2,\cdots) \tag{3.40}$$

习　题　3

1. 设有数据点 $(x_i,y_i)(i=1,2,\cdots,8)$:

$$(0,0.5),(1,2),(2,3),(3,3.5),(4,5),(5,6),(6,7.5),(7,8.5)$$

试用最小二乘法建立模型 $y=a+bx$.

2. 对点 $(x_i, y_i)(i=1,2,\cdots,n)$ 拟建立模型 $y=a+bx^2$, 试给出 a,b 满足的正规方程组.

3. 设变量 y 与变量 x_1, x_2 之间的实验数据 $(x_{1i}, x_{2i}, y_i)(i=1,2,\cdots,8)$ 为

$$(0.5,1,1),(1.2,1.5,2.5),(1.5,2,3),(1.8,3,4.5),$$

$$(2,3.5,5),(2.2,5,6.5),(2.5,6.5,7.5),(3,8,9)$$

试用最小二乘法建立模型 $y=a+bx_1+cx_2$.

4. 对数据 $(x_i, y_i)(i=1,2,\cdots,n)$, 若 a,b,c 满足的正规方程组为

$$\begin{cases} na+\sum_{i=1}^{n}x_ib+\sum_{i=1}^{n}x_i^2c=\sum_{i=1}^{n}y_i \\ \sum_{i=1}^{n}x_ia+\sum_{i=1}^{n}x_i^2b+\sum_{i=1}^{n}x_i^3c=\sum_{i=1}^{n}x_iy_i \\ \sum_{i=1}^{n}x_i^2a+\sum_{i=1}^{n}x_i^3b+\sum_{i=1}^{n}x_i^4c=\sum_{i=1}^{n}x_i^2y_i \end{cases}$$

试给出 y 与 x 之间的关系式.

5. 用最小二乘原理求一个形如 $y=ae^{bx}$ 的经验公式, 使与下列数据相拟合.

x	1	2	3	4	5	6
y	20	10	5	3	2	1.5

6. 若 a,b 满足的正规方程组为

$$\begin{cases} na+\sum_{i=1}^{n}x_ib=\sum_{i=1}^{n}\frac{1}{y_i} \\ \sum_{i=1}^{n}x_ia+\sum_{i=1}^{n}x_i^2b=\sum_{i=1}^{n}\frac{x_i}{y_i} \end{cases}$$

试给出 y 与 x 之间的函数关系式.

第 4 章

数值积分

定积分的产生是有它重要的应用背景. 例如要计算由数据点 $(x_i, y_i)(i = 0, 1, 2, \cdots, n)$ 所围成的平面图形的面积, 计算极限 $\lim\limits_{n\to\infty}\sum\limits_{i=0}^{n}\frac{i^2}{n^3}$, 这些问题都与定积分有关. 在数学分析或高等数学中已讲过计算定积分的一些方法, 这些方法其最主要的理论基础就是被积函数的原函数存在. 但在实际应用和科学计算过程中, 有些定积分的被积函数的原函数不存在或原函数比较复杂或不易求出, 这时牛顿–莱布尼茨公式就不好用了. 例如定积分

$$\int_0^1 \frac{\sin x}{x}\mathrm{d}x, \quad \int_0^1 \sqrt{1+\cos x^2}\mathrm{d}x$$

等其被积函数的原函数不存在. 再例如由数据点 $(x_i, y_i)(i = 0, 1, 2, \cdots, n)$ 所围成的平面图形的面积不能精确地表示成定积分, 但可以近似地表示为数据点(x_i, y_i) $(i = 0, 1, 2, \cdots, n)$ 对应的某个函数的定积分. 对这类问题可以用数值积分的方法来讨论和解决. 数值积分的应用是较广泛的, 尤其在一些实际问题的研究和解决中数值积分法起到了重要的作用, 见文献 (何满喜, 2005) 和 (何满喜, 待发).

4.1 数值积分初步

数值积分就是用函数值的线性组合近似函数的积分值. 就是说, 如果函数 $f(x)$ 在区间 $[a, b]$ 上的函数值 $f(x_i)(i = 0, 1, 2, \cdots, n)$ 已知, 则构造一个数值公式 $\sum\limits_{i=0}^{n} A_i f(x_i)$,

以此来近似 $\int_a^b f(x)\mathrm{d}x$, 即

$$\int_a^b f(x)\mathrm{d}x \approx \sum_{i=0}^{n} A_i f(x_i) \tag{4.1}$$

构造数值公式 (4.1) 的主要方法是利用插值法, 即对 $f(x)$ 构造一个插值多项式 $p(x)$, 用该插值多项式 $p(x)$ 的积分近似 $\int_a^b f(x)\mathrm{d}x$, 即

$$\int_a^b f(x)\mathrm{d}x \approx \int_a^b p(x)\mathrm{d}x \tag{4.2}$$

4.1.1 梯形公式

若函数 $f(x)$ 在区间 $[a,b]$ 上的函数值 $f(a), f(b)$ 已知, 那么可以做出过点 $(a, f(a))$, $(b, f(b))$ 的线性插值

$$p_1(x) = \frac{x-b}{a-b}f(a) + \frac{x-a}{b-a}f(b)$$

在区间 $[a,b]$ 上用 $p_1(x)$ 代替 $f(x)$ 得

$$\begin{aligned}\int_a^b f(x)\mathrm{d}x \approx \int_a^b p_1(x)\mathrm{d}x &= \int_a^b \left(\frac{x-b}{a-b}f(a)+\frac{x-a}{b-a}f(b)\right)\mathrm{d}x \\ &= \frac{b-a}{2}(f(a)+f(b))\end{aligned} \tag{4.3}$$

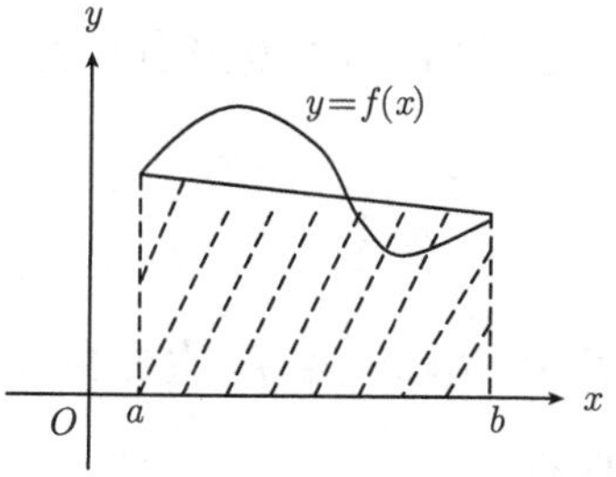

图 4.1

式 (4.3) 称为**梯形公式**, 记为 $T = \frac{b-a}{2}(f(a)+f(b))$. 式 (4.3) 的几何意义就是用梯形面积近似由 $y = f(x)$ 所围成的曲边梯形的面积, 如图 4.1 所示.

4.1.2 抛物线公式

设函数 $f(x)$ 在区间 $[a,b]$ 上的函数值 $f(a), f\left(\frac{a+b}{2}\right), f(b)$ 已知, 记 $c = \frac{a+b}{2}$, 那么可以做出过点 $(a, f(a)), (c, f(c)), (b, f(b))$ 的抛物线, 即有二次插值多项式 $p_2(x)$

$$p_2(x) = \frac{(x-b)(x-c)}{(a-b)(a-c)}f(a) + \frac{(x-a)(x-b)}{(c-a)(c-b)}f(c) + \frac{(x-a)(x-c)}{(b-a)(b-c)}f(b)$$

记 $h=\dfrac{b-a}{2}$, 在区间 $[a,b]$ 上用 $p_2(x)$ 代替 $f(x)$ 得

$$\begin{aligned}\int_a^b f(x)\mathrm{d}x \approx \int_a^b p_2(x)\mathrm{d}x &= \frac{b-a}{6}(f(a)+4f(c)+f(b)) \\ &= \frac{h}{3}(f(a)+4f(c)+f(b))\end{aligned} \tag{4.4}$$

式 (4.4) 称为抛物线 (Simpson) 公式, 记为

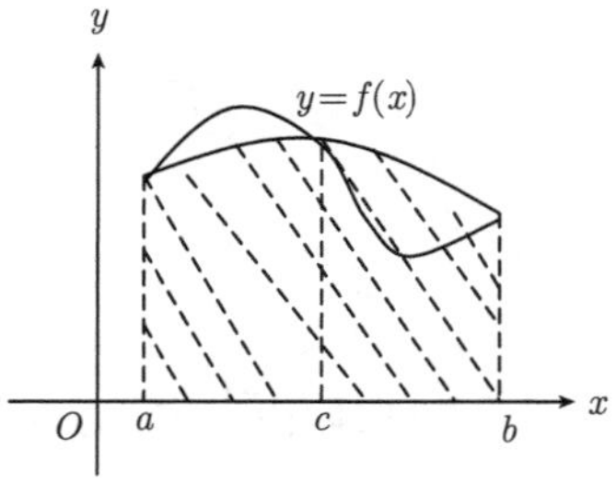

图 4.2

$$S=\frac{b-a}{6}(f(a)+4f(c)+f(b)) \tag{4.5}$$

或

$$S=\frac{h}{3}(f(a)+4f(c)+f(b))$$

式 (4.4) 的几何意义就是用抛物线所围成的曲边梯形面积近似由 $y=f(x)$ 所围成的曲边梯形的面积, 所以式 (4.4) 也称为**抛物线公式**, 如图 4.2 所示.

4.1.3 牛顿–科茨公式

如果函数 $f(x)$ 在区间 $[a,b]$ 上的函数值 $f(x_i)(i=0,1,2,\cdots,n)$ 已知, 则对 $f(x)$ 可以做出 n 次拉格朗日插值多项式

$$p_n(x)=\sum_{i=0}^{n} l_i(x)f(x_i)$$

其中, $l_i(x)$ 是 n 次拉格朗日基插值函数, 现用 $\int_a^b p_n(x)\mathrm{d}x$ 来近似 $\int_a^b f(x)\mathrm{d}x$, 所以有

$$\int_a^b f(x)\mathrm{d}x \approx \int_a^b p_n(x)\mathrm{d}x=\sum_{i=0}^{n} A_i f(x_i) \tag{4.6}$$

其中

$$A_i=\int_a^b l_i(x)\mathrm{d}x \tag{4.7}$$

此时把式 (4.6) 称为插值型数值积分公式.

现设 $a=x_0<x_1<\cdots<x_n=b$, 且把区间 $[a,b]$ 分成 n 个相等的小区间 $[x_i,x_{i+1}]$, 记每个小区间的长度为 $h=x_{i+1}-x_i$, 即 $h=\dfrac{b-a}{n}$, 所以有 $x_i=a+ih(i=0,1,\cdots,n)$.

令 $x=a+th$, 则有 $0 \leqslant t \leqslant n$, 这时有

$$
\begin{aligned}
A_i &= \int_a^b l_i(x)\mathrm{d}x = \int_0^n \frac{h^n t(t-1)\cdots(t-i+1)(t-i-1)\cdots(t-n)}{(-1)^{n-i}h^n i!(n-i)!}h\mathrm{d}t \\
&= \frac{(-1)^{n-i}h}{i!(n-i)!}\int_0^n t(t-1)\cdots(t-i+1)(t-i-1)\cdots(t-n)\mathrm{d}t
\end{aligned} \tag{4.8}
$$

引进记号

$$
c_i^{(n)} = \frac{(-1)^{n-i}}{n\cdot i!(n-i)!}\int_0^n t(t-1)\cdots(t-i+1)(t-i-1)\cdots(t-n)\mathrm{d}t \tag{4.9}
$$

则 $A_i=(b-a)c_i^{(n)}$, 这时式 (4.6) 可写成

$$
\int_a^b f(x)\mathrm{d}x \approx \int_a^b p_n(x)\mathrm{d}x = (b-a)\sum_{i=0}^{n} c_i^{(n)} f(x_i) \tag{4.10}
$$

式 (4.10) 称为**牛顿–科茨** (Newton - Cotes) **公式**, $c_i^{(n)}$ 称为**牛顿–科茨系数**. 利用式 (4.9) 可以计算出常用的**牛顿–科茨系数**$c_i^{(n)}$ $(n \leqslant 6)$, 计算结果如表 4.1 所示.

表 4.1 计算结果

n	$c_i^{(n)}$						
1	$\frac{1}{2}$	$\frac{1}{2}$					
2	$\frac{1}{6}$	$\frac{4}{6}$	$\frac{1}{6}$				
3	$\frac{1}{8}$	$\frac{3}{8}$	$\frac{3}{8}$	$\frac{1}{8}$			
4	$\frac{7}{90}$	$\frac{16}{45}$	$\frac{2}{15}$	$\frac{16}{45}$	$\frac{7}{90}$		
5	$\frac{19}{288}$	$\frac{25}{96}$	$\frac{25}{144}$	$\frac{25}{144}$	$\frac{25}{96}$	$\frac{19}{288}$	
6	$\frac{41}{840}$	$\frac{9}{35}$	$\frac{9}{280}$	$\frac{34}{105}$	$\frac{9}{280}$	$\frac{9}{35}$	$\frac{41}{840}$

例 1 试用梯形求积公式、抛物线求积公式、牛顿–科茨求积公式计算定积分 $\int_1^3 \ln^2 x\mathrm{d}x$.

解 (1) 利用梯形求积公式有

$$
\int_1^3 \ln^2 x\mathrm{d}x \approx \frac{3-1}{2}(\ln^2 1 + \ln^2 3) = 0 + 1.206949 = 1.206949.
$$

(2) 用抛物线公式计算, 因为 $c=\dfrac{a+b}{2}=2$, 所以有

$$\begin{aligned}\int_1^3 \ln^2 x\mathrm{d}x &\approx \frac{3-1}{6}(\ln^2 1+4\ln^2 2+\ln^2 3)\\ &=\frac{1}{3}(0+4\times 0.480453+1.206949)=1.04292.\end{aligned}$$

(3) 若用 $n=4$ 的牛顿–科茨求积公式, 因为 $x_i=a+ih, h=\dfrac{b-a}{4}=\dfrac{3-1}{4}=0.5$, 并由表 4.1 得

$$\begin{aligned}\int_1^3 \ln^2 x\mathrm{d}x &\approx (3-1)\left(\frac{7}{90}\ln^2 1+\frac{16}{45}\ln^2 1.5+\frac{2}{15}\ln^2 2+\frac{16}{45}\ln^2 2.5+\frac{7}{90}\ln^2 3\right)\\ &=2\left(\frac{7}{90}\times 0+\frac{16}{45}\times 0.164402+\frac{2}{15}\times 0.480453+\frac{16}{45}\times 0.839589+\frac{7}{90}\times 1.206949\right)\\ &=1.029817.\end{aligned}$$

而定积分的具有 7 位有效数字的准确值为

$$\int_1^3 \ln^2 x\mathrm{d}x=(x\ln^2 x-2x\ln x+2x)\big|_1^3=1.029173.$$

4.2 复化数值积分公式

从以上例 1 的计算结果可以看到, 一般情况下, 抛物线求积公式和牛顿–科茨求积公式要比梯形求积公式好, 其主要原因是推导抛物线求积公式和牛顿–科茨求积公式时把积分区间等分的个数 (分别为 2 个和 4 个) 比梯形公式的积分区间等分个数 (1 个) 多. 但对某些函数抛物线求积公式并不一定要比梯形求积公式好, 如图 4.3 所示的情况. 但是无论是哪一类的函数, 只要被积函数在积分区间上有定义, 那么不断增加积分区间的等分的个数时, 求积公式得到的结果会逐步的逼近原定积分的精确值. 所以考虑到数值求积公式的准确性, 先把积分区间 $[a,b]$ 分成 n 个相等的小区间 $[x_i,x_{i+1}]$, 记每个区间长度为 $h=x_{i+1}-x_i$, 在小区间 $[x_i,x_{i+1}]$ 上利用梯形公式得

$$\int_{x_i}^{x_{i+1}} f(x)\mathrm{d}x\approx\frac{h}{2}(f(x_i)+f(x_{i+1}))$$

所以有

$$\int_a^b f(x)\mathrm{d}x=\sum_{i=0}^{n-1}\int_{x_i}^{x_{i+1}} f(x)\mathrm{d}x\approx\sum_{i=0}^{n-1}\frac{h}{2}(f(x_i)+f(x_{i+1}))$$

$$= \frac{h}{2}(f(x_0) + 2f(x_1) + \cdots + 2f(x_{n-1}) + f(x_n)) = T_n \tag{4.11}$$

该公式称为**复化梯形公式**, 式 (4.11) 的几何意义是用若干个小梯形面积之和来近似由 $y = f(x)$ 所围成的曲边梯形的面积, 如图 4.4 所示.

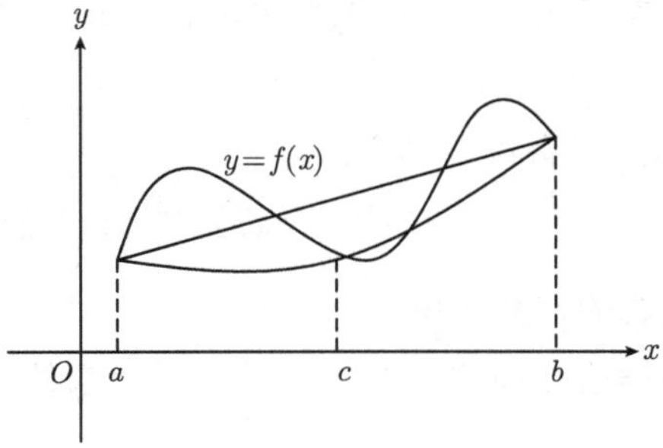

图 4.3

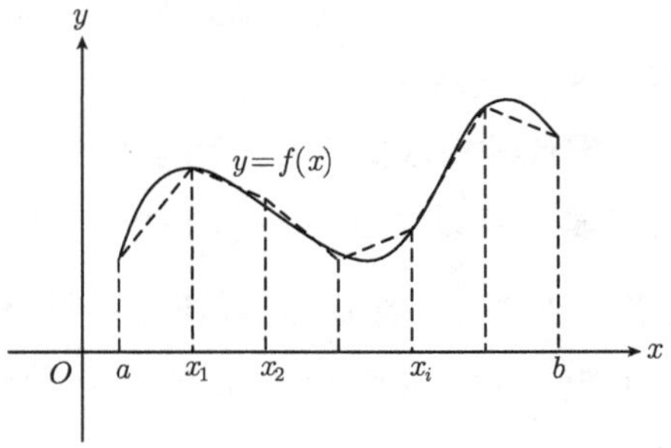

图 4.4

与推导复化梯形公式的方法相同, 若把区间 $[a, b]$ 分成 $2n$ 个相等的小区间 $[x_i, x_{i+1}]$, 每个区间长度仍记为 $h = x_{i+1} - x_i = \dfrac{b-a}{2n}$, 在小区间 $[x_{2i}, x_{2i+2}]$ 上利用抛物线公式得

$$\int_{x_{2i}}^{x_{2i+2}} f(x)\mathrm{d}x \approx \frac{h}{3}(f(x_{2i}) + 4f(x_{2i+1}) + f(x_{2i+2}))$$

所以有

$$\begin{aligned}\int_a^b f(x)\mathrm{d}x &= \sum_{i=0}^{n-1}\int_{x_{2i}}^{x_{2i+2}} f(x)\mathrm{d}x \approx \sum_{i=0}^{n-1}\frac{h}{3}(f(x_{2i}) + 4f(x_{2i+1}) + f(x_{2i+2}))\\ &= \frac{h}{3}\left(f(x_0) + 4\sum_{i=1}^{n} f(x_{2i-1}) + 2\sum_{i=1}^{n-1} f(x_{2i}) + f(x_{2n})\right) = S_n \end{aligned}\tag{4.12}$$

该公式称为**复化抛物线 (Simpson) 公式**.

4.3 数值积分公式的误差估计

定义 1 对一个一般的数值求积公式

$$\int_a^b f(x)\mathrm{d}x \approx \sum_{i=0}^{n} A_i f(x_i) \tag{4.13}$$

式中, A_i 是不依赖于函数 $f(x)$ 的常数. 若式 (4.13) 中的 $f(x)$ 为任意一个次数不高于 m 次多项式时, 其等号成立, 即有

$$\int_a^b f(x)\mathrm{d}x = \sum_{i=0}^{n} A_i f(x_i)$$

而对 $f(x)$ 是 $m+1$ 次多项式时, 式 (4.13) 不能精确成立, 则说数值求积公式 (4.13) 具有m **次代数精度**.

根据代数精度定义和数值求积公式的构造过程有以下结果.

定理 1 设 $f(x) \in C^n_{[a,b]}, f^{(n+1)}(x)$ 在 $[a,b]$ 上存在, 则牛顿–科茨公式 (4.6) 的代数精度至少为 n, 当 n 为偶数时, 牛顿–科茨公式的代数精度为 $n+1$.

证明 设 $p_n(x)$ 是 $f(x)$ 的 n 次拉格朗日插值多项式, 因 $f(x)$ 满足以上条件, 所以有

$$f(x) = p_n(x) + \frac{f^{(n+1)}(\xi)}{(n+1)!}\omega(x)(a<\xi<b)$$

式中, $\omega(x)=(x-x_0)(x-x_1)\cdots(x-x_n)$. 当 $f(x)$ 为 n 次多项式时, 定理结果是明显的. 设 $f(x)$ 为 $n+1$ 次多项式, 最高次项的系数为 b_{n+1}, 则得 $f^{(n+1)}(x)=b_{n+1}(n+1)!$, 由此得

$$\begin{aligned}\int_a^b f(x)\mathrm{d}x - \int_a^b p_n(x)\mathrm{d}x &= \int_a^b \frac{f^{(n+1)}(\xi)}{(n+1)!}\omega(x)\mathrm{d}x \\ &= \frac{h^{n+2}}{(n+1)!}\int_0^n b_{n+1}(n+1)!t(t-1)(t-2)\cdots(t-n)\mathrm{d}t \\ &= b_{n+1}h^{n+2}\int_0^n t(t-1)(t-2)\cdots(t-n)\mathrm{d}t\end{aligned}$$

令 $n=2k$, k 为整数, 并再次做变量替换 $u=t-k$, 则有

$$\begin{aligned}&\int_0^n t(t-1)(t-2)\cdots(t-n)\mathrm{d}t \\ =&\int_0^{2k} t(t-1)(t-2)\cdots(t-k)(t-k-1)\cdots(t-2k+1)(t-2k)\mathrm{d}t \\ =&\int_{-k}^{k} (u+k)(u+k-1)\cdots u(u-1)\cdots(u-k+1)(u-k)\mathrm{d}u\end{aligned}$$

令 $H(u)=(u+k)(u+k-1)\cdots u(u-1)\cdots(u-k+1)(u-k)$, 则

$$\begin{aligned}H(-u) &= (-u+k)(-u+k-1)\cdots(-u)(-u-1)\cdots(-u-k+1)(-u-k) \\ &= (-1)^{2k+1}H(u) = -H(u)\end{aligned}$$

故 $H(u)$ 是奇函数, 因此有

$$\begin{aligned}&\int_0^n t(t-1)(t-2)\cdots(t-n)\mathrm{d}t\\=&\int_{-k}^{k}(u+k)(u+k-1)\cdots u(u-1)\cdots(u-k+1)(u-k)\mathrm{d}u=0\end{aligned}$$

所以得

$$\int_a^b f(x)\mathrm{d}x-\int_a^b p_n(x)\mathrm{d}x=b_{n+1}h^{n+2}\int_0^n t(t-1)(t-2)\cdots(t-n)\mathrm{d}t=0$$

即当 n 为偶数时, 牛顿–科茨公式的代数精度为 $n+1$.

定理 2 若 $f(x)\in C^2_{[a,b]}$, 则对梯形公式 (4.3) 有误差估计

$$\begin{aligned}R(f,T)&=\int_a^b f(x)\mathrm{d}x-\frac{b-a}{2}(f(a)+f(b))\\&=-\frac{(b-a)^3}{12}f''(\eta)\quad \eta\in(a,b)\end{aligned}\tag{4.14}$$

证明 因对线性插值 $p_1(x)$ 有余项公式

$$R(x)=f(x)-p_1(x)=\frac{f''(\xi)}{2}(x-a)(x-b)\quad (a<\xi<b)$$

所以

$$R(f,T)=\int_a^b f(x)\mathrm{d}x-\int_a^b p_1(x)\mathrm{d}x=\int_a^b \frac{f''(\xi)}{2}(x-a)(x-b)\mathrm{d}x$$

因 $(x-a)(x-b)$ 在区间 $[a,b]$ 上不变号, 且 $f(x)\in C^2_{[a,b]}$, 由积分中值定理可得

$$\begin{aligned}R(f,T)&=\int_a^b \frac{f''(\xi)}{2}(x-a)(x-b)\mathrm{d}x=\frac{f''(\eta)}{2}\int_a^b(x-a)(x-b)\mathrm{d}x\\&=-\frac{(b-a)^3}{12}f''(\eta)\quad (a<\eta<b)\end{aligned}$$

定理 3 若 $f(x)\in C^4_{[a,b]}$, 则对抛物线公式 (4.4) 有误差估计

$$\begin{aligned}R(f,S)&=\int_a^b f(x)\mathrm{d}x-\frac{b-a}{6}(f(a)+4f(c)+f(b))\\&=-\frac{(b-a)^5}{2880}f^{(4)}(\xi)\quad \xi\in(a,b)\end{aligned}\tag{4.15}$$

证明 根据定理 1 的结果, 抛物线公式 (4.4) 的代数精度是 3, 所以式 (4.4) 对任何不高于三次的代数多项式 $p(x)$ 都有

$$\int_a^b p(x)\mathrm{d}x = \frac{b-a}{6}(p(a)+4p(c)+p(b)) \tag{4.16}$$

式中, $c=\dfrac{a+b}{2}$, 若构造满足插值条件

$$p_3(a)=f(a), p_3(c)=f(c), p_3(b)=f(b), p_3'(c)=f'(c)$$

的三次插值代数多项式 $p_3(x)$, 则由式 (4.16) 得

$$\int_a^b p_3(x)\mathrm{d}x = \frac{b-a}{6}(f(a)+4f(c)+f(b))$$

故

$$\begin{aligned}R(f,S) &= \int_a^b f(x)\mathrm{d}x - \frac{b-a}{6}(f(a)+4f(c)+f(b)) = \int_a^b f(x)\mathrm{d}x - \int_a^b p_3(x)\mathrm{d}x \\ &= \int_a^b \frac{f^{(4)}(\xi)}{4!}(x-a)(x-c)^2(x-b)\mathrm{d}x\end{aligned}$$

因为 $f(x)\in C^4_{[a,b]}$, 且 $(x-a)(x-c)^2(x-b)$ 在区间 $[a,b]$ 上不变号, 由积分中值定理可得

$$\int_a^b \frac{f^{(4)}(\xi)}{4!}(x-a)(x-c)^2(x-b)\mathrm{d}x = \frac{f^{(4)}(\eta)}{4!}\int_a^b (x-a)(x-c)^2(x-b)\mathrm{d}x$$

$$= \frac{f^{(4)}(\eta)}{4!}\left(-\frac{(b-a)^5}{120}\right) = -\frac{(b-a)^5}{2880}f^{(4)}(\eta) \quad (a\leqslant\eta\leqslant b)$$

由此容易得到定理结果.

把式 (4.14)、式 (4.15) 分别称为数值积分公式 (4.3)、(4.4) 的*局部截断误差*. 考虑到误差的大小, 把区间 $[a,b]$ 分成 n 个相等的小区间 $[x_i,x_{i+1}]$, 得到了复化梯形公式 (4.11) , 此时在小区间 $[x_i,x_{i+1}]$ 上利用梯形公式的截断误差公式 (4.14) 得

$$\int_{x_i}^{x_{i+1}} f(x)\mathrm{d}x - \frac{h}{2}(f(x_i)+f(x_{i+1})) = -\frac{(x_{i+1}-x_i)^3}{12}f''(\eta_i) \qquad \eta_i\in(x_i,x_{i+1})$$

由此利用微分中值定理得

$$\begin{aligned}R(f,T_n) &= \int_a^b f(x)\mathrm{d}x - T_n = \sum_{i=0}^{n-1}\int_{x_i}^{x_{i+1}} f(x)\mathrm{d}x - \sum_{i=0}^{n-1}\frac{x_{i+1}-x_i}{2}(f(x_i)+f(x_{i+1})) \\ &= \sum_{i=0}^{n-1} -\frac{(x_{i+1}-x_i)^3}{12}f''(\eta_i) = -\frac{(b-a)}{12}h^2 f''(\xi) \qquad \xi\in(a,b)\end{aligned}$$

即

$$R(f,T_n)=\int_a^b f(x)\mathrm{d}x-T_n=-\frac{(b-a)}{12}h^2f''(\xi)\qquad \xi\in(a,b) \tag{4.17}$$

式 (4.17) 称为复化梯形公式 (4.11) 的**整体截断误差公式**. 利用类同方法可得复化抛物线公式 (4.12) 的**整体截断误差**为

$$R(f,S_n)=\int_a^b f(x)\mathrm{d}x-S_n=-\frac{(b-a)}{180}h^4f^{(4)}(\xi)\quad (\xi\in(a,b)) \tag{4.18}$$

注意: 式 (4.11)、式 (4.17) 中 $h=\dfrac{b-a}{n}$, 而式 (4.12)、式 (4.18) 中 $h=\dfrac{b-a}{2n}$.

例 2 设 $f(0)=1, f(0.5)=2, f(1)=4, f(1.5)=6, f(2)=2$, 则用复化抛物线公式计算 $\int_0^2 f(x)\mathrm{d}x$, 若有 $\left|f^{(4)}\right|\leqslant M$, 则估计复化抛物线公式的整体截断误差.

解 因 $h=\dfrac{2-0}{4}=\dfrac{1}{2}$, 则利用复化抛物线公式有

$$\begin{aligned}\int_0^2 f(x)\mathrm{d}x&\approx\frac{h}{3}(f(0)+4(f(0.5)+f(1.5))+2f(1)+f(2))\\&=\frac{43}{6}\end{aligned}$$

因复化抛物线公式的整体截断误差为

$$R(f,S_4)=\int_a^b f(x)\mathrm{d}x-S_4=-\frac{(b-a)}{180}h^4f^{(4)}(\xi)\qquad \xi\in(a,b)$$

所以有

$$|R(f,S_4)|=\left|-\frac{2-0}{180}\left(\frac{1}{2}\right)^4f^{(4)}(\eta)\right|\leqslant\frac{2}{2880}M=\frac{M}{1440}$$

4.4 逐步梯形方法与龙贝格公式

复化梯形公式、复化抛物线公式的整体截断误差比较小, 一般情况下都可以满足精度要求. 若不满足精度要求, 那么可以把积分区间的等分个数再变大, 提高数值积分公式的精度. 逐步梯形方法就是收敛速度较快的一个提高精度的方法.

当把区间 $[a,b]$ 分成 n 个相等的小区间 $[x_i,x_{i+1}]$ 时有复化梯形公式

$$\int_a^b f(x)\mathrm{d}x\approx\frac{h}{2}(f(x_0)+2f(x_1)+\cdots+2f(x_{n-1})+f(x_n))=T_n \tag{4.19}$$

若把区间 $[a,b]$ 分成 $2n$ 个相等的小区间 $[x'_i, x'_{i+1}]$ 时对应的复化梯形公式为

$$\int_a^b f(x)\mathrm{d}x \approx \frac{h'}{2}(f(x'_0) + 2f(x'_1) + \cdots + 2f(x'_{2n-1}) + f(x'_{2n})) = T_{2n} \tag{4.20}$$

其中, $h' = \dfrac{b-a}{2n}$, 因为 $h = \dfrac{b-a}{n} = 2\dfrac{b-a}{2n} = 2h'$, $x_i = x'_{2i}$, 所以 T_{2n} 与 T_n 的关系为

$$\begin{aligned}
T_{2n} &= \frac{h'}{2}(f(x'_0) + 2f(x'_1) + \cdots + 2f(x'_{2n-1}) + f(x'_{2n})) \\
&= \frac{1}{2}\frac{h}{2}(f(x_0) + 2f(x'_1) + 2f(x_1) + 2f(x'_3) + 2f(x_2) \\
&\quad + \cdots + 2f(x_{n-1}) + 2f(x'_{2n-1}) + f(x_n)) \\
&= \frac{1}{2}T_n + \frac{h}{2}(f(x'_1) + f(x'_3) + \cdots + f(x'_{2n-1})) \\
&= \frac{1}{2}T_n + \frac{b-a}{2n}\sum_{k=1}^{n} f\left(a + (2k-1)\frac{b-a}{2n}\right)
\end{aligned} \tag{4.21}$$

所以利用式 (4.21) 可构造出序列

$$T_1, T_2, T_4, T_8, \cdots, T_{2^k}, \cdots$$

其构造序列的式 (4.21) 可改写为

$$T_{2^k} = \frac{1}{2}T_{2^{k-1}} + \frac{b-a}{2^k}\sum_{i=1}^{2^{k-1}} f\left(a + (2i-1)\frac{b-a}{2^k}\right) \quad (k = 1, 2, \cdots) \tag{4.22}$$

则式 (4.22) 就称为*逐步梯形公式*.

另外, 因为有

$$S_n = \frac{4T_{2n} - T_n}{4-1}$$

所以利用 T_n 与 T_{2n} 可以构造出复化抛物线公式 S_n, 即可用代数精度为 1 的公式推导出代数精度为 3 的公式 S_n, 同理再利用 S_n 与 S_{2n} 可以构造出复化牛顿–科茨公式 C_n, 即由代数精度为 3 的公式推导出代数精度为 5 的 C_n, 依此类推, 可以得到以下序列

$$T_m^{(k)} = \frac{4^m T_{m-1}^{(k+1)} - T_{m-1}^{(k)}}{4^m - 1} \quad (k = 0, 1, 2, \cdots; m = 1, 2, \cdots) \tag{4.23}$$

由式 (4.23) 得到的序列就称为*龙贝格 (Romberg) 序列*, 式 (4.23) 就称为*龙贝格 (Romberg) 公式*, 龙贝格公式的截断误差阶是 $O(h^{2m+2})$.

4.5 高斯 (Gauss) 型求积公式

以上求积公式的特点是对给定的数据点 $(x_i, y_i)(i = 0, 1, 2, \cdots, n)$ 作对应的插值多项式 $p(x)$, 用插值多项式 $p(x)$ 的积分近似 $\int_a^b f(x)\mathrm{d}x$, 其对应的代数精度一般不超过 $n+1$, 逐步梯形方法与龙贝格公式也不例外.

高斯 (Gauss) 型求积公式的思想是: 在节点数目固定为 n 的条件下, 在区间 $[a, b]$ 内适当地选择节点 x_i 和待定系数 A_i, 使求积公式

$$\int_a^b f(x)\mathrm{d}x \approx \sum_{i=1}^{n} A_i f(x_i)$$

具有最高的代数精度.

定义 2 在节点数目固定为 n 的条件下, 在区间 $[a, b]$ 内适当地选择节点 x_i 和待定系数 A_i, 使求积公式

$$\int_a^b f(x)\mathrm{d}x \approx \sum_{i=1}^{n} A_i f(x_i) \tag{4.24}$$

具有 $2n-1$ 次的代数精度, 此时式 (4.24) 就称为**高斯型求积公式**, 节点 x_i 称为区间 $[a, b]$ 上的**高斯点**.

首先分析一下对于 n 个节点, 式 (4.24) 可以达到的最大代数精度是多少?

假设式 (4.24) 对任意 m 次多项式

$$p_m(x) = a_m x^m + a_{m-1} x^{m-1} + \cdots + a_1 x + a_0$$

是准确成立的, 于是有

$$\begin{aligned} &a_m \int_a^b x^m \mathrm{d}x + a_{m-1} \int_a^b x^{m-1} \mathrm{d}x + \cdots + a_1 \int_a^b x\mathrm{d}x + a_0 \int_a^b \mathrm{d}x \\ =&\sum_{i=1}^{n} A_i (a_m x_i^m + a_{m-1} x_i^{m-1} + \cdots + a_1 x_i + a_0) \end{aligned} \tag{4.25}$$

记 $\mu_i = \int_a^b x^i \mathrm{d}x (i = 0, 1, \cdots, m)$, 并重新组合式 (4.25) 的右端项得

$$\begin{aligned} &a_m \mu_m + a_{m-1} \mu_{m-1} + \cdots + a_1 \mu_1 + a_0 \mu_0 \\ =&a_m \sum_{i=1}^{n} A_i x_i^m + a_{m-1} \sum_{i=1}^{n} A_i x_i^{m-1} + \cdots + a_1 \sum_{i=1}^{n} A_i x_i + a_0 \sum_{i=1}^{n} A_i \end{aligned} \tag{4.26}$$

从系数 $a_0, a_1, \cdots, a_m$ 的任意性, 式 (4.26) 成立的充分必要条件是

$$\begin{cases} A_1 + A_2 + \cdots + A_n = \mu_0 \\ A_1 x_1 + A_2 x_2 + \cdots + A_n x_n = \mu_1 \\ A_1 x_1^2 + A_2 x_2^2 + \cdots + A_n x_n^2 = \mu_2 \\ \cdots \quad \cdots \quad \cdots \\ A_1 x_1^m + A_2 x_2^m + \cdots + A_n x_n^m = \mu_m \end{cases} \tag{4.27}$$

在方程组 (4.27) 中有 $2n$ 个待定常数, 最多能给出 $2n$ 个独立条件, 且有 $m+1$ 个等式, 所以 m 值最大为 $2n-1$. 即对于 n 个节点的求积公式 (4.24), 可能达到的最大代数精度是 $2n-1$. 并可证明, 方程组 (4.27) 当 $m = 2n-1$ 时是可解的. 问题是利用条件 (4.27) 如何选取节点 x_i 及系数 A_i. 下面对 $n = 2$ 的情形介绍方程组 (4.27) 的解法. 不失一般性, 把积分区间取成 $[-1, 1]$, 这是因为利用变换

$$x = \frac{a+b}{2} + \frac{b-a}{2} t$$

总可以将区间 $[a, b]$ 变成 $[-1, 1]$, 而积分变为

$$\int_a^b f(x)\mathrm{d}x = \frac{b-a}{2} \int_{-1}^1 f\left(\frac{a+b}{2} + \frac{b-a}{2} t\right) \mathrm{d}t = \frac{b-a}{2} \int_{-1}^1 g(t)\mathrm{d}t$$

对 $n = 2$ 的情形, 问题就变成了如何选择节点 x_1, x_2 及系数 A_1, A_2 使

$$\int_{-1}^1 f(x)\mathrm{d}x \approx A_1 f(x_1) + A_2 f(x_2) \tag{4.28}$$

对任何三次多项式 $f(x) = a_3 x^3 + a_2 x^2 + a_1 x + a_0$ 都能精确成立. 由式 (4.27) 只要解非线性方程组

$$\begin{cases} A_1 + A_2 = 2 \\ A_1 x_1 + A_2 x_2 = 0 \\ A_1 x_1^2 + A_2 x_2^2 = \dfrac{2}{3} \\ A_1 x_1^3 + A_2 x_2^3 = 0 \end{cases} \tag{4.29}$$

求出节点 x_1, x_2 及系数 A_1, A_2 即可. 但这种方法当 n 较大时就比较困难. 此时可用正交多项式的特性来求节点 x_i. 三次多项式 $f(x) = a_3 x^3 + a_2 x^2 + a_1 x + a_0$ 可以表示为

$$f(x) = (\beta_1 x + \beta_0)(x - x_1)(x - x_2) + (b_1 x + b_0)$$

两边积分得

$$\int_{-1}^{1} f(x)\mathrm{d}x=\int_{-1}^{1}(\beta_1 x+\beta_0)(x-x_1)(x-x_2)\mathrm{d}x+\int_{-1}^{1}(b_1 x+b_0)\mathrm{d}x \tag{4.30}$$

因为 $f(x_1)=b_1x_1+b_0,\ f(x_2)=b_1x_2+b_0$, 且求积公式 (4.28) 对任意一次多项式都精确成立, 所以得

$$\int_{-1}^{1}(b_1x+b_0)\mathrm{d}x=A_1(b_1x_1+b_0)+A_2(b_1x_2+b_0)=A_1f(x_1)+A_2f(x_2)$$

因此若对任意多项式 $\beta_0+\beta_1 x$ 恒有

$$\int_{-1}^{1}(\beta_1 x+\beta_0)(x-x_1)(x-x_2)\mathrm{d}x=0 \tag{4.31}$$

那么由式 (4.30) 就有式 (4.28). 所以, 当节点的选取满足条件 (4.31) 时, 对任意三次多项式, 式 (4.28) 是精确成立的.

由于式 (4.31) 对任何 β_0,β_1 都成立, 所以必须有

$$\int_{-1}^{1}(x-x_1)(x-x_2)\mathrm{d}x=0,\quad \int_{-1}^{1}x(x-x_1)(x-x_2)\mathrm{d}x=0$$

由此得

$$\begin{cases}\dfrac{2}{3}+2x_1x_2=0\\ x_1+x_2=0\end{cases}$$

解得 $x_1=-x_2=-\dfrac{1}{\sqrt{3}}$, 再利用求积公式 (4.28) 对 $f(x)=1, f(x)=x$ 准确成立, 得到

$$\begin{cases}A_1+A_2=2\\ A_1x_1+A_2x_2=0\end{cases}$$

解得 $A_1=A_2=1$, 这就得到求积公式

$$\int_{-1}^{1} f(x)\mathrm{d}x\approx f\left(-\frac{1}{\sqrt{3}}\right)+f\left(\frac{1}{\sqrt{3}}\right)$$

把条件 (4.31) 称为*正交条件*.

再对一般情形讨论高斯型求积公式, 考虑积分

$$I=\int_a^b \omega(x)f(x)\mathrm{d}x$$

式中, $\omega(x)\geqslant 0$ 是权函数. 问题是在区间 $[a,b]$ 内如何适当选择节点 $x_1,x_2,\cdots,x_n$ 使求积公式

$$\int_a^b \omega(x)f(x)\mathrm{d}x\approx\sum_{i=1}^{n}A_if(x_i) \tag{4.32}$$

当 $f(x)$ 是不高于 $2n-1$ 次的多项式时精确成立. 与前面 $n=2$ 的情形一样, $2n-1$ 次的代数多项式 $f(x)$ 可以表示为

$$f(x)=q(x)\omega_n(x)+r(x)$$

式中, $\omega_n(x)=(x-x_1)(x-x_2)\cdots(x-x_n)$, $q(x),r(x)$ 都是不超过 $n-1$ 次的多项式, 于是有

$$\int_a^b \omega(x)f(x)\mathrm{d}x=\int_a^b \omega(x)q(x)\omega_n(x)\mathrm{d}x+\int_a^b \omega(x)r(x)\mathrm{d}x$$

如果对任何不超过 $n-1$ 次的多项式 $q(x)$ 都有

$$\int_a^b \omega(x)q(x)\omega_n(x)\mathrm{d}x=0 \tag{4.33}$$

则因求积公式 (4.32) 对任何一个不超过 $n-1$ 次的多项式精确成立, 即有

$$\int_a^b \omega(x)r(x)\mathrm{d}x=\sum_{i=1}^{n}A_ir(x_i)$$

而有 $f(x_i)=r(x_i)$, 所以得

$$\int_a^b \omega(x)f(x)\mathrm{d}x=\sum_{i=1}^{n}A_if(x_i)$$

也就是说, 只要选取节点满足条件 (4.33), 则求积公式 (4.32) 的代数精度就能达到 $2n-1$. 所以有以下结果.

定理 4 对于插值型求积公式

$$\int_a^b f(x)\mathrm{d}x\approx\sum_{i=1}^{n}A_if(x_i) \tag{4.34}$$

其节点 x_i 是高斯点的充分必要条件是 $\omega_n(x)=(x-x_1)(x-x_2)\cdots(x-x_n)$ 与任意次数不超过 $n-1$ 次的多项式 $q(x)$ 均正交.

条件 (4.33) 表明 $\omega_n(x)=(x-x_1)(x-x_2)\cdots(x-x_n)$ 和 $q(x)$ 是在区间 $[a,b]$ 上关于权函数 $\omega(x)$ 正交. 从正交条件 (4.33) 可以解出高斯点 $x_1,x_2,\cdots,x_n$, 而由正交

多项式的性质可得一个 n 次正交多项式的 n 个零点是实数且不重复, 并分布在区间 (a,b) 内. 所以对给定的权函数 $\omega(x)$ 总可以构造出正交多项式 $\omega_n(x)$, 而后再用方程组 (4.27) 或用公式

$$A_k = \int_a^b \frac{\omega(x)\omega_n(x)}{(x-x_k)\omega_n'(x_k)}\mathrm{d}x \tag{4.35}$$

求解待定系数 A_i, 高斯型求积公式 (4.24) 就被确定.

例 3 试构造高斯型求积公式 $\int_{-1}^{1} f(x)\mathrm{d}x \approx A_1 f(x_1) + A_2 f(x_2) + A_3 f(x_3)$.

解 先求满足条件 (4.33) 的正交多项式 $\omega_3(x) = (x-x_1)(x-x_2)(x-x_3)$ 的零点 x_1, x_2, x_3. 因条件 (4.33) 对任意二次多项式 $q(x)$ 都成立, 所以有

$$\int_{-1}^{1} (x-x_1)(x-x_2)(x-x_3)\mathrm{d}x = 0,$$

$$\int_{-1}^{1} x(x-x_1)(x-x_2)(x-x_3)\mathrm{d}x = 0$$

$$\int_{-1}^{1} x^2(x-x_1)(x-x_2)(x-x_3)\mathrm{d}x = 0$$

由此得

$$\begin{cases} \dfrac{1}{3}(x_1+x_2+x_3) + x_1x_2x_3 = 0 \\ \dfrac{1}{3}(x_1x_2 + x_1x_3 + x_2x_3) = -\dfrac{1}{5} \\ \dfrac{1}{5}(x_1+x_2+x_3) + \dfrac{1}{3}x_1x_2x_3 = 0 \end{cases}$$

解得 $x_1+x_2+x_3 = 0, x_1x_2x_3 = 0$, 所以至少有一个 $x_i = 0$, 不妨设 $x_2 = 0$, 所以得 $x_1 = -x_3 = -\sqrt{\dfrac{3}{5}}$, 由于求积公式 (4.32) 对 $f(x) = 1, x, x^2$ 精确成立, 即得

$$\begin{cases} A_1 + A_2 + A_3 = 2 \\ A_1x_1 + A_2x_2 + A_3x_3 = 0 \\ A_1x_1^2 + A_2x_2^2 + A_3x_3^2 = \dfrac{2}{3} \end{cases}$$

把 $x_2=0, x_1=-x_3=-\sqrt{\dfrac{3}{5}}$ 代入上式得

$$\begin{cases} A_1+A_2+A_3=2 \\ A_1-A_3=0 \\ A_1+A_3=\dfrac{10}{9} \end{cases}$$

由此求解得 $A_1=A_3=\dfrac{5}{9}, A_2=\dfrac{8}{9}$, 所以得具有 5 次代数精度的高斯型求积公式为

$$\int_{-1}^{1} f(x)\mathrm{d}x \approx \frac{5}{9}f\left(\sqrt{\frac{3}{5}}\right)+\frac{8}{9}f(0)+\frac{5}{9}f\left(-\sqrt{\frac{3}{5}}\right)$$

应该强调的是：当高斯点的个数较多时用以上例子的方法求高斯点和系数时计算量较大且有一定的难度.

由于 $x_1, x_2, \cdots, x_n$ 是区间 $[a,b]$ 上的高斯点的充分必要条件是多项式 $\omega_n(x)=(x-x_1)(x-x_2)\cdots(x-x_n)$ 是 $[a,b]$ 上 $n+1$ 次正交多项式. 所以说, 求高斯点就是求正交多项式的零点. 因此当 n 较大时最好用已知的正交多项式的零点来构造对应的高斯型求积公式. 例如用勒让德多项式

$$p_n(x)=\frac{1}{2^n n!}\frac{\mathrm{d}^n(x^2-1)^n}{\mathrm{d}x^n}(n=0,1,2,\cdots) \tag{4.36}$$

的零点来构造高斯型求积公式得到高斯–勒让德求积公式. 因为勒让德多项式是区间 $[-1,1]$ 上关于权函数 $\omega(x)=1$ 的正交多项式, 所以高斯型求积公式的 n 个节点就是勒让德多项式的 n 个零点. 且利用勒让德多项式的一个性质

$$(1-x^2)p_n'(x)=n(p_{n-1}(x)-xp_{n-1}(x))$$

可计算得求积系数 A_k 为

$$A_k=\frac{2(1-x_k^2)}{(np_{n-1}(x_k))^2} \quad (k=1,2,\cdots,n) \tag{4.37}$$

表 4.2 给出了部分 $n\leqslant 8$ 的高斯–勒让德求积公式的节点和系数.

表 4.2

n	x_k	A_k
2	±0.57735	1
3	±0.774597 0	0.555556 0.888889
4	±0.861136 ±0.339981	0.347855 0.652145
5	±0.90618 ±0.538469 0	0.236927 0.478629 0.568889
6	±0.932469 ±0.661209 ±0.238619	0.171325 0.360762 0.467914
8	±0.96029 ±0.796666 ±0.525532 ±0.183435	0.101228 0.222381 0.313707 0.362684

习　题　4

1. 分别用梯形公式和抛物线公式计算下列积分, 并与精确值比较.

(1) $\int_0^2 \frac{x}{x^2+1}\mathrm{d}x \quad (n=4)$

(2) $\int_0^6 \sqrt{x}\mathrm{d}x \quad (n=6)$

2. 设 $f(-2)=1, f(-1)=2, f(0)=6, f(1)=4, f(2)=5$, 则用复化梯形公式计算 $\int_{-2}^2 f(x)\mathrm{d}x$, 若有常数 M 使 $|f''|\leqslant M$, 则估计复化梯形公式的整体截断误差.

3. 如果 $f''(x)<0$, 证明用梯形公式计算积分 $\int_a^b f(x)\mathrm{d}x$ 所得到的结果比准确值小, 并说明其几何意义.

4. 设 $f(-1)=1, f(-0.5)=4, f(0)=6, f(0.5)=9, f(1)=2$, 则用复化抛物线公式计算 $\int_{-1}^1 f(x)\mathrm{d}x$, 若有常数 M 使 $\left|f^{(4)}\right|\leqslant M$, 则估计复化抛物线公式的整体截断误差.

5. 验证当 $f(x)=x^5$ 时, $n=4$ 的牛顿–科茨公式是准确的.

6. 用复化梯形公式和复化抛物线公式计算 $\int_a^b f(x)\mathrm{d}x$ 的近似值, 问要将区间 $[a,b]$ 分成多少份就能使误差不超过 ε?

7. 在区间 $[-1,1]$ 上求节点 x_1, x_2, x_3 及待定系数 A, 使求积公式

$$\int_{-1}^{1} f(x)\mathrm{d}x \approx A(f(x_1)+f(x_2)+f(x_3))$$

具有 3 次代数精度.

8. 确定下列求积公式的待定参数, 使求积公式的代数精度尽量高, 并指出所得公式的代数精度.

$$\int_{-h}^{h} f(x)\mathrm{d}x \approx A_1 f(-h)+A_2 f(0)+A_3 f(h)$$

$$\int_{-1}^{1} f(x)\mathrm{d}x \approx \frac{1}{3}(f(-1)+2f(x_2)+3f(x_3))$$

9. 利用高斯求积公式和牛顿–科茨求积公式 (取 $n=4$) 计算积分

$$\int_{-1}^{1} \frac{\mathrm{d}x}{x^2+1}$$

并比较结果.

第 5 章

非线性方程及非线性方程组的解法

一个非线性方程的根可能是实数也可能是复数, 这里只考虑方程的根为实数的情况. 如果对于实数 a 有 $f(a)=0$, 但 $f'(a)\neq 0$, 则称 a 为方程 $f(x)=0$ 的单根. 如果有 $f(a)=0,\ f'(a)=0,\ \cdots,\ f^{(k-1)}(a)=0$, 但 $f^{(k)}(a)\neq 0$, 则称 a 为方程 $f(x)=0$ 的 k 重根.

5.1 对分法

设非线性方程

$$f(x)=0 \tag{5.1}$$

的函数 $f(x)$ 是区间 $[a,b]$ 上连续的函数, 且有 $f(a)f(b)<0$, 则在 (a,b) 内至少有一点 x^* 使 $f(x^*)=0$, 即 x^* 为方程 (5.1) 的根.

在区间 $[a,b]$ 内取点 $x_0=\dfrac{a+b}{2}$, 计算 $f(x_0)$, 若 $|f(x_0)|<\varepsilon$(给定的精度要求), 则 x_0 就是满足精度要求的 x^* 的近似值, 否则选取新的有根区间 $[a_1,b_1]$ 如下:

$$[a_1,b_1]=\begin{cases}[a,x_0] & \text{当} f(a)f(x_0)<0\\ [x_0,b] & \text{否则}\end{cases}$$

取点 $x_1=\dfrac{a_1+b_1}{2}$, 计算 $f(x_1)$, 若 $|f(x_1)|<\varepsilon$, 则 x_1 就是 x^* 的近似值, 否则继续选取新的有根区间 $[a_2,b_2]$, 并取点 $x_2=\dfrac{a_2+b_2}{2}$, 如此下去, 这就是求方程实根的**对分法**.

对分法的迭代步骤是: 先记 $a_0=a,\ b_0=b$, 对 $k=0,1,2,\cdots$, 作

(1) 取点

$$x_k = \frac{a_k + b_k}{2} \tag{5.2}$$

(2) 考虑 $|f(x_k)| < \varepsilon$, 若成立, 则 $x^* \approx x_k$, 停止迭代, 否则选取新的有根区间 $[a_{k+1}, b_{k+1}]$ 如下:

$$[a_{k+1}, b_{k+1}] = \begin{cases} [a_k, x_k] & 当 f(a_k)f(x_k) < 0 \\ [x_k, b_k] & 否则 \end{cases} \tag{5.3}$$

并返回 (1).

利用以上方法得到的点列 $\{x_k\}$ 满足

$$\begin{aligned} |x_k - x^*| &\leqslant \frac{b_k - a_k}{2} \\ &= \frac{b - a}{2^{k+1}} \end{aligned} \tag{5.4}$$

因此当 $k \to \infty$ 时必有 $x_k \to x^*$, 对分法的几何意义如图 5.1 所示.

例 1 求方程 $x^3 + 5x^2 - 12 = 0$ 在 $[1, 2]$ 内的实根.

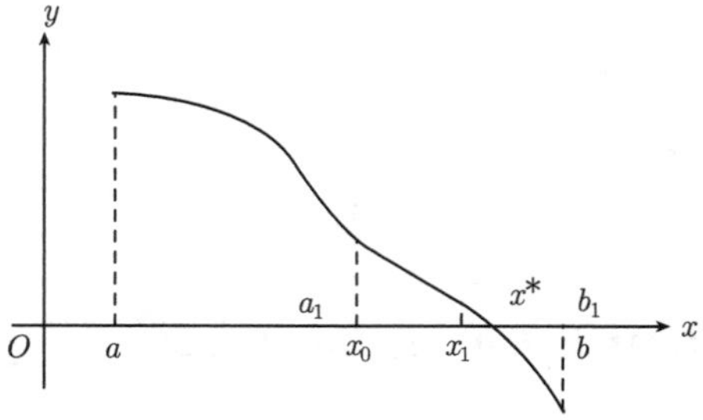

图 5.1

解 记 $f(x) = x^3 + 5x^2 - 12$, 则 $f(1) = -6$, $f(2) = 16$, 取 $x_0 = \frac{a+b}{2} = \frac{1+2}{2} = 1.5$, 计算得 $f(1.5) = 2.625$, 所以选取新的有根区间为 $[a_1, b_1] = [1, 1.5]$, 并利用式 (5.2) 和式 (5.3) 继续以上过程, 计算结果列于表 5.1, 由于 $f(x_{19}) = -4.818759 \times 10^{-6}$ 已较小, 因此可取 $x^* = 1.372281$.

表 5.1 计算结果

k	有根区间	x_k	$f(x_k)$
0	[1, 2]	1.5	2.625
1	[1, 1.5]	1.25	−2.234375
2	[1.25, 1.5]	1.375	5.273438E−02
3	[1.25, 1.375]	1.3125	−1.125732
4	[1.3125, 1.375]	1.34375	−.5453186
5	[1.34375, 1.375]	1.359375	−.2485085
6	[1.359375, 1.375]	1.367188	−9.844255E−02
7	[1.367188, 1.375]	1.371094	−2.299315E−02

续表

k	有根区间	x_k	$f(x_k)$
8	[1.371094, 1.375]	1.373047	1.483583E−02
9	[1.371094, 1.373047]	1.37207	−4.087354E−03
10	[1.37207, 1.373047]	1.372559	5.372063E−03
11	[1.37207, 1.372559]	1.372314	6.418109E−04
12	[1.37207, 1.372314]	1.372192	−1.722907E−03
13	[1.372192, 1.372314]	1.372253	−5.405822E−04
14	[1.372253, 1.372314]	1.372284	5.060584E−05
15	[1.372253, 1.372284]	1.372269	−2.449903E−04
16	[1.372269, 1.372284]	1.372276	−9.719277E−05
17	[1.372276, 1.372284]	1.37228	−2.329359E−05
18	[1.37228, 1.372284]	1.372282	1.365609E−05
19	[1.37228, 1.372282]	1.372281	−4.818759E−06
…	…	…	…

5.2 迭 代 法

若给定非线性方程 (5.1), 那么把它改写成以下等价形式的方程

$$x = \varphi(x) \tag{5.5}$$

由此可作迭代公式

$$x_{n+1} = \varphi(x_n) \quad (n = 0, 1, 2, \cdots) \tag{5.6}$$

如果迭代公式 (5.6) 产生的序列 $\{x_n\}$ 收敛于 x^*, 则当函数 $\varphi(x)$ 满足一定条件时, x^* 就是方程 (5.1) 的根, 点 x^* 也叫做函数 $\varphi(x)$ 的**不动点**. 这就是非线性方程 (5.1) 求根的**迭代法**, 并把 $\varphi(x)$ 称为**迭代函数**.

对迭代法的几何意义作以下解释:

求方程 $x = \varphi(x)$ 的根 x^*, 在几何上是求直线 $y = x$ 与曲线 $y = \varphi(x)$ 的交点 P^* 的横坐标 x^*. 如图 5.2 所示, 从点 $P_0(x_0, \varphi(x_0))$ 出发, 过点 $P_0(x_0, \varphi(x_0))$ 做平行于 x 轴的直线 (用虚线表示), 则该直线与直线 $y = x$ 相交于点 Q_1, 再过点 Q_1 做平行于 y 轴的直线 (用虚线表示), 则该直线与曲线 $y = \varphi(x)$ 相交于点 P_1, 而根据直线 $y = x$ 的性质和迭代公式 (5.6) 的记号, 该交点 P_1 的坐标为 $(x_1, \varphi(x_1))$, 又过点 $P_1(x_1, \varphi(x_1))$

做平行于 x 轴的直线, 则该直线与直线 $y=x$ 相交于点 Q_2, 再过点 Q_2 做平行于 y 轴的直线, 则该直线与曲线 $y=\varphi(x)$ 相交于点 P_2, 而根据直线 $y=x$ 的性质和迭代公式 (5.6) 的记号, 该交点 P_2 的坐标为 $(x_2,\varphi(x_2))$, 可见点列 $\{x_k\}$ 逐步逼近方程 $x=\varphi(x)$ 的根 x^*.

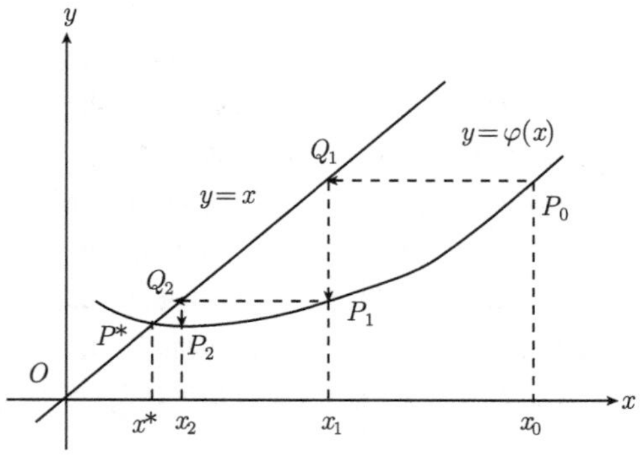

图 5.2

问题是方程 (5.1) 改写成式 (5.5) 等价形式的方法较多, 因此如何改写或如何选择迭代函数 $\varphi(x)$, 才能由迭代公式 (5.6) 得到的序列收敛于方程 (5.1) 的根 x^* 或者说迭代函数 $\varphi(x)$ 应满足什么条件时才保证 $x_n\to x^*$? 看有以下结果.

定理 1 把非线性方程 (5.1) 改写成式 (5.5) 等价形式时, 若迭代函数 $\varphi(x)$ 满足利普希茨 (Lipschitz) 条件: 即对任意的 x_1,x_2 都有

$$|\varphi(x_1)-\varphi(x_2)|\leqslant L\,|x_1-x_2| \tag{5.7}$$

其中, L 是与 x_1,x_2 无关的正常数, 称为利普希茨常数. 若 $L<1$, 则迭代公式 (5.6) 收敛, 即由迭代公式 (5.6) 得到的序列 $\{x_n\}$ 收敛于方程 (5.1) 的根 x^*, 并有误差估计式

$$|x_n-x^*|\leqslant \frac{L^n}{1-L}\,|x_1-x_0| \tag{5.8}$$

证明 因为迭代函数 $\varphi(x)$ 满足利普希茨条件, 则对任意整数 k 有

$$|x_{k+1}-x_k|=|\varphi(x_k)-\varphi(x_{k-1})|\leqslant L\,|x_k-x_{k-1}|\leqslant\cdots\leqslant L^k\,|x_1-x_0|$$

所以对正整数 n,p 有

$$\begin{aligned}|x_{n+p}-x_n|&\leqslant|x_{n+p}-x_{n+p-1}|+|x_{n+p-1}-x_{n+p-2}|+\cdots+|x_{n+1}-x_n|\\&\leqslant L^{n+p-1}\,|x_1-x_0|+L^{n+p-2}\,|x_1-x_0|+\cdots+L^n\,|x_1-x_0|\\&=L^n(L^{p-1}+L^{p-2}+\cdots+L+1)\,|x_1-x_0|\\&=\frac{1-L^p}{1-L}L^n\,|x_1-x_0|\leqslant\frac{L^n}{1-L}\,|x_1-x_0|\end{aligned} \tag{5.9}$$

因 $L<1$, 当 $n\to\infty$ 时就有 $|x_{n+p}-x_n|<\varepsilon$, 所以序列 $\{x_n\}$ 是柯西 (Cauchy) 序列, 其极限存在, 所以设为 $\lim\limits_{k\to\infty}x_k=\eta$.

不难证明当迭代函数 $\varphi(x)$ 满足利普希茨条件时, $\varphi(x)$ 连续 (见习题), 因此对迭代公式 (5.6) 两边求极限得 $\eta=\varphi(\eta)$, 即 $f(\eta)=0$, 故 η 是方程的根. 因为 $\varphi(x)$ 满足利普希茨条件, 所以方程的根是唯一的, 即必有 $\eta=x^*$, 从而 $\lim\limits_{k\to\infty}x_k=x^*$.

对不等式 (5.9) 两边令 $p\to\infty$ 取极限, 即得

$$|x_n-x^*|\leqslant\frac{L^n}{1-L}|x_1-x_0|$$

定理证毕.

推论　设把方程 (5.1) 改写成 (5.5) 等价形式时, 若 $\varphi(x)$ 满足利普希茨条件, 且利普希茨常数 $L<1$, 则由迭代公式 (5.6) 得到的序列 $\{x_n\}$ 满足

$$|x_n-x^*|\leqslant\frac{L}{1-L}|x_n-x_{n-1}|$$

在实际应用中要验证迭代公式 (5.6) 的迭代函数 $\varphi(x)$ 是否满足利普希茨条件比较困难, 可以用充分条件 $|\varphi'(x)|\leqslant L<1$ 来代替利普希茨条件. 即选择迭代函数 $\varphi(x)$ 时, 在根 x^* 附近只要满足 $|\varphi'(x)|<1$, 那么由迭代公式 (5.6) 得到的序列就收敛于方程 (5.1) 的根 x^*.

例 2　求方程 $f(x)=x^3-x-1=0$ 的一个正根.

解　由于方程 $f(x)=x^3-x-1=0$ 在区间 $[1,2]$ 内有一个正根, 所以将方程改写成下列形式

$$x=\sqrt[3]{x+1}$$

因此取 $\varphi(x)=\sqrt[3]{x+1}$, 则对 $x\in[1,2]$ 有 $|\varphi'(x)|=\dfrac{1}{3\sqrt[3]{(x+1)^2}}<\dfrac{1}{3\sqrt[3]{4}}<\dfrac{1}{3}<1$, 所以迭代公式

$$x_{k+1}=\sqrt[3]{x_k+1}\quad(k=0,1,2,\cdots)$$

收敛, 且收敛于区间 $[1,2]$ 内的正根 x^*, 计算结果如表 5.2 所示, 由表得方程在区间 $[1,2]$ 内的正根为 $x^*=1.324718$.

表 5.2 计算结果

k	x_k	$f(x_k)$	k	x_k	$f(x_k)$
0	1	−1	6	1.324702	−0.000069
1	1.259921	−0.259921	7	1.324715	−0.000013
2	1.312294	−0.052373	8	1.324717	−0.000002
3	1.322354	−0.010060	9	1.324718	−0.000000
4	1.324269	−0.001915	10	1.324718	−0.000000
5	1.324632	−0.000364	···	···	···

5.3 牛顿迭代法

解非线性方程 (5.1) 的牛顿迭代法是把非线性方程线性化的一种近似方法. 若 $x^* \in [a,b]$ 使 $f(x^*)=0$, 那么 x^* 是方程 (5.1) 在区间 $[a,b]$ 上的根. 当函数 $f(x)$ 在区间 $[a,b]$ 上满足一定条件时取 $x_0 \in [a,b]$, 把 $f(x)$ 在 x_0 点展开成泰勒级数

$$f(x)=f(x_0)+(x-x_0)f'(x_0)+(x-x_0)^2\frac{f''(x_0)}{2}+\cdots+(x-x_0)^n\frac{f^{(n)}(x_0)}{n!}+\cdots$$

取其线性部分作为非线性方程 $f(x)=0$ 的近似方程, 则有

$$f(x_0)+(x-x_0)f'(x_0)=0$$

设 $f'(x_0)\neq 0$, 则其解为

$$x=x_0-\frac{f(x_0)}{f'(x_0)}$$

并记为 x_1, 考虑是否有 $|f(x_1)|<\varepsilon$(给定的精度要求), 若 $|f(x_1)|<\varepsilon$, 则 x_1 就是满足精度要求的 x^* 的近似值, 否则再把 $f(x)$ 在 x_1 点展开成泰勒级数, 也取其线性部分作为非线性方程 $f(x)=0$ 的近似方程, 当 $f'(x_1)\neq 0$ 时则得其解为

$$x=x_1-\frac{f(x_1)}{f'(x_1)}$$

并记为 x_2, 再考虑 $|f(x_2)|<\varepsilon$ 是否成立, 若成立则 x_2 就是 x^* 的近似值, 否则继续这个做法, 就可得到一个迭代序列 $\{x_k\}$:

$$x_{k+1}=x_k-\frac{f(x_k)}{f'(x_k)} \quad (k=0,1,2,\cdots) \tag{5.10}$$

并用序列 $\{x_k\}$ 来逼近方程的根 x^*, 以上方法就称为**牛顿 (Newton) 迭代法**, 式 (5.10) 就称为**牛顿 (Newton) 迭代公式**.

牛顿迭代公式的推导也可用以下方法得到. 当函数 $f(x)$ 在区间 $[a,b]$ 上满足一定条件时, 取 $x_0\in[a,b]$, 过点 $(x_0,f(x_0))$ 做 $y=f(x)$ 的切线 $t(x)$ 得

$$t(x)=f(x_0)+f'(x_0)(x-x_0)$$

令 $t(x)=0$, 则 $x=x_0-\dfrac{f(x_0)}{f'(x_0)}$, 记 $x_1=x_0-\dfrac{f(x_0)}{f'(x_0)}$, 考虑是否有 $|f(x_1)|<\varepsilon$(给定的精度要求), 若 $|f(x_1)|<\varepsilon$, 则 x_1 就是 x^* 的近似值, 否则继续以上过程, 过点 $(x_k,f(x_k))$ 做曲线 $y=f(x)$ 的切线 $t(x)$ 得

$$t(x)=f(x_k)+f'(x_k)(x-x_k) \tag{5.11}$$

令 $t(x)=0$, 则切线方程的根为 $x=x_k-\dfrac{f(x_k)}{f'(x_k)}$, 并记为式 (5.10). 继续考虑点 x_{k+1} 是否满足 $|f(x_{k+1})|<\varepsilon$, 若满足, 那么 x_{k+1} 就是 x^* 的近似值, 否则利用式 (5.10) 产生新的点并继续以上过程, 所以牛顿迭代法也称为**切线法**. 牛顿迭代法的几何意义就是用过点 $(x_k,f(x_k))$ 的切线 $t(x)=f(x_k)+f'(x_k)(x-x_k)$ 与 x 轴的交点 x_{k+1} 逐步逼近方程 (5.1) 的根 x^*, 如图 5.3 所示.

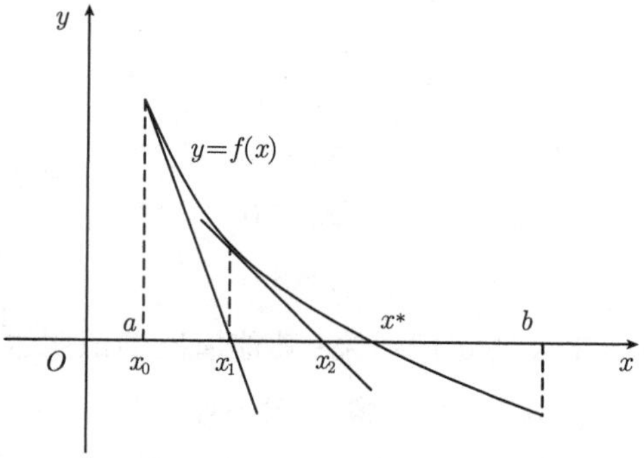

图 5.3

当函数 $f(x)$ 在区间 $[a,b]$ 上满足一定条件时, 取 $x_0\in[a,b]$, 则由式 (5.10) 得到的点列 $\{x_k\}$ 一定收敛于 x^*, 现有以下结果.

定理 2　设非线性方程 (5.1) 的函数 $f(x)$ 在区间 $[a,b]$ 上有二阶导数, $t(x)$ 是由式 (5.11) 得到的 $y=f(x)$ 的切线, 那么

(1) 若 $\forall x\in[a,b]$ 有 $f''(x)\leqslant 0$, 则 $f(x)\leqslant t(x)$　　(5.12)

(2) 若 $\forall x\in[a,b]$ 有 $f''(x)\geqslant 0$, 则 $f(x)\geqslant t(x)$　　(5.13)

证明 因 $f(x)$ 在区间 $[a,b]$ 上有二阶导数, 所以在点 x_k 有展开式

$$f(x)=f(x_k)+(x-x_k)f'(x_k)+\frac{(x-x_k)^2}{2}f''(\xi)\quad \xi\in[\min(x,x_k),\max(x,x_k)]$$

由式 (5.11) 得

$$f(x)=t(x)+\frac{(x-x_k)^2}{2}f''(\xi)$$

由此不难得到定理的结论 (5.12) 和 (5.13).

定理 3 设非线性方程 (5.1) 的函数 $f(x)$ 满足条件:

(1) 对任意 $x\in[a,b]$, $f''(x)$ 不变号

(2) 对任意 $x\in[a,b]$, $f'(x)\neq 0$

(3) $f(a)f(b)<0$

(4) 取 $x_0\in[a,b]$, 且满足 $f(x_0)f''(x_0)>0$

则由迭代公式 (5.10) 得到的点列 $\{x_k\}$ 一定收敛于方程 (5.1) 的唯一根 x^*.

证明 由条件 (1)、(2) 知, 函数 $f(x)$ 是单调函数. 再用条件 (3) 可知, $f(x)$ 属于下列情况之一:

① $f(a)<0,\ f(b)>0,\ f'(x)>0,\ f''(x)\leqslant 0$

② $f(a)<0,\ f(b)>0,\ f'(x)>0,\ f''(x)\geqslant 0$

③ $f(a)>0,\ f(b)<0,\ f'(x)<0,\ f''(x)\leqslant 0$

④ $f(a)>0,\ f(b)<0,\ f'(x)<0,\ f''(x)\geqslant 0$

我们仅就第③种情况来证明定理结果, 其他情况的证明也是类似于这里的证明. 在情况③下, 对初始值 $x_0\in[a,b]$, 要使满足 $f(x_0)f''(x_0)>0$, 则必有 $x_0\in[x^*,b]$. 因此在情况③下, 若 $x_k\in[x^*,b]$, 则由迭代公式 (5.10) 得到的点列 $\{x_k\}$ 一定有 $x_{k+1}\in[x^*,x_k]$ $(k=0,1,2,\cdots)$.

实际上, 由于 $x_k\in[x^*,b]$, 因此由式 (5.11) 给出的切线 $t(x)$ 满足

$$t(x_k)=f(x_k)<f(x^*)=0$$

又因 $f''(x)\leqslant 0$, 所以有

$$f(x)\leqslant t(x),\ 即t(x^*)\geqslant f(x^*)=0$$

所以切线 $t(x)$ 的零点 $x_{k+1} \in [x^*, x_k]$. 这就是说, 点列 $\{x_k\}$ 是单调下降且有界, 所以必有极限, 设 $\lim\limits_{k\to\infty} x_k = \eta$. 对迭代公式 (5.10) 求极限得

$$\eta = \eta - \frac{f(\eta)}{f'(\eta)}$$

即 $f(\eta) = 0$, 故 η 是方程的根, 因为 $f(x)$ 满足条件 (1)~(3), 所以方程根是唯一的, 所以必有 $\eta = x^*$, 从而 $\lim\limits_{k\to\infty} x_k = x^*$.

例 3　设方程 $x^3 + 5x^2 - 12 = 0$ 在 $[1,2]$ 内有实根 x^*, 试写出迭代公式 $x_{k+1} = \varphi(x_k)$ $(k = 0,1,2,\cdots)$ 使 $\{x_k\} \to x^*$, 并说明迭代公式的收敛性.

解法一　把方程 $x^3 + 5x^2 - 12 = 0$ 等价变为以下方程: $x = \dfrac{\sqrt{12}}{\sqrt{x+5}}$, 取 $\varphi(x) = \dfrac{\sqrt{12}}{\sqrt{x+5}}$, 则 $\varphi'(x) = -\dfrac{\sqrt{12}}{2}\dfrac{1}{\sqrt{(x+5)^3}}$, 因此对 $1 < x < 2$, 有

$$|\varphi'(x)| = \frac{\sqrt{12}}{2}\frac{1}{\sqrt{(x+5)^3}} \leqslant \frac{\sqrt{12}}{2}\frac{1}{\sqrt{(1+5)^3}} = \frac{\sqrt{2}}{2}\frac{1}{6} < \frac{1}{6} < 1,$$

故迭代公式 $x_{k+1} = \varphi(x_k)$ 收敛, 即迭代公式

$$x_{k+1} = \varphi(x_k) = \frac{\sqrt{12}}{\sqrt{x_k+5}} \quad (k = 0,1,2,\cdots)$$

收敛于方程在区间 $[1,2]$ 内的根 x^* 上.

解法二　记 $f(x) = x^3 + 5x^2 - 12$, 则 $f(1) = -6$, $f(2) = 16$, 即 $f(1)f(2) < 0$, 且 $f'(x) = 3x^2 + 10x$ 在区间 $[1,2]$ 上不等于零, $f''(x) = 6x + 10$ 在区间 $[1,2]$ 上不变号, 因此取 $x_0 = 2$ 则有 $f(x_0)f''(x_0) > 0$, 因此牛顿迭代公式

$$x_{k+1} = x_k - \frac{f(x_k)}{f'(x_k)} = x_k - \frac{x_k^3 + 5x_k^2 - 12}{3x_k^2 + 10x_k} \quad (k = 0,1,2,\cdots)$$

收敛于方程在区间 $[1,2]$ 内的根 x^* 上, 而这个迭代公式的形式就与 $x_{k+1} = \varphi(x_k)$ 相同.

5.4 弦 位 法

类似于牛顿迭代方法, 弦位法是对曲线 $y = f(x)$ 做过点 $(x_{k-1}, f(x_{k-1}))$, $(x_k, f(x_k))$ 的直线 $l(x)$

$$l(x) = f(x_k) + \frac{f(x_k) - f(x_{k-1})}{x_k - x_{k-1}}(x - x_k) \tag{5.14}$$

用直线 $l(x)$ 的零点来逼近方程 (5.1) 的根 x^*. 故先求方程

$$l(x)=0$$

的根, 得 $x=x_k-\dfrac{x_k-x_{k-1}}{f(x_k)-f(x_{k-1})}f(x_k)$, 并记 $x_{k+1}=x$, 即有迭代公式

$$x_{k+1}=x_k-\frac{x_k-x_{k-1}}{f(x_k)-f(x_{k-1})}f(x_k)\quad(k=1,2,\cdots)\tag{5.15}$$

这就是求方程 (5.1) 根的**弦位法**(也称**双点弦截法**) 的迭代公式. **弦位法**的几何意义就是用过点 $(x_{k-1},f(x_{k-1}))$, $(x_k,f(x_k))$ 的直线 $l(x)$ 的零点来逐步逼近方程 (5.1) 的根 x^*, 如图 5.4 所示.

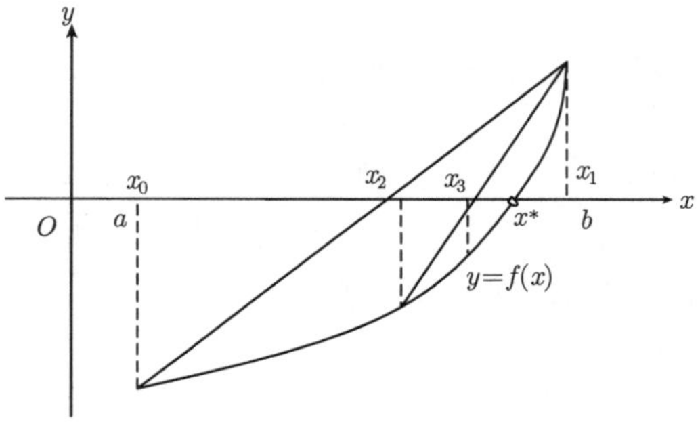

图 5.4

类似于以上双点弦截法, 也有单点弦截法, 即还可以得到单点弦截法的迭代公式:

$$x_{k+1}=x_k-\frac{x_k-x_0}{f(x_k)-f(x_0)}f(x_k)\quad(k=1,2,\cdots)$$

5.5 解非线性方程组的牛顿迭代法

在许多实际问题的研究和计算过程中往往遇到求解非线性方程组的问题, 而非线性方程组的求解还没有固定的算法和公式, 能使求其精确解. 但从以上非线性方程组求根的牛顿迭代方法可以得到启示, 对非线性方程组考虑线性化处理, 以此推出可行的迭代公式, 求出非线性方程组的近似解. 为叙述算法简洁, 我们以一个二元方程组为例介绍解非线性方程组的牛顿迭代法. 对非线性方程组

$$\begin{cases}f_1(x,y)=0\\f_2(x,y)=0\end{cases}\tag{5.16}$$

设其解为 (x^*, y^*). 现对非线性方程组进行线性化处理, 为此设式 (5.16) 的一个初始近似解为 (x_0, y_0), 把 $f_1(x,y)$ 和 $f_2(x,y)$ 都在点 (x_0, y_0) 用二元函数泰勒展开公式展开, 并就取其线性部分, 对非线性方程组 (5.16) 就可得以下线性方程组:

$$\begin{cases} \dfrac{\partial f_1(x_0,y_0)}{\partial x}(x-x_0)+\dfrac{\partial f_1(x_0,y_0)}{\partial y}(y-y_0)=-f_1(x_0,y_0) \\ \dfrac{\partial f_2(x_0,y_0)}{\partial x}(x-x_0)+\dfrac{\partial f_2(x_0,y_0)}{\partial y}(y-y_0)=-f_2(x_0,y_0) \end{cases} \tag{5.17}$$

只要系数矩阵的行列式

$$J_0=\begin{vmatrix} \dfrac{\partial f_1(x_0,y_0)}{\partial x} & \dfrac{\partial f_1(x_0,y_0)}{\partial y} \\ \dfrac{\partial f_2(x_0,y_0)}{\partial x} & \dfrac{\partial f_2(x_0,y_0)}{\partial y} \end{vmatrix} \neq 0 \tag{5.18}$$

则方程组 (5.17) 的解可以求出, 即有

$$\begin{cases} x_1=x_0+\dfrac{J_x}{J_0} \\ y_1=y_0+\dfrac{J_y}{J_0} \end{cases} \tag{5.19}$$

其中

$$\begin{cases} J_x=\begin{vmatrix} \dfrac{\partial f_1(x_0,y_0)}{\partial y} & f_1(x_0,y_0) \\ \dfrac{\partial f_2(x_0,y_0)}{\partial y} & f_2(x_0,y_0) \end{vmatrix} \\ J_y=\begin{vmatrix} f_1(x_0,y_0) & \dfrac{\partial f_1(x_0,y_0)}{\partial x} \\ f_2(x_0,y_0) & \dfrac{\partial f_2(x_0,y_0)}{\partial x} \end{vmatrix} \end{cases} \tag{5.20}$$

考察 $|f_1(x_1,y_1)|<\varepsilon$ 和 $|f_2(x_1,y_1)|<\varepsilon$, 若都满足, 那么 (x_1,y_1) 就是非线性方程组的近似解, 否则继续以上做法, 即用迭代公式

$$\begin{cases} x_{k+1}=x_k+\dfrac{J_x}{J_0} \\ y_{k+1}=y_k+\dfrac{J_y}{J_0} \end{cases} \tag{5.21}$$

产生点序列 $\{(x_k,y_k)\}$, 逐步逼近非线性方程组的解 (x^*,y^*), 其中 J_0, J_x, J_y 的计算与式 (5.18)、式 (5.20) 相同, 只是把点 (x_0,y_0) 换成点 (x_k,y_k) 即可.

以上就是求解非线性方程组的牛顿迭代方法.

例 4 设有非线性方程组

$$\begin{cases} f_1(x,y) = x^2 + y^2 - 4 = 0 \\ f_2(x,y) = xy - 2x + 4 = 0 \end{cases}$$

试用牛顿迭代方法在 $(x_0, y_0) = (1,1)$ 附近求解.

解 先计算对应线性方程组 (5.17) 的系数矩阵得

$$\begin{bmatrix} \dfrac{\partial f_1(x,y)}{\partial x} & \dfrac{\partial f_1(x,y)}{\partial y} \\ \dfrac{\partial f_2(x,y)}{\partial x} & \dfrac{\partial f_2(x,y)}{\partial y} \end{bmatrix} = \begin{bmatrix} 2x & 2y \\ y-2 & x \end{bmatrix}$$

从 $(x_0, y_0) = (1,1)$ 出发, 计算出 $f_1(x_0, y_0) = -2$, $f_2(x_0, y_0) = 3$, 再用式 (5.18)、式 (5.20) 计算出 $J_0 = 4$, $J_x = 8$, $J_y = -4$, 所以有

$$\begin{cases} x_1 = x_0 + \dfrac{J_x}{J_0} = 1 + \dfrac{8}{4} = 3 \\ y_1 = y_0 + \dfrac{J_y}{J_0} = 1 + \dfrac{-4}{4} = 0 \end{cases}$$

因为 $|f_1(x_1, y_1)| = 5$ 和 $|f_2(x_1, y_1)| = 2$, 所以用以上方法再从 $(x_1, y_1) = (3, 0)$ 出发, 计算出

$$\begin{cases} x_2 = x_1 + \dfrac{J_x}{J_1} = 3 + \dfrac{-15}{18} = 2.16667 \\ y_2 = y_1 + \dfrac{J_y}{J_1} = 0 + \dfrac{2}{18} = 0.11111 \end{cases}$$

又因为 $|f_1(x_2, y_2)| = 0.70679$ 和 $|f_2(x_2, y_2)| = 0.09259$, 同理再计算得 $(x_3, y_3) = (2.00844, 0.01591)$, 且 $|f_1(x_3, y_3)| = 0.0341$ 和 $|f_2(x_3, y_3)| = 0.01506$, 又计算得 $(x_4, y_4) = (2.00008, 0.00015)$, $|f_1(x_4, y_4)| = 0.00032$, $|f_2(x_4, y_4)| = 0.00013$, 当迭代 5 次时就有 $(x_5, y_5) = (2.00000, 0.00000)$, 此时就有 $|f_1(x_5, y_5)| = 0.00000$ 和 $|f_2(x_5, y_5)| = 0.00000$, 所以非线性方程组的解为 $(x^*, y^*) = (2, 0)$.

习 题 5

1. 方程 $x^3 - 2x^2 - 1 = 0$ 在 $x_0 = 2.5$ 附近有根, 把方程写成三种不同的等价形式:

(1) $x = 2 + \dfrac{1}{x^2}$, 对应迭代格式: $x_{n+1} = 2 + \dfrac{1}{x_n^2}$

(2) $x^3 = 1 + 2x^2$, 对应迭代格式: $x_{n+1} = \sqrt[3]{1 + 2x_n^2}$

(3) $x^2 = \dfrac{1}{x-2}$, 对应迭代格式: $x_{n+1} = \sqrt{\dfrac{1}{x_n - 2}}$

判断迭代格式在 $x_0 = 2.5$ 的收敛性, 并估计收敛速度, 选一种收敛格式计算出 $x_0 = 2.5$ 附近的根到 4 位有效数字, 计算时要保留 5 位有效数字.

2. 用迭代法求方程 $f(x) = x^3 + 2x - 1 = 0$ 的一个正根.

3. 设方程 $x^3 + 4x^2 - 10 = 0$ 在 $[1,2]$ 内有实根 x^*, 试写出迭代公式 $x_{k+1} = \varphi(x_k)$ $(k = 0, 1, 2, \cdots)$ 使 $\{x_k\} \to x^*$.

4. 用牛顿法、弦位法求 $f(x) = x^3 - 3x - 1 = 0$ 在 $x_0 = 2$ 附近的实根, 准确到 4 位有效数字.

5. 用牛顿法求 $\sqrt{a}$, 写出它的迭代公式.

6. 已知 $\sqrt{3}$ 的一个近似值是 $x_0 = 1.732$, 用牛顿迭代公式 $x_{k+1} = \dfrac{1}{2}\left(x_k + \dfrac{3}{x_k}\right)$ 计算 x_2, 保留 6 位有效数字, 并与准确值 $x_0 = 1.732050807\cdots$ 比较.

7. 证明定理 1 的迭代函数 $\varphi(x)$ 满足 Lipschitz 条件时, $\varphi(x)$ 连续.

8. 证明定理 1 的推论, 即把方程 (5.1) 改写成式 (5.5) 等价形式时, 若 $\varphi(x)$ 满足 Lipschitz 条件, 且 Lipschitz 常数 $L < 1$, 则由迭代公式 (5.6) 得到的序列 $\{x_n\}$ 满足

$$|x_n - x^*| \leqslant \frac{L}{1-L}\,|x_n - x_{n-1}|.$$

9. 给定函数 $f(x)$, 设对一切 x 有 $0 < m \leqslant f'(x) \leqslant M$, 且 $0 < \lambda < \dfrac{2}{M}$, 试证明迭代公式

$$x_{k+1} = x_k - \lambda f(x_k)$$

收敛于方程 $f(x) = 0$ 的根 x^*.

10. 试证明: $\lim\limits_{n\to\infty} \sqrt{2 + \sqrt{2 + \sqrt{\cdots + \sqrt{2}}}} = 2$.

11. 用牛顿法求方程组

$$\begin{cases} f_1(x,y) = x^2 + y^2 - 4 = 0 \\ f_2(x,y) = x^2 - y^2 - 1 = 0 \end{cases}$$

在 $x_0 = 1.6$, $y_0 = 1.2$ 附近的根, 作二次迭代.

第 6 章

解线性方程组的直接法

线性方程组的求解问题来源于自然科学及很多工程实际问题. 例如, 电学中网络问题, 用最小二乘法求实验数据的曲线拟合问题、解非线性方程组问题、用差分法或有限元法解微分方程边值问题、灰色系统中的建模过程、线性规划问题、三次样条函数的插值问题、多元线性回归中的求解偏回归系数等都与求解线性方程组有关, 所以说解决实际问题的数值计算过程中经常遇到求解线性方程组. 从理论上讲, 线性方程组的系数矩阵为非奇异时, 我们可以用克莱姆 (Gramer) 法则来求解. 但是这种计算方法的计算量大、运算次数多, 对编制计算机程序增加了一定难度, 而且计算过程中积累和传播误差的机会可能更多, 不利于得到精确解或得到较好的近似解.

本章将介绍计算方法直观、简单, 便于编制计算机程序的求解 n 阶线性方程组的直接法. 为此设有 n 阶线性方程组

$$\begin{cases} a_{11}x_1 + a_{12}x_2 + \cdots + a_{1n}x_n = b_1 \\ a_{21}x_1 + a_{22}x_2 + \cdots + a_{2n}x_n = b_2 \\ \qquad \cdots \qquad \cdots \qquad \cdots \\ a_{n1}x_1 + a_{n2}x_2 + \cdots + a_{nn}x_n = b_n \end{cases} \tag{6.1}$$

若用矩阵和向量的记号来表示, 方程组 (6.1) 又可写成

$$\boldsymbol{Ax} = \boldsymbol{b}$$

其中

$$\boldsymbol{A}=\begin{bmatrix} a_{11} & a_{12} & \cdots a_{1n} \\ a_{21} & a_{22} & \cdots a_{2n} \\ \vdots & \vdots & \vdots \\ a_{n1} & a_{n2} & \cdots a_{nn} \end{bmatrix},\ \boldsymbol{b}=\begin{bmatrix} b_1 \\ b_2 \\ \vdots \\ b_n \end{bmatrix},\ \boldsymbol{x}=\begin{bmatrix} x_1 \\ x_2 \\ \vdots \\ x_n \end{bmatrix} \tag{6.2}$$

且设 $|\boldsymbol{A}|\neq 0$, 从而方程组 (6.1) 有唯一解.

6.1 高斯消去法

6.1.1 高斯消去法

高斯 (Gauss) 消去法也叫高斯消元法, 这是求解线性方程组的一个古老的方法. 早在公元前 250 年我国就掌握了求解线性方程组的消元方法, 实践证明高斯消元法是在计算机上使用的一种有效方法. 由它改进和变形得到的高斯选主元素消去法及三角分解法仍是目前计算机上常用的求解线性方程组的有效方法之一. 其基本做法是把方程组 (6.1) 转化为一个等价 (即有相同解) 的三角形方程组

$$\begin{cases} b_{11}x_1+b_{12}x_2+\cdots+b_{1n}x_n=g_1 \\ \qquad\quad b_{22}x_2+\cdots+b_{2n}x_n=g_2 \\ \qquad\qquad\qquad \cdots \qquad\quad \cdots \\ \qquad\qquad\qquad\qquad b_{nn}x_n=g_n \end{cases} \tag{6.3}$$

这个过程称为消元过程. 由此可以逐个求出 $x_n,x_{n-1},\cdots,x_2,x_1$, 这个过程称为回代过程. 为便于推导迭代公式, 对线性方程组 (6.1) 记

$$[\boldsymbol{A},\boldsymbol{b}]=\begin{bmatrix} a_{11} & a_{12} & \cdots & a_{1n} & a_{1n+1} \\ a_{21} & a_{22} & \cdots & a_{2n} & a_{2n+1} \\ \vdots & \vdots & & \vdots & \vdots \\ a_{n1} & a_{n2} & \cdots & a_{nn} & a_{nn+1} \end{bmatrix} \tag{6.4}$$

且把 $[\boldsymbol{A},\boldsymbol{b}]$ 记为 $[\boldsymbol{A}^{(0)},\boldsymbol{b}^{(0)}]$, 即

$$[\boldsymbol{A}^{(0)},\boldsymbol{b}^{(0)}]=\begin{bmatrix} a_{11}^{(0)} & a_{12}^{(0)} & \cdots & a_{1n}^{(0)} & a_{1n+1}^{(0)} \\ a_{21}^{(0)} & a_{22}^{(0)} & \cdots & a_{2n}^{(0)} & a_{2n+1}^{(0)} \\ \vdots & \vdots & & \vdots & \vdots \\ a_{n1}^{(0)} & a_{n2}^{(0)} & \cdots & a_{nn}^{(0)} & a_{nn+1}^{(0)} \end{bmatrix} \tag{6.5}$$

由于线性方程组 (6.1) 与系数增广矩阵 (6.4) 是一一对应关系, 即对线性方程组 (6.1) 进行消元计算相当于用系数增广矩阵 (6.4) 的第 1 行第 1 列的元素 a_{11} 把第 1 列第 2 行以下的元素 $a_{i1}(i=2,3,\cdots,n)$ 全化为零. 即当 $a_{11}^{(0)}\neq 0$ 时, 从系数增广矩阵 (6.4) 的第 i $(i=2,3,\cdots,n)$ 行减去第一行乘以 $\dfrac{a_{i1}}{a_{11}}$, 则系数增广矩阵 (6.4) 变为

$$[\boldsymbol{A},\boldsymbol{b}]\Rightarrow\begin{bmatrix} a_{11} & a_{12} & \cdots & a_{1n} & a_{1n+1}\\ 0 & a_{22}^{(1)} & \cdots & a_{2n}^{(1)} & a_{2n+1}^{(1)}\\ \vdots & \vdots & & \vdots & \vdots\\ 0 & a_{n2}^{(1)} & \cdots & a_{nn}^{(1)} & a_{nn+1}^{(1)} \end{bmatrix}$$

由此很容易看出, 对线性方程组 (6.1) 进行消元计算相当于对其系数增广矩阵 (6.4) 进行消元计算. 为便于书写, 对线性方程组 (6.1) 进行高斯消元过程的介绍就用对其系数增广矩阵进行消元计算的格式来说明.

第 1 步 设 $a_{11}^{(0)}\neq 0$, 从式 (6.5) 的第 $i(i=2,3,\cdots,n)$ 行减去第一行乘以 $\dfrac{a_{i1}^{(0)}}{a_{11}^{(0)}}$, 则系数增广矩阵 (6.5) 变为

$$[\boldsymbol{A}^{(0)},\boldsymbol{b}^{(0)}]\Rightarrow[\boldsymbol{A}^{(1)},\boldsymbol{b}^{(1)}]=\begin{bmatrix} a_{11}^{(0)} & a_{12}^{(0)} & \cdots & a_{1n}^{(0)} & a_{1n+1}^{(0)}\\ & a_{22}^{(1)} & \cdots & a_{2n}^{(1)} & a_{2n+1}^{(1)}\\ & \vdots & & \vdots & \vdots\\ & a_{n2}^{(1)} & \cdots & a_{nn}^{(1)} & a_{nn+1}^{(1)} \end{bmatrix} \tag{6.6}$$

其中消元计算公式为

$$a_{ij}^{(1)}=a_{ij}^{(0)}-\frac{a_{i1}^{(0)}}{a_{11}^{(0)}}a_{1j}^{(0)}\quad (i=2,3,\cdots,n;\ j=2,3,\cdots,n,n+1)$$

第 2 步 设 $a_{22}^{(1)}\neq 0$, 从系数增广矩阵 (6.6) 的第 $i(i=3,4,\cdots,n)$ 行减去第二行乘以 $\dfrac{a_{i2}^{(1)}}{a_{22}^{(1)}}$, 则系数增广矩阵 (6.6) 变为

$$[\boldsymbol{A}^{(1)},\boldsymbol{b}^{(1)}]\Rightarrow[\boldsymbol{A}^{(2)},\boldsymbol{b}^{(2)}]=\begin{bmatrix} a_{11}^{(0)} & a_{12}^{(0)} & a_{13}^{(0)} & \cdots & a_{1n}^{(0)} & a_{1n+1}^{(0)}\\ & a_{22}^{(1)} & a_{23}^{(1)} & \cdots & a_{2n}^{(1)} & a_{2n+1}^{(1)}\\ & & a_{33}^{(2)} & \cdots & a_{3n}^{(2)} & a_{3n+1}^{(2)}\\ & & \vdots & & \vdots & \vdots\\ & & a_{n3}^{(2)} & \cdots & a_{nn}^{(2)} & a_{nn+1}^{(2)} \end{bmatrix} \tag{6.7}$$

其中消元计算公式为

$$a_{ij}^{(2)}=a_{ij}^{(1)}-\frac{a_{i2}^{(1)}}{a_{22}^{(1)}}a_{2j}^{(1)}\quad (i=3,4,\cdots,n;\ j=3,4,\cdots,n,n+1)$$

利用相同的方法继续以上的消元过程, 假设已进行了 $k-1$ 步 (次) 的高斯消元计算, 得到的系数增广矩阵 $[\boldsymbol{A}^{(k-1)},\boldsymbol{b}^{(k-1)}]$ 如下:

$$[\boldsymbol{A}^{(k-1)},\boldsymbol{b}^{(k-1)}]=\begin{bmatrix} a_{11}^{(0)} & \cdots & a_{1k}^{(0)} & \cdots & a_{1n}^{(0)} & a_{1n+1}^{(0)} \\ & \ddots & \vdots & & \vdots & \vdots \\ & & a_{kk}^{(k-1)} & \cdots & a_{kn}^{(k-1)} & a_{kn+1}^{(k-1)} \\ & & \vdots & & \vdots & \vdots \\ & & a_{nk}^{(k-1)} & \cdots & a_{nn}^{(k-1)} & a_{nn+1}^{(k-1)} \end{bmatrix} \tag{6.8}$$

第 k 步 设 $a_{kk}^{(k-1)}\neq 0$, 从系数增广矩阵 (6.8) 的第 $i(i=k+1,k+2,\cdots,n)$ 行减去第 k 行乘以 $\dfrac{a_{ik}^{(k-1)}}{a_{kk}^{(k-1)}}$, 则系数增广矩阵 (6.8) 变成

$$[\boldsymbol{A}^{(k-1)},\boldsymbol{b}^{(k-1)}]\Rightarrow[\boldsymbol{A}^{(k)},\boldsymbol{b}^{(k)}]=\begin{bmatrix} a_{11}^{(0)} & \cdots & a_{1k}^{(0)} & a_{1k+1}^{(0)} & \cdots & a_{1n}^{(0)} & a_{1n+1}^{(0)} \\ & \ddots & \vdots & \vdots & & \vdots & \vdots \\ & & a_{kk}^{(k-1)} & a_{kk+1}^{(k-1)} & \cdots & a_{kn}^{(k-1)} & a_{kn+1}^{(k-1)} \\ & & & a_{k+1k+1}^{(k)} & \cdots & a_{k+1n}^{(k)} & a_{k+1n+1}^{(k)} \\ & & & \vdots & & \vdots & \vdots \\ & & & a_{nk+1}^{(k)} & \cdots & a_{nn}^{(k)} & a_{nn+1}^{(k)} \end{bmatrix} \tag{6.9}$$

其中消元计算公式为

$$a_{ij}^{(k)}=a_{ij}^{(k-1)}-\frac{a_{ik}^{(k-1)}}{a_{kk}^{(k-1)}}a_{kj}^{(k-1)}\quad (i=k+1,\cdots,n;\ j=k+1,\cdots,n,n+1) \tag{6.10}$$

继续以上过程, 那么经过 $n-1$ 步 $(k=1,2,\cdots,n-1)$ 的高斯消元计算, 方程组 (6.1) 的系数增广矩阵 $[\boldsymbol{A}^{(0)},\boldsymbol{b}^{(0)}]$ 就变成了

$$[\boldsymbol{A}^{(n-1)},\boldsymbol{b}^{(n-1)}]=\begin{bmatrix} a_{11}^{(0)} & a_{12}^{(0)} & \cdots & a_{1n}^{(0)} & a_{1n+1}^{(0)} \\ & a_{22}^{(1)} & \cdots & a_{2n}^{(1)} & a_{2n+1}^{(1)} \\ & & \ddots & \vdots & \vdots \\ & & & a_{nn}^{(n-1)} & a_{nn+1}^{(n-1)} \end{bmatrix} \tag{6.11}$$

从系数增广矩阵 $[\boldsymbol{A}^{(0)},\boldsymbol{b}^{(0)}]$ 得到 $[\boldsymbol{A}^{(n-1)},\boldsymbol{b}^{(n-1)}]$ 的方法就称为**高斯** (Gauss) **消去法**. 由高等代数 (线性代数) 的矩阵初等变换与线性方程组求解的方法知道, 线性方程组 $\boldsymbol{Ax}=\boldsymbol{b}$ 与线性方程组 $\boldsymbol{A}^{(n-1)}\boldsymbol{x}=\boldsymbol{b}^{(n-1)}$ 是同解 (等价) 的线性方程组, 所以求解线性方程组 (6.1) 就相当于求解系数增广矩阵 (6.11) 对应的线性方程组 $\boldsymbol{A}^{(n-1)}\boldsymbol{x}=\boldsymbol{b}^{(n-1)}$, 若有 $a_{nn}^{(n-1)}\neq 0$ 则利用追赶法 (回代过程) 得线性方程组 (6.1) 的求解公式:

$$\begin{cases} x_n=\dfrac{a_{nn+1}^{(n-1)}}{a_{nn}^{(n-1)}} \\ x_i=\dfrac{a_{in+1}^{(i-1)}-\displaystyle\sum_{j=i+1}^{n}a_{ij}^{(i-1)}x_j}{a_{ii}^{(i-1)}} \quad (i=n-1,n-2,\cdots,2,1) \end{cases} \tag{6.12}$$

在以上的高斯消元过程及求解过程中, 我们假设了 $a_{kk}^{(k-1)}\neq 0(k=1,2,\cdots,n)$, 把 $a_{kk}^{(k-1)}(k=1,2,\cdots,n)$ 称为**主元素**. 若在消元计算过程中出现某个 $a_{kk}^{(k-1)}=0$, 则以上的消元计算就不能正常地进行到底. 对系数矩阵 $\boldsymbol{A}$ 假设的条件 $a_{kk}^{(k-1)}\neq 0(k=1,2,\cdots,n)$ 比条件 $|\boldsymbol{A}|\neq 0$ 苛刻, 由代数理论可知, 条件 $a_{kk}^{(k-1)}\neq 0(k=1,2,\cdots,n)$ 相当于矩阵 $\boldsymbol{A}$ 的各阶顺序主子式都不为零, 即有以下结果.

定理 1 对 n 阶线性方程组 (6.1), 若 $\boldsymbol{A}$ 的各阶顺序主子式都不为零, 则系数增广矩阵 (6.5) 的高斯消元过程能够进行到底, 并有等价形式 (6.11), 从而 n 阶线性方程组 (6.1) 的解由式 (6.12) 给出.

6.1.2 高斯消去法的计算量

高斯消去法的优点就是方法直观易懂, 其运算量较小. 在消去第一列的 $n-1$ 个系数时, 需要作乘法运算 $n\times(n-1)$ 次, 消去第二列的 $n-2$ 个系数时, 需要作乘法运算 $(n-1)\times(n-2)$ 次, 因此把 $\boldsymbol{A}^{(0)}$ 化为等价的 $\boldsymbol{A}^{(n-1)}$ 所需要的乘法运算量是 $\displaystyle\sum_{k=1}^{n}(k^2-k)=\frac{n}{3}(n^2-1)$ 次, 要做的除法运算量是 $\displaystyle\sum_{k=1}^{n-1}k=\frac{n}{2}(n-1)$ 次, 回代过程需要的乘除法总运算量是 $\dfrac{n}{2}(n+1)$ 次, 所以用高斯消去法解 n 阶线性代数方程组总共需要的乘除法运算量是 $\dfrac{1}{3}n^3+n^2-\dfrac{1}{3}n$ 次.

而对 n 阶线性方程组若用克莱姆法则来求解, 则需要进行的乘除法运算量是比高斯消去法大得多. 例如取 $n=5$, 则用高斯消去法解 5 阶线性代数方程组总共需要做 65 次的乘除法运算, 而用克莱姆法则求解, 则需要 1239 次的乘除法运算, 运算次数的差距比较明显.

6.1.3 高斯消去法的矩阵解释

分析高斯消去法的消元过程发现, 对系数增广矩阵 (6.5) 进行高斯消元过程, 实际上就是施行了矩阵的初等变换的运算. 即从矩阵运算的角度来看, 从式 (6.5) 化为式 (6.6) 相当于把系数增广矩阵 $[\boldsymbol{A}^{(0)}, \boldsymbol{b}^{(0)}]$ 左乘一个初等变换矩阵. 即

$$\boldsymbol{M}_1[\boldsymbol{A}^{(0)}, \boldsymbol{b}^{(0)}] = [\boldsymbol{A}^{(1)}, \boldsymbol{b}^{(1)}]$$

其中

$$\boldsymbol{M}_1 = \begin{bmatrix} 1 & & & & \\ -m_{21} & 1 & & & \\ -m_{31} & 0 & 1 & & \\ \vdots & \vdots & \vdots & \ddots & \\ -m_{n1} & 0 & 0 & \cdots & 1 \end{bmatrix}, \quad m_{i1} = \frac{a_{i1}^{(0)}}{a_{11}^{(0)}}(i = 2, 3, \cdots, n)$$

类似地, 把式 (6.6) 化为式 (6.7) 相当于把系数增广矩阵 $[\boldsymbol{A}^{(1)}, \boldsymbol{b}^{(1)}]$ 左乘一个初等变换矩阵

$$\boldsymbol{M}_2 = \begin{bmatrix} 1 & & & & \\ 0 & 1 & & & \\ 0 & -m_{32} & 1 & & \\ \vdots & \vdots & \vdots & \ddots & \\ 0 & -m_{n2} & 0 & \cdots & 1 \end{bmatrix}, \quad m_{i2} = \frac{a_{i2}^{(1)}}{a_{22}^{(1)}}(i = 3, 4, \cdots, n)$$

即

$$\boldsymbol{M}_2[\boldsymbol{A}^{(1)}, \boldsymbol{b}^{(1)}] = [\boldsymbol{A}^{(2)}, \boldsymbol{b}^{(2)}]$$

也就是说, 每消一个元均相当于左乘一个相应的初等变换矩阵

$$\boldsymbol{M}_k = \begin{bmatrix} 1 & & & & & & & \\ 0 & 1 & & & & & & \\ \vdots & \vdots & \ddots & & & & & \\ 0 & 0 & \cdots & 1 & & & & \\ 0 & 0 & \cdots & -m_{k+1,k} & 1 & & & \\ \vdots & \vdots & \cdots & \vdots & \vdots & \ddots & & \\ 0 & 0 & \cdots & -m_{n,k} & 0 & \cdots & 1 \end{bmatrix}, \quad m_{ik} = \frac{a_{ik}^{(k-1)}}{a_{kk}^{(k-1)}}(i = k+1, \cdots, n) \quad (6.13)$$

即多次进行形如

$$\boldsymbol{M}_k[\boldsymbol{A}^{(k-1)},\boldsymbol{b}^{(k-1)}]=[\boldsymbol{A}^{(k)},\boldsymbol{b}^{(k)}]\quad(k=1,2,\cdots,n-1)\tag{6.14}$$

的运算, 最后可得 $\boldsymbol{M}_{n-1}[\boldsymbol{A}^{(n-2)},\boldsymbol{b}^{(n-2)}]=[\boldsymbol{A}^{(n-1)},\boldsymbol{b}^{(n-1)}]$.

把式 (6.13) 中的 m_{ik} 称为高斯消元过程的**乘数**, 所以消元过程实质上是用乘数 m_{ik} 做一系列的初等变换矩阵 (6.13) 左乘原方程组的系数增广矩阵, 将系数增广矩阵逐步三角形化. 容易推出 (6.13) 的逆矩阵为

$$\boldsymbol{M}_k^{-1}=\begin{bmatrix}1 & & & & & & \\ 0 & 1 & & & & & \\ \vdots & \vdots & \ddots & & & & \\ 0 & 0 & \cdots & 1 & & & \\ 0 & 0 & \cdots & m_{k+1,k} & 1 & & \\ \vdots & \vdots & \cdots & \vdots & \vdots & \ddots & \\ 0 & 0 & \cdots & m_{n,k} & 0 & \cdots & 1\end{bmatrix}\tag{6.15}$$

因此由式 (6.14) 不难得到 $\boldsymbol{A}^{(n-1)}=\boldsymbol{M}_{n-1}\boldsymbol{M}_{n-2}\cdots\boldsymbol{M}_2\boldsymbol{M}_1\boldsymbol{A}^{(0)}$, 故有

$$\boldsymbol{A}^{(0)}=\boldsymbol{M}_1^{-1}\boldsymbol{M}_2^{-1}\cdots\boldsymbol{M}_{n-2}^{-1}\boldsymbol{M}_{n-1}^{-1}\boldsymbol{A}^{(n-1)}$$

记

$$\boldsymbol{U}=\boldsymbol{A}^{(n-1)},\quad \boldsymbol{L}=\boldsymbol{M}_1^{-1}\boldsymbol{M}_2^{-1}\cdots\boldsymbol{M}_{n-2}^{-1}\boldsymbol{M}_{n-1}^{-1}\tag{6.16}$$

则有

$$\boldsymbol{A}^{(0)}=\boldsymbol{L}\boldsymbol{U}\tag{6.17}$$

其中

$$\boldsymbol{L}=\begin{bmatrix}1 & & & & \\ m_{21} & 1 & & & \\ m_{31} & m_{32} & 1 & & \\ \vdots & \vdots & \vdots & \ddots & \\ m_{n1} & m_{n2} & m_{n3} & \cdots & 1\end{bmatrix}\tag{6.18}$$

因 $\boldsymbol{A}=\boldsymbol{A}^{(0)}$, 所以式 (6.17) 就写成 $\boldsymbol{A}=\boldsymbol{L}\boldsymbol{U}$, 这就是矩阵 $\boldsymbol{A}$ 的三角分解.

例 1　用高斯消去法解线性方程组

$$\begin{cases} x_1+x_2+x_3+x_4=1 \\ x_1+2x_2+x_3-x_4=5 \\ 2x_1+x_2+3x_3-x_4=4 \\ x_1+2x_2+3x_3+4x_4=2 \end{cases}$$

解　先对方程组的系数增广矩阵进行消元计算:

$$[\boldsymbol{A},\boldsymbol{b}]=\begin{bmatrix} 1 & 1 & 1 & 1 & 1 \\ 1 & 2 & 1 & -1 & 5 \\ 2 & 1 & 3 & -1 & 4 \\ 1 & 2 & 3 & 4 & 2 \end{bmatrix} \Rightarrow \begin{bmatrix} 1 & 1 & 1 & 1 & 1 \\ 0 & 1 & 0 & -2 & 4 \\ 0 & -1 & 1 & -3 & 2 \\ 0 & 1 & 2 & 3 & 1 \end{bmatrix}$$

$$\Rightarrow \begin{bmatrix} 1 & 1 & 1 & 1 & 1 \\ 0 & 1 & 0 & -2 & 4 \\ 0 & 0 & 1 & -5 & 6 \\ 0 & 0 & 2 & 5 & -3 \end{bmatrix} \Rightarrow \begin{bmatrix} 1 & 1 & 1 & 1 & 1 \\ 0 & 1 & 0 & -2 & 4 \\ 0 & 0 & 1 & -5 & 6 \\ 0 & 0 & 0 & 15 & -15 \end{bmatrix}$$

用回代法得线性方程组的解为 $x_4=-1, x_3=1, x_2=2, x_1=-1$, 即解为 $x=(x_1,x_2,x_3,x_4)^{\mathrm{T}}=(-1,\ 2,\ 1,\ -1)^{\mathrm{T}}$.

6.2　选主元素法

在上面的高斯消去法进行的过程中每步都要假设 $a_{kk}^{(k-1)}\neq 0(k=1,2,\cdots,n)$, 这是高斯消去法能够进行的必要条件. 即使是系数矩阵满足 $|\boldsymbol{A}|\neq 0$, 在消元过程中也有可能出现某个 $a_{kk}^{(k-1)}=0$ 或 $a_{kk}^{(k-1)}$ 的绝对值比较小的情况, 这时对方程组高斯消去法就不能正常进行下去, 或用绝对值比较小的 $a_{kk}^{(k-1)}$ 作除数进行消元计算时, 会导致其他元素数量级的巨增和舍入误差的扩散, 使其影响最后解的精确度. 在消元过程中一旦出现某个 $a_{kk}^{(k-1)}=0$ 或 $a_{kk}^{(k-1)}$ 的绝对值比较小的情况, 此时我们就通过对系数增广矩阵的第 k 行与以下的某行进行交换的方式来保证消去法的继续和解的可靠性, 这就是我们将要介绍的选主元素法, 先看以下例子.

例 2　设有线性方程组

$$\begin{cases} 0.0003x_1+3.0000x_2=2.0001 \\ 1.0000x_1+1.0000x_2=1.0000 \end{cases}$$

该方程组的准确解为 $x_1=\dfrac{1}{3},x_2=\dfrac{2}{3}$. 若取 5 位有效数字, 进行高斯消元计算, 把第二个方程中的 x_1 消去, 得到

$$\begin{cases} 0.0003x_1+3.0000x_2=2.0001 \\ \qquad\qquad -9999.0x_2=-6666.0 \end{cases}$$

从第二个方程解得 $x_2=0.6667$, 再代入第一个方程得 $x_1=0$, 可见, 直接利用高斯消元法得到的结果与准确解相差较大. 其原因是作为主元素的 0.0003 相对于 1 绝对值较小, 在计算过程中保留 5 位有效数字时产生了舍入误差. 若把方程的顺序交换, 即把系数增广矩阵的第一行与第二行交换, 用 1.0000 作为主元素进行消元计算, 则有

$$[\boldsymbol{A},\boldsymbol{b}]=\begin{bmatrix} 1.0000 & 1.0000 & 1.0000 \\ 0.0003 & 3.0000 & 2.0001 \end{bmatrix}\Rightarrow\begin{bmatrix} 1.0000 & 1.0000 & 1.0000 \\ 0.0000 & 2.9997 & 1.9998 \end{bmatrix}$$

从第二行解得 $x_2=0.6667$, 再代入第一个方程得 $x_1=0.3333$, 可见, 与准确解相当接近, 即有 4 位有效数字, 而直接利用高斯消元法得到的结果 $x_1=0$ 最多只有 1 位有效数字.

以上例子说明, 在高斯消去法的消元过程中, 可能出现主元素等于零或绝对值很小, 使消元过程无法进行或导致舍入误差的扩散. 在科学实验、统计研究以及数学建模过程中经常遇到求解线性方程组的问题. 不同的求解方法对于数值结果的稳定性产生不一样的效果, 所以说, 在解决实际问题的过程中有一个好的求解方法是非常必要的. 主元素消去方法是为控制舍入误差而提出来的, 下面介绍*选主元素法*.

6.2.1 列选主元素法

对线性方程组 (6.1), 仍采用以上的所用记法.

第 1 步 对于式 (6.5), 在 $\boldsymbol{A}^{(0)}$ 的第 1 列元素 $a_{i1}^{(0)}(i=1,2,\cdots,n)$ 中, 选主元素 $a_{i_11}^{(0)}$ 使 $\left|a_{i_11}^{(0)}\right|=\max\limits_{1\leqslant i\leqslant n}\left|a_{i1}^{(0)}\right|$, 并交换 $[\boldsymbol{A}^{(0)},\boldsymbol{b}^{(0)}]$ 的第 1 行与第 i_1 行的对应列的全体元素, 根据程序设计中的元素交换方法, 交换后的元素的记号仍与交换前的 $[\boldsymbol{A}^{(0)},\boldsymbol{b}^{(0)}]$ 的记号相同, 即选出主元素, 并交换第 1 行与第 i_1 行的对应列的全体元素后的系数增广矩阵仍记为式 (6.5).

根据 $|\boldsymbol{A}|\neq 0$, 这时一定有 $a_{11}^{(0)}\neq 0$(因为在 $\boldsymbol{A}^{(0)}$ 的第 1 列元素中绝对值为最大), 所以就以 $a_{11}^{(0)}$ 作为消元过程的主元素, 利用以上的高斯消去法及其计算公式, 系数

增广矩阵 (6.5) 就可以变成式 (6.6) 的形式, 这样就完成了第一步的列选主元素的消去法.

第 2 步 对于式 (6.6), 在 $\boldsymbol{A}^{(1)}$ 的第 2 列元素 $a_{i2}^{(1)}(i=2,3,\cdots,n)$ 中选主元素 $a_{i_2 2}^{(1)}$ 使 $\left|a_{i_2 2}^{(1)}\right| = \max\limits_{2\leqslant i\leqslant n}\left|a_{i2}^{(1)}\right|$, 并交换 $[\boldsymbol{A}^{(1)},\boldsymbol{b}^{(1)}]$ 的第 2 行与第 i_2 行对应的全体元素, 根据程序设计中的元素交换方法, 交换后的元素的记号仍与交换前的 $[\boldsymbol{A}^{(1)},\boldsymbol{b}^{(1)}]$ 的记号相同, 即选出主元素, 并交换后的系数增广矩阵仍为式 (6.6).

同理这时就有 $a_{22}^{(1)}\neq 0$, 所以利用高斯消去法及其计算公式, 系数增广矩阵 (6.6) 就可变成式 (6.7) 的形式.

继续以上过程, 假设已进行了 $k-1$ 步 (次) 的列选主元素的消元计算, 得到了系数增广矩阵 (6.8).

第 $\boldsymbol{k}$ 步 在 $\boldsymbol{A}^{(k-1)}$ 的第 k 列元素 $a_{ik}^{(k-1)}(i=k,k+1,\cdots,n)$ 中选主元素 $a_{i_k k}^{(k-1)}$ 使 $\left|a_{i_k k}^{(k-1)}\right| = \max\limits_{k\leqslant i\leqslant n}\left|a_{ik}^{(k-1)}\right|$, 并交换 $[\boldsymbol{A}^{(k-1)},\boldsymbol{b}^{(k-1)}]$ 的第 k 行与第 i_k 行的对应全体元素, 根据程序设计中的元素交换方法, 交换后的元素的记号仍与交换前的 $[\boldsymbol{A}^{(k-1)},\boldsymbol{b}^{(k-1)}]$ 的记号相同, 即选出主元素, 并交换后的系数增广矩阵仍为式 (6.8). 这时必有 $a_{kk}^{(k-1)}\neq 0$, 所以利用高斯消去法及其计算公式, 系数增广矩阵 (6.8) 就变成了 (6.9) 的形式. 其消元计算公式仍由式 (6.10) 给出, 继续以上做法, 当经过 $n-1$ 步 (次) 的列选主元素的消元计算后, 系数增广矩阵 $[\boldsymbol{A}^{(0)},\boldsymbol{b}^{(0)}]$ 就变成了式 (6.11) 的形式.

这就是*列选主元素方法*的消元过程, 即称为*列选主元素的消元法*. 因此线性方程组 $\boldsymbol{Ax}=\boldsymbol{b}$ 的解可由式 (6.11) 对应的线性方程组 $\boldsymbol{A}^{(n-1)}\boldsymbol{x}=\boldsymbol{b}^{(n-1)}$ 得到, 求解公式仍为式 (6.12).

6.2.2 行选主元素法

与列选主元素法类似, 仍采用以上的所用记法.

第 1 步 对于式 (6.5), 在 $\boldsymbol{A}^{(0)}$ 的第 1 行元素 $a_{1j}^{(0)}(j=1,2,\cdots,n)$ 中, 选主元素 $a_{1j_1}^{(0)}$ 使 $\left|a_{1j_1}^{(0)}\right| = \max\limits_{1\leqslant j\leqslant n}\left|a_{1j}^{(0)}\right|$, 并交换 $[\boldsymbol{A}^{(0)},\boldsymbol{b}^{(0)}]$ 的第 1 列与第 j_1 列的对应行的全体元素, 根据程序设计中的元素交换方法, 交换后的元素的记号仍与交换前的 $[\boldsymbol{A}^{(0)},\boldsymbol{b}^{(0)}]$ 的记号相同, 即选出主元素, 并交换第 1 列与第 j_1 列的对应行的全体元素后的系数增广矩阵仍为式 (6.5).

根据 $|\boldsymbol{A}| \neq 0$, 这时一定有 $a_{11}^{(0)} \neq 0$(是因为在 $\boldsymbol{A}^{(0)}$ 的第 1 行元素中绝对值为最大), 所以就以 $a_{11}^{(0)}$ 作为消元过程的主元素, 利用以上的高斯消去法及其计算公式, 系数增广矩阵 (6.5) 就可以变成式 (6.6) 的形式, 这样就完成了第一步的行选主元素的消去法. 此时需要注意的是, 经过这样的行选主元素的消去后, 方程组系数矩阵的各列对应的变量 x_i 与原来的对应关系可能不一样了. 例如当交换了 $[\boldsymbol{A}^{(0)}, \boldsymbol{b}^{(0)}]$ 的第 1 列与第 j_1 列的对应行的全体元素后, 变量 x_1 与变量 x_{j_1} 的对应位置也要交换, 以此保证与交换后的矩阵 $[\boldsymbol{A}^{(0)}, \boldsymbol{b}^{(0)}]$ 的一致性.

第 2 步 对于式 (6.6), 在 $\boldsymbol{A}^{(1)}$ 的第 2 行元素 $a_{2j}^{(1)}(j = 2, 3, \cdots, n)$ 中选主元素 $a_{2j_2}^{(1)}$ 使 $\left|a_{2j_2}^{(1)}\right| = \max\limits_{2 \leqslant j \leqslant n} \left|a_{2j}^{(1)}\right|$, 并交换 $[\boldsymbol{A}^{(1)}, \boldsymbol{b}^{(1)}]$ 的第 2 列与第 j_2 列的对应全体元素, 根据程序设计中的元素交换方法, 交换后的元素的记号仍与交换前的 $[\boldsymbol{A}^{(1)}, \boldsymbol{b}^{(1)}]$ 的记号相同, 即选出主元素, 并交换后的系数增广矩阵仍为式 (6.6).

同理这时就有 $a_{22}^{(1)} \neq 0$, 所以利用高斯消去法及其计算公式, 系数增广矩阵 (6.6) 就可变成式 (6.7) 的形式. 此时还需要注意变量 x_2 与变量 x_{j_2} 的对应位置的交换.

依次类推, 继续以上过程就可以完成行选主元素的消元计算, 使系数增广矩阵 (6.5) 变成式 (6.11) 的形式. 这就是*行选主元素方法*的消元过程, 即称为*行选主元素的消去法*. 以下求解线性方程组 $\boldsymbol{Ax} = \boldsymbol{b}$ 的方法与公式与列选主元素方法相同. 只是要注意由回代过程得到的变量 x_i 的顺序关系.

6.2.3 全面选主元素法

所谓的全面选主元素法是指选主元素时同时利用列选主元素法和行选主元素法, 这个方法也叫完全选主元素法. 根据以上方法不难推导全面选主元素法的算法和过程, 即假设已做完前 $k-1$ 步的完全选主元素的消元计算, 得到了系数增广矩阵为式 (6.8).

第 k 步是在 $\boldsymbol{A}^{(k-1)}$ 中选主元素 $a_{i_k j_k}^{(k-1)}$ 使 $\left|a_{i_k j_k}^{(k-1)}\right| = \max\limits_{\substack{k \leqslant i \leqslant n \\ k \leqslant j \leqslant n}} \left|a_{ij}^{(k-1)}\right|$, 并先交换 $[\boldsymbol{A}^{(k-1)}, \boldsymbol{b}^{(k-1)}]$ 的第 k 行与第 i_k 行的对应全体元素, 再交换第 k 列与第 j_k 列的对应全体元素, 并设交换后的元素的记号仍与交换前的 $[\boldsymbol{A}^{(k-1)}, \boldsymbol{b}^{(k-1)}]$ 的记号相同, 即交换后的系数增广矩阵仍为 (6.8), 这时必有 $a_{kk}^{(k-1)} \neq 0$, 所以利用高斯消去法及其计算公式, 系数增广矩阵 (6.8) 就可以变成式 (6.9) 的形式, 其消元计算公式仍由式 (6.10) 给出, 经过以上 $n-1$ 步完全选主元素的消元计算, 系数增广矩阵 $[\boldsymbol{A}^{(0)}, \boldsymbol{b}^{(0)}]$ 就能变

成由式 (6.11) 给出的 $[\boldsymbol{A}^{(n-1)}, \boldsymbol{b}^{(n-1)}]$ 形式.

例 3　用列选主元素法解线性方程组

$$\begin{cases} x_1+x_2-x_3=0 \\ 2x_1-x_2+3x_3=3 \\ x_1+2x_2+2x_3=-1 \end{cases}$$

解　对方程组的系数增广矩阵进行列选主元素法的消元计算,

$$[\boldsymbol{A},\boldsymbol{b}]=\begin{bmatrix} 1 & 1 & -1 & 0 \\ \boxed{2} & -1 & 3 & 3 \\ 1 & 2 & 2 & -1 \end{bmatrix} \Rightarrow \begin{bmatrix} \boxed{2} & -1 & 3 & 3 \\ 1 & 1 & -1 & 0 \\ 1 & 2 & 2 & -1 \end{bmatrix}$$

$$\Rightarrow \begin{bmatrix} 2 & -1 & 3 & 3 \\ 0 & 1.5 & -2.5 & -1.5 \\ 0 & \boxed{2.5} & 0.5 & -2.5 \end{bmatrix} \Rightarrow \begin{bmatrix} 2 & -1 & 3 & 3 \\ 0 & \boxed{2.5} & 0.5 & -2.5 \\ 0 & 1.5 & -2.5 & -1.5 \end{bmatrix}$$

$$\Rightarrow \begin{bmatrix} 2 & -1 & 3 & 3 \\ 0 & 2.5 & 0.5 & -2.5 \\ 0 & 0 & -2.2 & 0 \end{bmatrix}$$

其中 $\boxed{2}$ 表示被选取的主元素, 以下相同. 所以用回代法得 $x_3=0$, $x_2=-1$, $x_1=1$, 即线性方程组的解为 $\boldsymbol{x}=(x_1,x_2,x_3)^{\mathrm{T}}=(1,-1,0)^{\mathrm{T}}$.

例 4　用完全选主元素法解线性方程组

$$\begin{cases} 2x_1+x_2+3x_3=0 \\ 3x_1+4x_2+x_3=6 \\ x_1-x_2+x_3=-2 \end{cases}$$

解　对方程组的系数增广矩阵进行完全选主元素法的消元计算,

$$[\boldsymbol{A},\boldsymbol{b}]=\begin{bmatrix} 2 & 1 & 3 & 0 \\ 3 & \boxed{4} & 1 & 6 \\ 1 & -2 & 1 & -2 \end{bmatrix} \Rightarrow \begin{bmatrix} \boxed{4} & 3 & 1 & 6 \\ 1 & 2 & 3 & 0 \\ -2 & 1 & 1 & -2 \end{bmatrix} \Rightarrow \begin{bmatrix} 4 & 3 & 1 & 6 \\ 0 & \dfrac{5}{4} & \boxed{\dfrac{11}{4}} & -\dfrac{3}{2} \\ 0 & \dfrac{5}{2} & \dfrac{3}{2} & 1 \end{bmatrix}$$

$$\Rightarrow \begin{bmatrix} 4 & 1 & 3 & 6 \\ 0 & \boxed{\dfrac{11}{4}} & \dfrac{5}{4} & -\dfrac{3}{2} \\ 0 & \dfrac{3}{2} & \dfrac{5}{2} & 1 \end{bmatrix} \Rightarrow \begin{bmatrix} 4 & 1 & 3 & 6 \\ 0 & \dfrac{11}{4} & \dfrac{5}{4} & -\dfrac{3}{2} \\ 0 & 0 & \dfrac{20}{11} & \dfrac{20}{11} \end{bmatrix}$$

用回代法得 $x_1=1$, $x_3=-1$, $x_2=1$, 即线性方程组的解为 $\boldsymbol{x}=(x_1,x_2,x_3)^{\mathrm{T}}=(1,1,-1)^{\mathrm{T}}$.

6.3 矩阵的 *LU* 分解

根据以上高斯消去法的推导过程及其矩阵解释得以下结果.

定理 2 若矩阵 $\boldsymbol{A}$ 的各阶顺序主子式都不为零, 则存在单位下三角矩阵 $\boldsymbol{L}$ 与上三角矩阵 $\boldsymbol{U}$, 使矩阵 $\boldsymbol{A}$ 可唯一分解成

$$\boldsymbol{A}=\boldsymbol{L}\boldsymbol{U} \tag{6.19}$$

其中

$$\boldsymbol{L}=\begin{bmatrix} 1 & & & & \\ l_{21} & 1 & & & \\ l_{31} & l_{32} & 1 & & \\ \vdots & \vdots & \vdots & \ddots & \\ l_{n1} & l_{n2} & l_{n3} & \cdots & 1 \end{bmatrix},\quad \boldsymbol{U}=\begin{bmatrix} u_{11} & u_{12} & \cdots & u_{1n} \\ & u_{22} & \cdots & u_{2n} \\ & & \ddots & \vdots \\ & & & u_{nn} \end{bmatrix} \tag{6.20}$$

把以上分解称为矩阵的杜利特尔 (Doolittle) 分解.

证明 从高斯消去法的推导过程及其矩阵解释和式 (6.16)~ 式 (6.18) 可得以上单位下三角矩阵 $\boldsymbol{L}$ 与上三角矩阵 $\boldsymbol{U}$ 的具体表达式

$$\boldsymbol{L}=\begin{bmatrix} 1 & & & & \\ m_{21} & 1 & & & \\ m_{31} & m_{32} & 1 & & \\ \vdots & \vdots & \vdots & \ddots & \\ m_{n1} & m_{n2} & m_{n3} & \cdots & 1 \end{bmatrix},\quad \boldsymbol{U}=\begin{bmatrix} a_{11}^{(0)} & a_{12}^{(0)} & \cdots & a_{1n}^{(0)} \\ & a_{22}^{(1)} & \cdots & a_{2n}^{(1)} \\ & & \ddots & \vdots \\ & & & a_{nn}^{(n-1)} \end{bmatrix} \tag{6.21}$$

这就证明了 $\boldsymbol{L}$ 与 $\boldsymbol{U}$ 的存在性.

我们再证 $\boldsymbol{L}$ 与 $\boldsymbol{U}$ 的唯一性. 实际上, 若有分解 $\boldsymbol{A}=\boldsymbol{L}_1\boldsymbol{U}_1$, 其中 $\boldsymbol{L}_1$ 为单位下三角矩阵, $\boldsymbol{U}_1$ 是上三角矩阵, 则由 $\boldsymbol{A}=\boldsymbol{L}\boldsymbol{U}=\boldsymbol{L}_1\boldsymbol{U}_1$ 容易得 $\boldsymbol{L}_1^{-1}\boldsymbol{L}=\boldsymbol{U}_1\boldsymbol{U}^{-1}$, 而 $\boldsymbol{L}_1^{-1}\boldsymbol{L}$ 是单位下三角矩阵, $\boldsymbol{U}_1\boldsymbol{U}^{-1}$ 是上三角矩阵, 所以只有 $\boldsymbol{L}_1^{-1}\boldsymbol{L}$ 是单位矩阵, $\boldsymbol{U}_1\boldsymbol{U}^{-1}$ 是单位矩阵时才有 $\boldsymbol{L}_1^{-1}\boldsymbol{L}=\boldsymbol{U}_1\boldsymbol{U}^{-1}$, 由此可得 $\boldsymbol{L}=\boldsymbol{L}_1$, $\boldsymbol{U}=\boldsymbol{U}_1$, 这样 $\boldsymbol{L}$ 与 $\boldsymbol{U}$ 的唯一性也得证.

若矩阵 $\boldsymbol{A}$ 能够分解为 $\boldsymbol{A}=\boldsymbol{LU}$, 那么求解线性方程组 $\boldsymbol{Ax}=\boldsymbol{b}$ 的过程可以化成求解以下两个特殊的线性方程组的问题, 即求解

$$\boldsymbol{Ly}=\boldsymbol{b} \tag{6.22}$$

$$\boldsymbol{Ux}=\boldsymbol{y} \tag{6.23}$$

而以上两个特殊线性方程组的求解公式分别为

$$\begin{cases} y_1=b_1 \\ y_i=b_i-\sum\limits_{j=1}^{i-1} l_{ij}y_j \quad (i=2,3,\cdots,n-1,n) \end{cases} \tag{6.24}$$

$$\begin{cases} x_n=\dfrac{y_n}{u_{nn}} \\ x_i=\dfrac{y_i-\sum\limits_{j=i+1}^{n} u_{ij}x_j}{u_{ii}} \quad (i=n-1,n-2,\cdots,2,1) \end{cases} \tag{6.25}$$

因此先求出系数矩阵 $\boldsymbol{A}$ 的分解 $\boldsymbol{A}=\boldsymbol{LU}$ 对求解线性方程组 (6.1) 是非常重要的. 单位下三角矩阵 $\boldsymbol{L}$ 与上三角矩阵 $\boldsymbol{U}$ 可由高斯消去法得到, 其公式为式 (6.21), 这是求 $\boldsymbol{L}$ 与 $\boldsymbol{U}$ 的一种方法. 下面给出将系数矩阵 $\boldsymbol{A}$ 直接分解为 $\boldsymbol{A}=\boldsymbol{LU}$ 的另一种计算公式, 为此设

$$\begin{bmatrix} a_{11} & a_{12} & \cdots & a_{1n} \\ a_{21} & a_{22} & \cdots & a_{2n} \\ \vdots & \vdots & & \vdots \\ a_{n1} & a_{n2} & \cdots & a_{nn} \end{bmatrix} = \begin{bmatrix} 1 & & & \\ l_{21} & 1 & & \\ l_{31} & l_{32} & 1 & \\ \vdots & \vdots & \vdots & \ddots \\ l_{n1} & l_{n2} & l_{n3} & \cdots 1 \end{bmatrix} \begin{bmatrix} u_{11} & u_{12} & \cdots & u_{1n} \\ & u_{22} & \cdots & u_{2n} \\ & & \ddots & \vdots \\ & & & u_{nn} \end{bmatrix} \tag{6.26}$$

根据矩阵乘法运算, 用单位下三角矩阵 $\boldsymbol{L}$ 的第一行乘上三角矩阵 $\boldsymbol{U}$ 的第 j 列 $(j=1,2,\cdots,n)$ 得 $a_{1j}=u_{1j}$, 即

$$u_{1j}=a_{1j} \quad (j=1,2,\cdots,n) \tag{6.27}$$

再用矩阵 $\boldsymbol{L}$ 的第 i 行 $(i=2,3,\cdots,n)$ 乘矩阵 $\boldsymbol{U}$ 的第 1 列得 $a_{i1}=l_{i1}u_{11}$, 即

$$l_{i1}=\frac{a_{i1}}{u_{11}} \quad (i=2,3,\cdots,n) \tag{6.28}$$

用矩阵 $\boldsymbol{L}$ 的第二行乘矩阵 $\boldsymbol{U}$ 的第 j 列 $(j=2,3,\cdots,n)$ 得 $a_{2j}=l_{21}u_{1j}+u_{2j}$, 即

$$u_{2j}=a_{2j}-l_{21}u_{1j}\quad (j=2,3,\cdots,n)$$

再用矩阵 $\boldsymbol{L}$ 的第 i 行 $(i=3,4,\cdots,n)$ 乘矩阵 $\boldsymbol{U}$ 的第 2 列得 $a_{i2}=l_{i1}u_{12}+l_{i2}u_{22}$, 即

$$l_{i2}=\frac{a_{i2}-l_{i1}u_{12}}{u_{22}}\quad (i=3,4,\cdots,n)$$

继续以上过程, 假设矩阵 $\boldsymbol{L}$ 的前 $k-1$ 列的元素, 矩阵 $\boldsymbol{U}$ 的上 $k-1$ 行的元素都已求出, 那么用矩阵 $\boldsymbol{L}$ 的第 k 行乘矩阵 $\boldsymbol{U}$ 的第 j 列 $(j=k,k+1,\cdots,n)$ 可得矩阵 $\boldsymbol{U}$ 的 k 行的元素:

$$u_{kj}=a_{kj}-\sum_{m=1}^{k-1}l_{km}u_{mj}\quad (j=k,k+1,\cdots,n) \tag{6.29}$$

再用矩阵 $\boldsymbol{L}$ 的第 i 行 $(i=k+1,k+2,\cdots,n)$ 乘矩阵 $\boldsymbol{U}$ 的第 k 列得矩阵 $\boldsymbol{L}$ 的第 k 列的元素:

$$l_{ik}=\frac{a_{ik}-\sum\limits_{m=1}^{k-1}l_{im}u_{mk}}{u_{kk}}\quad (i=k+1,k+2,\cdots,n) \tag{6.30}$$

因此利用式 (6.27), 式 (6.28), 并对 $k=2,3,\cdots,n$, 用式 (6.29), 对 $k=2,3,\cdots,n-1$ 用式 (6.30) 就可得到矩阵 $\boldsymbol{A}$ 的 $\boldsymbol{LU}$ 分解. 应该注意到, 用以上方法求 $\boldsymbol{L}$ 和 $\boldsymbol{U}$ 的元素时先求 $\boldsymbol{U}$ 的第 1 行元素, 再求 $\boldsymbol{L}$ 的第 1 列元素后, 又求 $\boldsymbol{U}$ 的第 2 行元素, 再求 $\boldsymbol{L}$ 的第 2 列元素, 依次交叉进行. 所以这样的分解方法也叫 $\boldsymbol{LU}$ 分解的紧凑格式法.

例 5 求解线性方程组

$$\begin{bmatrix} 2 & 3 & 3 \\ 4 & -2 & 1 \\ -1 & 3 & 6 \end{bmatrix}\begin{bmatrix} x_1 \\ x_2 \\ x_3 \end{bmatrix}=\begin{bmatrix} 5 \\ -1 \\ -1 \end{bmatrix}$$

解 **方法 1** 用高斯消去方法求解, 为用式 (6.21) 求 $\boldsymbol{L}$ 作准备, 进行消元计算过程中, 已被化为零的元素 $a_{ik}(i=k+1,k+2,\cdots,n;\ k=1,2,\cdots,n-1)$ 的位置上把消元 a_{ik} 时用到的乘数 m_{ik} 记录下来并以记号 $\underline{m_{ik}|}$ 区别于元素 a_{ik}. 利用回代过程求解时有记号 $\underline{m_{ik}|}$ 的元素都不考虑, 只看对角线及以上的元素, 即

$$\begin{bmatrix} 2 & 3 & 3 & 5 \\ 4 & -2 & 1 & -1 \\ -1 & 3 & 6 & -1 \end{bmatrix}\Rightarrow\begin{bmatrix} 2 & 3 & 3 & 5 \\ \underline{2|} & -8 & -5 & -11 \\ \underline{-\frac{1}{2}|} & \frac{9}{2} & \frac{15}{2} & \frac{3}{2} \end{bmatrix}\Rightarrow\begin{bmatrix} 2 & 3 & 3 & 5 \\ \underline{2|} & -8 & -5 & -11 \\ \underline{-\frac{1}{2}|} & \underline{-\frac{9}{16}|} & \frac{75}{16} & -\frac{75}{16} \end{bmatrix}$$

利用回代过程得 $x_3=-1,\ x_2=2,\ x_1=1$.

方法 2　用 $\boldsymbol{LU}$ 分解方法来求解方程组, 用式 (6.21) 及以上消元计算得 $\boldsymbol{L}$, $\boldsymbol{U}$ 如下:

$$\boldsymbol{L}=\begin{bmatrix}1 & & \\ 2 & 1 & \\ -\dfrac{1}{2} & -\dfrac{9}{16} & 1\end{bmatrix},\ \boldsymbol{U}=\begin{bmatrix}2 & 3 & 3\\ 0 & -8 & -5\\ 0 & 0 & \dfrac{75}{16}\end{bmatrix}$$

$\boldsymbol{LU}$ 分解也可用式 (6.27)~ 式 (6.30) 得到, 即有

$$\begin{aligned}
&u_{11}=a_{11}=2,\ u_{12}=a_{12}=3,\ u_{13}=a_{13}=3,\\
&l_{21}=\frac{a_{21}}{u_{11}}=\frac{4}{2}=2,\ l_{31}=\frac{a_{31}}{u_{11}}=\frac{-1}{2}=-\frac{1}{2}\\
&u_{22}=a_{22}-l_{21}u_{12}=-2-2\times3=-8,\\
&u_{23}=a_{23}-l_{21}u_{13}=1-2\times3=-5,\\
&l_{32}=\frac{a_{32}-l_{31}u_{12}}{u_{22}}=\frac{3-\left(-\dfrac{1}{2}\right)\times3}{-8}=-\frac{9}{16},\\
&u_{33}=a_{33}-l_{31}u_{13}-l_{32}u_{23}=6-\left(-\frac{1}{2}\right)\times3-\left(-\frac{9}{16}\right)\times(-5)=\frac{75}{16}
\end{aligned}$$

可见与用式 (6.21) 得到的结果相同. 因此先求解 $\boldsymbol{Ly}=\boldsymbol{b}$ 得 $y_1=5,\ y_2=-11,\ y_3=-\dfrac{75}{16}$, 再求解 $\boldsymbol{Ux}=\boldsymbol{y}$, 可得 $x_3=-1,\ x_2=2,\ x_1=1$, 与用高斯消去法求解的结果一致.

6.4　矩阵的 $\boldsymbol{PLU}$ 分解

定义 1　一个 n 阶矩阵, 若每一行每一列只有一个 1, $n-1$ 个 0, 则称为 n 阶置换矩阵, 记为 $\boldsymbol{P}$.

由定义可得置换矩阵 $\boldsymbol{P}$ 就是由单位矩阵 $\boldsymbol{E}$ 交换若干个行 (或列) 所得到的矩阵. 若用 $\boldsymbol{P}(i_1,i_2,\cdots,i_n)$ 表示第 1 行的 1 位于第 i_1 列上, 第 2 行的 1 位于第 i_2 列上, 第 n 行的 1 位于第 i_n 列上的置换矩阵 $\boldsymbol{P}$, 那么 $\boldsymbol{P}(1,2,\cdots,n)$ 就是单位矩阵 $\boldsymbol{E}$. 为便于说明置换矩阵的作用, 由单位矩阵 $\boldsymbol{E}$ 的第 i 行与第 j 行所交换得到的置换矩阵 $\boldsymbol{P}$ 简

单记为 $\boldsymbol{P}_{ij}$, 即

$$\boldsymbol{P}_{ij}=\begin{bmatrix}1 & & & & & & \\ & \ddots & & & & & \\ & & 0 & \cdots & 1 & & \\ & & \vdots & \ddots & \vdots & & \\ & & 1 & \cdots & 0 & & \\ & & & & & \ddots & \\ & & & & & & 1\end{bmatrix} \tag{6.31}$$

不难看出置换矩阵 $\boldsymbol{P}$ 是一个初等变换矩阵, 因此对矩阵 $\boldsymbol{A}$ 进行第 i 行与第 j 行的交换, 就相当于在 $\boldsymbol{A}$ 的左边乘置换矩阵 $\boldsymbol{P}_{ij}$. 另外, 对置换矩阵有以下几个性质.

①$|\boldsymbol{P}|=\pm 1$, ②$\boldsymbol{P}^{-1}=\boldsymbol{P}^{\mathrm{T}}$, ③有限多个置换矩阵的乘积仍为置换矩阵.

定理 3 若 $\boldsymbol{A}$ 是 n 阶非奇异矩阵 ($|\boldsymbol{A}|\neq 0$), 则存在 n 阶的置换矩阵 $\boldsymbol{P}$ 使矩阵 $\boldsymbol{PA}$ 的各阶顺序主子式都不为零.

证明 对矩阵 $\boldsymbol{A}$ 的阶数 k 用归纳法, 当 $k=2$ 时, 只需考虑如下情况, 设 $\boldsymbol{A}=\begin{bmatrix}0 & 1\\ 1 & 1\end{bmatrix}$, 取 $\boldsymbol{P}_{21}=\begin{bmatrix}0 & 1\\ 1 & 0\end{bmatrix}$, 则有

$\boldsymbol{P}_{21}\boldsymbol{A}=\begin{bmatrix}1 & 1\\ 0 & 1\end{bmatrix}$, 可以看出 $\boldsymbol{P}_{21}\boldsymbol{A}$ 的各阶顺序主子式都不为零.

假设结论对 $k=n-1$ 阶矩阵成立, 那么考察 $k=n$ 的情况. 用 $\boldsymbol{A}_i$ 表示 $\boldsymbol{A}$ 的 i 阶顺序主子矩阵, 因 n 阶矩阵 $\boldsymbol{A}$ 是非奇异, 故 $|\boldsymbol{A}_n|\neq 0$, 因此 $\boldsymbol{A}_n$ 的前 $n-1$ 列中至少有一个 $n-1$ 阶方阵 $\boldsymbol{B}_{n-1}$, 其行列式不为零 (否则 $\boldsymbol{A}_n$ 的前 $n-1$ 列的向量的秩最多是 $n-2$, 与 $|\boldsymbol{A}_n|\neq 0$ 矛盾). 从而存在一个置换矩阵 $\boldsymbol{P}_n$ 使 $\boldsymbol{P}_n\boldsymbol{A}_n=\boldsymbol{B}_n=\begin{bmatrix}\boldsymbol{B}_{n-1} & \boldsymbol{\beta}_1\\ \boldsymbol{\beta}_2 & \boldsymbol{\beta}_{22}\end{bmatrix}$, 即 $\boldsymbol{B}_n$ 的 $n-1$ 阶方阵 $\boldsymbol{B}_{n-1}$, 其行列式不为零. 由假设对 $\boldsymbol{B}_{n-1}$ 存在一个置换矩阵 $\boldsymbol{P}_{n-1}$ 使 $\boldsymbol{P}_{n-1}\boldsymbol{B}_{n-1}=\boldsymbol{C}_{n-1}$ 的各阶顺序主子式都不为零. 所以有

$$\begin{bmatrix}\boldsymbol{P}_{n-1} & 0\\ 0^{\mathrm{T}} & 1\end{bmatrix}\boldsymbol{P}_n\boldsymbol{A}_n=\begin{bmatrix}\boldsymbol{P}_{n-1} & 0\\ 0^{\mathrm{T}} & 1\end{bmatrix}\begin{bmatrix}\boldsymbol{B}_{n-1} & \boldsymbol{b}_1\\ b_2 & b_{22}\end{bmatrix}=\begin{bmatrix}\boldsymbol{C}_{n-1} & \boldsymbol{C}_1\\ \boldsymbol{C}_2 & \boldsymbol{C}_{22}\end{bmatrix} \tag{6.32}$$

记 $\boldsymbol{P}=\begin{bmatrix}\boldsymbol{P}_{n-1} & 0\\ 0^{\mathrm{T}} & 1\end{bmatrix}\boldsymbol{P}_n$, 则 $\boldsymbol{P}$ 仍是一个置换矩阵, 且其逆为 $\boldsymbol{P}^{\mathrm{T}}$ 也是置换矩阵, 且

由式 (6.32) 得 $\boldsymbol{A}_n = \boldsymbol{P}^{\mathrm{T}}\begin{bmatrix} \boldsymbol{C}_{n-1} & \boldsymbol{C}_1 \\ \boldsymbol{C}_2 & \boldsymbol{C}_{22} \end{bmatrix}$, 取行列式得

$$|\boldsymbol{A}_n| = \left|\boldsymbol{P}^{\mathrm{T}}\begin{bmatrix} \boldsymbol{C}_{n-1} & \boldsymbol{C}_1 \\ \boldsymbol{C}_2 & \boldsymbol{C}_{22} \end{bmatrix}\right| = \left|\boldsymbol{P}^{\mathrm{T}}\right|\begin{vmatrix} \boldsymbol{C}_{n-1} & \boldsymbol{C}_1 \\ \boldsymbol{C}_2 & \boldsymbol{C}_{22} \end{vmatrix}$$
$$= (\pm 1)\cdot\begin{vmatrix} \boldsymbol{C}_{n-1} & \boldsymbol{C}_1 \\ \boldsymbol{C}_2 & \boldsymbol{C}_{22} \end{vmatrix} \neq 0\ (\text{因为 } |\boldsymbol{A}_n| \neq 0)$$

又因 $\boldsymbol{C}_{n-1}$ 的各阶顺序主子式都不为零, 所以对 $\boldsymbol{A}_n$ 存在置换矩阵 $\boldsymbol{P}$ 使 $\begin{bmatrix} \boldsymbol{C}_{n-1} & \boldsymbol{C}_1 \\ \boldsymbol{C}_2 & \boldsymbol{C}_{22} \end{bmatrix}$ 的各阶顺序主子式都不为零, 即 $\boldsymbol{P}\boldsymbol{A}_n$ 的各阶顺序主子式都不为零. 即结果对 $k=n$ 成立, 故定理得证.

根据定理 2 和定理 3 得以下结果.

定理 4　若 $\boldsymbol{A}$ 是 n 阶非奇异矩阵 ($|\boldsymbol{A}| \neq 0$), 则存在 n 阶的置换矩阵 $\boldsymbol{P}$, n 阶单位下三角矩阵 $\boldsymbol{L}$, n 阶上三角矩阵 $\boldsymbol{U}$ 使矩阵 $\boldsymbol{A}$ 可以分解成 $\boldsymbol{A} = \boldsymbol{P}\boldsymbol{L}\boldsymbol{U}$, 且分解是唯一的.

对一个 n 阶非奇异矩阵 $\boldsymbol{A}$ 如何找置换矩阵 $\boldsymbol{P}$ 使 $\boldsymbol{P}\boldsymbol{A}$ 的各阶顺序主子式都不为零呢? 根据高斯消去法的矩阵解释, 当 $\boldsymbol{A}$ 的各阶顺序主子式都不为零时就有矩阵 $\boldsymbol{A}$ 的三角分解 $\boldsymbol{A} = \boldsymbol{L}\boldsymbol{U}$. 因此不难得到当利用列选主元素方法(或类似于列选主元素方法只保证 $a_{11}^{(0)} \neq 0$ 即可) 把系数矩阵 $\boldsymbol{A}^{(0)}$ 化为 $\boldsymbol{A}^{(1)}$ 就相当于先对 $\boldsymbol{A}^{(0)}$ 左乘一个置换矩阵 $\boldsymbol{P}_{1i_1}$ 使得 $\boldsymbol{P}_{1i_1}\boldsymbol{A}^{(0)}$ 的 1 阶顺序主子式不为零, 即保证了 $a_{11}^{(0)} \neq 0$(在第 1 列中绝对值不一定是最大), 而后又对 $\boldsymbol{P}_{1i_1}\boldsymbol{A}^{(0)}$ 左乘一个初等矩阵 $\boldsymbol{M}_1$ 得到了形如式 (6.6) 的矩阵 $\boldsymbol{A}^{(1)}$, 即有 $\boldsymbol{M}_1\boldsymbol{P}_{1i_1}\boldsymbol{A}^{(0)} = \boldsymbol{A}^{(1)}$. 继续这个过程就知道, 当列选主元素 (或类似于列选主元素) 的消元过程结束时必有 $a_{kk}^{(k-1)} \neq 0 (k = 1, 2, \cdots, n)$, 且有一系列的置换矩阵 $\boldsymbol{P}_{ki_k}$ 使得

$$\boldsymbol{A}^{(n-1)} = \boldsymbol{M}_{n-1}\boldsymbol{P}_{n-1i_{n-1}}\boldsymbol{M}_{n-2}\cdots\boldsymbol{P}_{3i_3}\boldsymbol{M}_2\boldsymbol{P}_{2i_2}\boldsymbol{M}_1\boldsymbol{P}_{1i_1}A^{(0)} \tag{6.33}$$

其中, $i_k \geqslant k$, 当 $i_k = k$, 则 $a_{kk}^{(k-1)} \neq 0$, 此时 $\boldsymbol{P}_{ki_k} = \boldsymbol{E}$.

因 $\boldsymbol{P}_{ii_k}\boldsymbol{P}_{ii_k}\boldsymbol{A}^{(i)} = \boldsymbol{A}^{(i)}$, 即 $\boldsymbol{P}_{ii_k}\boldsymbol{P}_{ii_k} = \boldsymbol{E}$, 由式 (6.33) 得

$$\boldsymbol{A}^{(n-1)} = \boldsymbol{M}_{n-1}(\boldsymbol{P}_{n-1i_{n-1}}\boldsymbol{M}_{n-2}\boldsymbol{P}_{n-1i_{n-1}})$$

$$
\begin{aligned}
&(\boldsymbol{P}_{n-1i_{n-1}}\boldsymbol{P}_{n-2i_{n-2}}\boldsymbol{M}_{n-3}\boldsymbol{P}_{n-2i_{n-2}}\boldsymbol{P}_{n-1i_{n-1}})\cdots\\
&(\boldsymbol{P}_{n-1i_{n-1}}\cdots\boldsymbol{P}_{3i_3}\boldsymbol{M}_2\boldsymbol{P}_{3i_3}\cdots\boldsymbol{P}_{n-1i_{n-1}})\\
&(\boldsymbol{P}_{n-1i_{n-1}}\cdots\boldsymbol{P}_{2i_2}\boldsymbol{M}_1\boldsymbol{P}_{2i_2}\cdots\boldsymbol{P}_{n-1i_{n-1}})(\boldsymbol{P}_{n-1i_{n-1}}\cdots\boldsymbol{P}_{2i_2}\boldsymbol{P}_{1i_1})\boldsymbol{A}^{(0)}\\
=&\tilde{\boldsymbol{M}}_{n-1}\tilde{\boldsymbol{M}}_{n-2}\cdots\tilde{\boldsymbol{M}}_2\tilde{\boldsymbol{M}}_1\boldsymbol{P}\boldsymbol{A}^{(0)}
\end{aligned}
\tag{6.34}
$$

其中,

$$
\begin{aligned}
&\boldsymbol{P}=\boldsymbol{P}_{n-1i_{n-1}}\cdots\boldsymbol{P}_{2i_2}\boldsymbol{P}_{1i_1}\\
&\tilde{\boldsymbol{M}}_1=\boldsymbol{P}_{n-1i_{n-1}}\cdots\boldsymbol{P}_{2i_2}\boldsymbol{M}_1\boldsymbol{P}_{2i_2}\cdots\boldsymbol{P}_{n-1i_{n-1}}\\
&\tilde{\boldsymbol{M}}_2=\boldsymbol{P}_{n-1i_{n-1}}\cdots\boldsymbol{P}_{3i_3}\boldsymbol{M}_2\boldsymbol{P}_{3i_3}\cdots\boldsymbol{P}_{n-1i_{n-1}},\ \cdots\cdots,\\
&\tilde{\boldsymbol{M}}_{n-3}=\boldsymbol{P}_{n-1i_{n-1}}\boldsymbol{P}_{n-2i_{n-2}}\boldsymbol{M}_{n-3}\boldsymbol{P}_{n-2i_{n-2}}\boldsymbol{P}_{n-1i_{n-1}}\\
&\tilde{\boldsymbol{M}}_{n-2}=\boldsymbol{P}_{n-1i_{n-1}}\boldsymbol{M}_{n-2}\boldsymbol{P}_{n-1i_{n-1}}\\
&\tilde{\boldsymbol{M}}_{n-1}=\boldsymbol{M}_{n-1}
\end{aligned}
\tag{6.35}
$$

因 $\boldsymbol{M}_i$ 是单位下三角矩阵, $i_k\geqslant k$, 可以证明 $\tilde{\boldsymbol{M}}_i$ 也是单位下三角矩阵, 若记 $\boldsymbol{L}^{-1}=\tilde{\boldsymbol{M}}_{n-1}\tilde{\boldsymbol{M}}_{n-2}\cdots\tilde{\boldsymbol{M}}_2\tilde{\boldsymbol{M}}_1$, 那么 $\boldsymbol{L}^{-1}$ 也是单位下三角矩阵, 则由式 (6.34)、式 (6.35) 得 $\boldsymbol{PA}=\boldsymbol{LU}$. 所以说求置换矩阵 $\boldsymbol{P}$ 使 $\boldsymbol{PA}$ 的各阶顺序主子式都不为零, 就是根据式 (6.35) 的第一式来求 $\boldsymbol{P}$, 即 $\boldsymbol{P}$ 是在做列选主元素的消元过程中可以得到. 这就是说, 存在置换矩阵 $\boldsymbol{P}(i_1,i_2,\cdots,i_n)$, 使 $\boldsymbol{P}(i_1,i_2,\cdots,i_n)\boldsymbol{A}=\boldsymbol{LU}$. 为便于在实际计算中的记录和表示先引入记号:

$$
\boldsymbol{P}(i_1,i_2,\cdots,i_n)=\begin{bmatrix}i_1\\i_2\\\vdots\\i_n\end{bmatrix},
$$

则

$$
\boldsymbol{P}(1,2,\cdots,n)=\begin{bmatrix}1\\2\\\vdots\\n\end{bmatrix}
$$

其实, 实际计算时 $\boldsymbol{P}$ 可用以下例子的方法得到.

例 6 求矩阵 $\boldsymbol{A}$ 的 $\boldsymbol{A}=\boldsymbol{PLU}$ 分解

$$
\boldsymbol{A}=\begin{bmatrix}0&0&1&2\\0&0&3&0\\1&-1&0&1\\2&0&-1&3\end{bmatrix}
$$

解 对以下形式的矩阵进行类似于列选主元的消元计算 (即只要 $a_{ii}^{(i-1)}\neq 0$ 即可), 这里消元计算只对矩阵 $\boldsymbol{A}$ 进行, 对置换矩阵 $\boldsymbol{P}$ 只作列选主元的交换的记录, 即

$$
\begin{aligned}
\boldsymbol{P}(1,2,3,4)\boldsymbol{A}=&\begin{bmatrix}1\\2\\3\\4\end{bmatrix}\begin{bmatrix}0&0&1&2\\0&0&3&0\\\boxed{1}&-1&0&1\\2&0&-1&3\end{bmatrix}\Rightarrow\begin{bmatrix}3\\2\\1\\4\end{bmatrix}\begin{bmatrix}\boxed{1}&-1&0&1\\0&0&3&0\\0&0&1&2\\2&0&-1&3\end{bmatrix}\\
\Rightarrow&\begin{bmatrix}3\\2\\1\\4\end{bmatrix}\begin{bmatrix}1&-1&0&1\\\underline{0}|&0&3&0\\\underline{0}|&0&1&2\\\underline{2}|&\boxed{2}&-1&1\end{bmatrix}\Rightarrow\begin{bmatrix}3\\4\\1\\2\end{bmatrix}\begin{bmatrix}1&-1&0&1\\\underline{2}|&\boxed{2}&-1&1\\\underline{0}|&0&1&2\\\underline{0}|&0&3&0\end{bmatrix}\\
\Rightarrow&\begin{bmatrix}3\\4\\1\\2\end{bmatrix}\begin{bmatrix}1&-1&0&1\\\underline{2}|&2&-1&1\\\underline{0}|&\underline{0}|&1&2\\\underline{0}|&\underline{0}|&3&0\end{bmatrix}\Rightarrow\begin{bmatrix}3\\4\\1\\2\end{bmatrix}\begin{bmatrix}1&-1&0&1\\\underline{2}|&2&-1&1\\\underline{0}|&\underline{0}|&1&2\\\underline{0}|&\underline{0}|&\underline{3}|&-6\end{bmatrix}
\end{aligned}
$$

以上消元计算时已化为零的元素 a_{i1} 的位置上把消元 a_{i1} 时用到的乘数 m_{i1} 记录下来并以记号 $\underline{m_{i1}}|$ 区别于元素 a_{i1}, 这样就为求 $\boldsymbol{L}$ 作了准备. 在进行列选主元的过程中, $\boldsymbol{L}$ 的对应行的元素也要交换, 但消元计算时不作运算, 依次类推, 即有

$$
\boldsymbol{P}=\begin{bmatrix}0&0&1&0\\0&0&0&1\\1&0&0&0\\0&1&0&0\end{bmatrix},\ \boldsymbol{L}=\begin{bmatrix}1&&&\\2&1&&\\0&0&1&\\0&0&3&1\end{bmatrix},\ \boldsymbol{U}=\begin{bmatrix}1&-1&0&1\\&2&-1&1\\&&1&2\\&&&-6\end{bmatrix}
$$

所以有

$$
\begin{bmatrix}0&0&1&0\\0&0&0&1\\1&0&0&0\\0&1&0&0\end{bmatrix}\begin{bmatrix}0&0&1&2\\0&0&3&0\\1&-1&0&1\\2&0&-1&3\end{bmatrix}=\begin{bmatrix}1&&&\\2&1&&\\0&0&1&\\0&0&3&1\end{bmatrix}\begin{bmatrix}1&-1&0&1\\&2&-1&1\\&&1&2\\&&&-6\end{bmatrix}
$$

由此得

$$\begin{bmatrix} 0 & 0 & 1 & 2 \\ 0 & 0 & 3 & 0 \\ 1 & -1 & 0 & 1 \\ 2 & 0 & -1 & 3 \end{bmatrix} = \begin{bmatrix} 0 & 0 & 1 & 0 \\ 0 & 0 & 0 & 1 \\ 1 & 0 & 0 & 0 \\ 0 & 1 & 0 & 0 \end{bmatrix} \begin{bmatrix} 1 & & & \\ 2 & 1 & & \\ 0 & 0 & 1 & \\ 0 & 0 & 3 & 1 \end{bmatrix} \begin{bmatrix} 1 & -1 & 0 & 1 \\ & 2 & -1 & 1 \\ & & 1 & 2 \\ & & & -6 \end{bmatrix}$$

6.5 矩阵的 LL^{T} 分解

定义 2 一个 n 阶对称矩阵 $\boldsymbol{A}$, 若对任意非零实向量 $\boldsymbol{x}$ 都有

$$\boldsymbol{x}^{\mathrm{T}}\boldsymbol{A}\boldsymbol{x} > 0$$

则称方阵 $\boldsymbol{A}$ 为**实对称正定矩阵**, 若对任意非零实向量 $\boldsymbol{x}$ 都有

$$\boldsymbol{x}^{\mathrm{T}}\boldsymbol{A}\boldsymbol{x} \geqslant 0$$

则称方阵 $\boldsymbol{A}$ 为**实对称半正定矩阵**.

对给定的矩阵很容易判断它是否为实对称矩阵, 但要用定义判断它是否为对称正定矩阵或是否为半正定矩阵是有一定难度的, 特别是矩阵阶数较大时难以判断. 若用以下定理 5 的方法来判断就简单多了.

由代数理论知道, 实对称矩阵 $\boldsymbol{A}$ 是正定矩阵的充分必要条件是 $\boldsymbol{A}$ 的各阶顺序主子式都大于零, 所以实对称正定矩阵 $\boldsymbol{A}$ 的各阶顺序主子矩阵也都是对称正定矩阵.

定理 5 若 $\boldsymbol{A}$ 是实对称正定矩阵, 则存在下三角矩阵 $\boldsymbol{L}$ 使矩阵 $\boldsymbol{A}$ 可分解为

$$\boldsymbol{A} = \boldsymbol{L}\boldsymbol{L}^{\mathrm{T}} \tag{6.36}$$

且这种分解是唯一, 其中 $\boldsymbol{L}$ 的对角线元素 l_{ii} 都大于零, 把式 (6.36) 的分解称为**平方根分解或乔莱斯基 (Cholesky) 分解**.

证明 因 $\boldsymbol{A}$ 是实对称正定矩阵, 由代数理论知道 $\boldsymbol{A}$ 的各阶顺序主子式都不为零, 因此由定理 2 对矩阵 $\boldsymbol{A}$ 存在单位下三角矩阵 $\boldsymbol{L}_0$ 与上三角矩阵 $\boldsymbol{U}$, 使矩阵 $\boldsymbol{A}$ 可唯一分解为 $\boldsymbol{A} = \boldsymbol{L}_0\boldsymbol{U}$. 把上三角矩阵 $\boldsymbol{U}$ 的对角线元素 u_{ii} 都提到矩阵 $\boldsymbol{U}$ 的前边, 组成一个对角矩阵 $\boldsymbol{D}$, 即

$$\begin{bmatrix} a_{11} & a_{12} & \cdots & a_{1n} \\ a_{21} & a_{22} & \cdots & a_{2n} \\ \vdots & \vdots & & \vdots \\ a_{n1} & a_{n2} & \cdots & a_{nn} \end{bmatrix}$$

$$=\begin{bmatrix}1\\ l_{21}&1\\ l_{31}&l_{32}&1\\ \vdots&\vdots&\vdots&\ddots\\ l_{n1}&l_{n2}&l_{n3}&\cdots&1\end{bmatrix}\begin{bmatrix}u_{11}\\ &u_{22}\\ &&\ddots\\ &&&u_{nn}\end{bmatrix}\begin{bmatrix}1&\dfrac{u_{12}}{u_{11}}&\cdots&\dfrac{u_{1n}}{u_{11}}\\ &1&\cdots&\dfrac{u_{2n}}{u_{22}}\\ &&\ddots&\vdots\\ &&&1\end{bmatrix}$$

由 $\boldsymbol{A}=\boldsymbol{A}^{\mathrm{T}}$ 可得

$$\begin{bmatrix}1\\ l_{21}&1\\ l_{31}&l_{32}&1\\ \vdots&\vdots&\vdots&\ddots\\ l_{n1}&l_{n2}&l_{n3}&\cdots&1\end{bmatrix}=\begin{bmatrix}1&\dfrac{u_{12}}{u_{11}}&\cdots&\dfrac{u_{1n}}{u_{11}}\\ &1&\cdots&\dfrac{u_{2n}}{u_{22}}\\ &&\ddots&\vdots\\ &&&1\end{bmatrix}^{\mathrm{T}}$$

即

$$\boldsymbol{A}=\boldsymbol{L}_0\boldsymbol{D}\boldsymbol{L}_0^{\mathrm{T}} \tag{6.37}$$

由于 $\boldsymbol{A}$ 的各阶顺序主子式都大于零, $\boldsymbol{L}_0$ 是单位下三角矩阵, 由式 (6.37) 可以得到对角矩阵 $\boldsymbol{D}$ 的对角线元素 u_{ii} 都大于零, 所以把矩阵 $\boldsymbol{D}$ 写成 $\boldsymbol{D}=\boldsymbol{D}^{\frac{1}{2}}\boldsymbol{D}^{\frac{1}{2}}$, 其中

$$\boldsymbol{D}^{\frac{1}{2}}=\begin{pmatrix}\sqrt{u_{11}}\\ &\sqrt{u_{22}}\\ &&\ddots\\ &&&\sqrt{u_{nn}}\end{pmatrix}$$

记 $\boldsymbol{L}=\boldsymbol{L}_0\boldsymbol{D}^{\frac{1}{2}}$, 则有 $\boldsymbol{A}=\boldsymbol{L}_0\boldsymbol{D}\boldsymbol{L}_0^{\mathrm{T}}=\boldsymbol{L}\boldsymbol{L}^{\mathrm{T}}$, 且 $\boldsymbol{L}$ 是下三角矩阵, 对角线元素都大于零, 所以式 (6.36) 得证.

根据以上定理结果容易证明：实对称正定矩阵 $\boldsymbol{A}$ 的对角线元素 $a_{ii}>0$. 以上定理的证明过程就是**平方根分解**的一个方法, 即可以通过高斯消去法的方法得到 $\boldsymbol{A}=\boldsymbol{L}\boldsymbol{L}^{\mathrm{T}}$ 分解. 以下给出乔莱斯基分解的另一种计算公式, 为此设

$$\begin{bmatrix}a_{11}&a_{12}&\cdots&a_{1n}\\ a_{21}&a_{22}&\cdots&a_{2n}\\ \vdots&\vdots&&\vdots\\ a_{n1}&a_{n2}&\cdots&a_{nn}\end{bmatrix}=\begin{bmatrix}l_{11}\\ l_{21}&l_{22}\\ \vdots&\vdots&\ddots\\ l_{n1}&l_{n2}&\cdots&l_{nn}\end{bmatrix}\begin{bmatrix}l_{11}&l_{21}&\cdots&l_{n1}\\ &l_{22}&\cdots&l_{n2}\\ &&\ddots&\vdots\\ &&&l_{nn}\end{bmatrix} \tag{6.38}$$

根据矩阵乘法运算, 用下三角矩阵 $\boldsymbol{L}$ 的第一行乘上三角矩阵 $\boldsymbol{L}^{\mathrm{T}}$ 的第 j 列 $(j=1,2,\cdots,n)$ 得 $a_{1j}=l_{11}l_{j1}(j=1,2,\cdots,n)$, 即

$$l_{11}=\sqrt{a_{11}},\ l_{j1}=\frac{a_{1j}}{l_{11}}\quad (j=2,3,\cdots,n) \tag{6.39}$$

继续以上过程, 若矩阵 $\boldsymbol{L}$ 的前 $i-1$ 列元素都已求出, 那么再用矩阵 $\boldsymbol{L}$ 的第 i 行乘矩阵 $\boldsymbol{L}^{\mathrm{T}}$ 的第 $j(j\geqslant i)$ 列得 $a_{ij}=\sum\limits_{k=1}^{i}l_{ik}l_{jk}$, 即可得

$$l_{ii}=\sqrt{a_{ii}-\sum_{k=1}^{i-1}l_{ik}^2}\quad (i=2,3,\cdots,n) \tag{6.40}$$

$$l_{ji}=\frac{a_{ij}-\sum\limits_{k=1}^{i-1}l_{ik}l_{jk}}{l_{ii}}\quad (j=i+1,\cdots,n;\ i=2,3,\cdots,n-1) \tag{6.41}$$

这样用式 (6.39)、式 (6.40)、式 (6.41) 就可得到实对称正定矩阵 $\boldsymbol{A}$ 的 $\boldsymbol{L}\boldsymbol{L}^{\mathrm{T}}$ 分解.

定理 6 若 n 阶实对称矩阵 $\boldsymbol{A}$ 能分解为

$$\boldsymbol{A}=\boldsymbol{B}\boldsymbol{B}^{\mathrm{T}} \tag{6.42}$$

则 $\boldsymbol{A}$ 至少是半正定矩阵, 若 $\boldsymbol{B}$ 的秩为 n, 则 $\boldsymbol{A}$ 是正定矩阵.

证明 对任意非零实向量 $\boldsymbol{x}$ 都有

$$\boldsymbol{x}^{\mathrm{T}}\boldsymbol{A}\boldsymbol{x}=\boldsymbol{x}^{\mathrm{T}}\boldsymbol{B}\boldsymbol{B}^{\mathrm{T}}\boldsymbol{x}=(\boldsymbol{B}^{\mathrm{T}}\boldsymbol{x})^{\mathrm{T}}(\boldsymbol{B}^{\mathrm{T}}\boldsymbol{x})=\boldsymbol{y}^{\mathrm{T}}\boldsymbol{y}\geqslant 0$$

所以由定义 2 得方阵 $\boldsymbol{A}$ 至少为半正定矩阵.

又因为 $\boldsymbol{x}$ 是非零列向量, 当 $\boldsymbol{B}$ 的秩为 n 时, 则 $\boldsymbol{B}^{\mathrm{T}}\boldsymbol{x}=\boldsymbol{y}$ 是非齐次线性方程组, 即 $\boldsymbol{y}\neq 0$, 所以 $\boldsymbol{y}^{\mathrm{T}}\boldsymbol{y}>0$, 故 $\boldsymbol{x}^{\mathrm{T}}\boldsymbol{A}\boldsymbol{x}=\boldsymbol{y}^{\mathrm{T}}\boldsymbol{y}>0$, 由定义 2 得方阵 $\boldsymbol{A}$ 为正定矩阵.

由定理 6 知, 当一个 n 阶实对称矩阵 $\boldsymbol{A}$, 能够分解为定理 5 的式 (6.36), 则方阵 $\boldsymbol{A}$ 是正定矩阵.

例 7 设有矩阵 $\boldsymbol{A}=\begin{bmatrix}1 & 2 & -2\\ 2 & 5 & -3\\ -2 & -3 & 21\end{bmatrix}$, 试求矩阵 $\boldsymbol{A}$ 的 $\boldsymbol{L}\boldsymbol{U}$ 分解, 并判断矩阵 $\boldsymbol{A}$ 的对称正定性.

解　先用高斯消去法求 $\boldsymbol{A}$ 的 $\boldsymbol{LU}$ 分解, 即

$$\boldsymbol{A}=\begin{bmatrix}1&2&-2\\2&5&-3\\-2&-3&21\end{bmatrix}\Rightarrow\begin{bmatrix}1&2&-2\\\underline{2|}&1&1\\\underline{-2|}&1&17\end{bmatrix}\Rightarrow\begin{bmatrix}1&2&-2\\\underline{2|}&1&1\\\underline{-2|}&\underline{1|}&16\end{bmatrix}$$

所以 $\boldsymbol{A}=\boldsymbol{LU}=\begin{bmatrix}1&&\\2&1&\\-2&1&1\end{bmatrix}\begin{bmatrix}1&2&-2\\&1&1\\&&16\end{bmatrix}$

又因为

$$\boldsymbol{A}=\begin{bmatrix}1&&\\2&1&\\-2&1&1\end{bmatrix}\begin{bmatrix}1&2&-2\\&1&1\\&&16\end{bmatrix}=\begin{bmatrix}1&&\\2&1&\\-2&1&1\end{bmatrix}\begin{bmatrix}1&&\\&1&\\&&16\end{bmatrix}\begin{bmatrix}1&2&-2\\&1&1\\&&1\end{bmatrix}$$

由此得 $\boldsymbol{A}=\boldsymbol{L}_1\boldsymbol{L}_1^{\mathrm{T}}$, 即矩阵 $\boldsymbol{A}$ 是对称的, 这里

$$\boldsymbol{L}_1=\begin{bmatrix}1&&\\2&1&\\-2&1&1\end{bmatrix}\begin{bmatrix}1&&\\&1&\\&&4\end{bmatrix}=\begin{bmatrix}1&&\\2&1&\\-2&1&4\end{bmatrix}$$, 且对角线元素都大于零, 由以上定理得 $\boldsymbol{A}$ 是对称正定矩阵.

习　题　6

1. 用高斯消去法解方程组

$$\begin{bmatrix}1&2&4\\2&5&6\\-4&5&1\end{bmatrix}\begin{bmatrix}x_1\\x_2\\x_3\end{bmatrix}=\begin{bmatrix}0\\3\\-4\end{bmatrix}$$

2. 设有线性方程组 $\boldsymbol{Ax}=\boldsymbol{b}$, 其中

$$\boldsymbol{A}=\begin{bmatrix}1&2&-1\\2&1&3\\-1&4&5\end{bmatrix},\ \boldsymbol{b}=\begin{pmatrix}1\\7\\3\end{pmatrix}$$ (1)求$\boldsymbol{A}=\boldsymbol{LU}$分解; (2)求方程组的解.

3. 用列主元素消去法解方程组

$$\begin{bmatrix}2&-3&-2\\1&2&-2\\4&-1&2\end{bmatrix}\begin{bmatrix}x_1\\x_2\\x_3\end{bmatrix}=\begin{bmatrix}1\\-5\\9\end{bmatrix}$$

4. 用平方根分解法求解方程组

$$\begin{bmatrix} 1 & 2 & -2 \\ 2 & 6 & 1 \\ -2 & 1 & 18 \end{bmatrix}\begin{bmatrix} x_1 \\ x_2 \\ x_3 \end{bmatrix}=\begin{bmatrix} -3 \\ -5 \\ 10 \end{bmatrix}$$

5. 证明: (1) 两个下三角矩阵的乘积仍为下三角矩阵.

(2) 下三角矩阵的逆仍为下三角矩阵.

6. 设有线性方程组 $\boldsymbol{Ax}=\boldsymbol{b}$, 其中 $\boldsymbol{A}=\begin{bmatrix} 2 & 1 & -4 \\ 1 & 2 & 2 \\ -4 & 2 & 20 \end{bmatrix}$, $b=\begin{pmatrix} -1 \\ 0 \\ 4 \end{pmatrix}$

(1) 求 $\boldsymbol{A}=\boldsymbol{LU}$ 分解; (2) 求方程组的解; (3) 试判断矩阵 $\boldsymbol{A}$ 的正定性.

7. 证明: 实对称正定矩阵 $\boldsymbol{A}$ 的对角线元素 $a_{ii}>0$.

8. 证明: 若 $\boldsymbol{A}$ 是对称正定矩阵, 则 $\boldsymbol{A}^{-1}$ 也是对称正定矩阵.

第 7 章

解线性方程组的迭代法

7.1 范　　数

7.1.1 向量范数

为研究或度量一个向量近似另一个向量的程度, 需要对 $\boldsymbol{R}^n$(n 维向量空间) 中的向量给出范数概念, 用范数来研究和度量向量误差的"大小". 这里将要定义的向量范数是 n 维欧几里德空间中长度概念的一种推广, 它对数值分析中的迭代收敛和误差分析等都起着重要的作用, 对数学的其他分支也有广泛而重要的应用.

定义 1 对任一向量 $\boldsymbol{x} \in \boldsymbol{R}^n$, 对应一个非负实值函数 $N(\boldsymbol{x})$, 具有性质

(1) 正定性: 对所有 $\boldsymbol{x} \in \boldsymbol{R}^n$ 有 $N(\boldsymbol{x}) \geqslant 0$, 且 $N(\boldsymbol{x}) = 0 \Leftrightarrow \boldsymbol{x} = 0$

(2) 齐次性: 对所有 $\boldsymbol{x} \in \boldsymbol{R}^n$ 和常数 $a \in \mathbf{R}$ 有 $N(a\boldsymbol{x}) = |a|\, N(\boldsymbol{x})$

(3) 三角不等式: 对所有 $\boldsymbol{x}, \boldsymbol{y} \in \boldsymbol{R}^n$ 有 $N(\boldsymbol{x} + \boldsymbol{y}) \leqslant N(\boldsymbol{x}) + N(\boldsymbol{y})$

则称 $N(\boldsymbol{x})$ 为向量 $\boldsymbol{x}$ 的范数, 记为 $N(\boldsymbol{x}) = \|\boldsymbol{x}\|$, 以上三个性质称为向量范数的基本性质.

由定义, 把向量 $\boldsymbol{x}$ 范数的基本性质写成:

(1) 正定性: 对所有 $\boldsymbol{x} \in \boldsymbol{R}^n$ 有 $\|\boldsymbol{x}\| \geqslant 0$, 且 $\|\boldsymbol{x}\| = 0 \Leftrightarrow \boldsymbol{x} = 0$

(2) 齐次性: 对所有 $\boldsymbol{x} \in \boldsymbol{R}^n$ 和常数 $a \in \mathbf{R}$ 有 $\|a\boldsymbol{x}\| = |a|\, \|\boldsymbol{x}\|$

(3) 三角不等式: 对所有 $\boldsymbol{x}, \boldsymbol{y} \in \boldsymbol{R}^n$ 有 $\|\boldsymbol{x} + \boldsymbol{y}\| \leqslant \|\boldsymbol{x}\| + \|\boldsymbol{y}\|$

设 $\boldsymbol{x} \in \boldsymbol{R}^n$, $\boldsymbol{x} = (x_1, x_2, \cdots, x_n)^{\mathrm{T}}$, 则对向量 $\boldsymbol{x}$ 有以下三种常用范数:

(1) 1– 范数

$$\|\boldsymbol{x}\|_1 = \sum_{i=1}^{n} |x_i| \tag{7.1}$$

(2) 2– 范数

$$\|\boldsymbol{x}\|_2 = \left(\sum_{i=1}^{n} x_i^2\right)^{1/2} \tag{7.2}$$

(3) ∞– 范数

$$\|\boldsymbol{x}\|_\infty = \max_{1\leqslant i\leqslant n} |x_i| \tag{7.3}$$

以上向量范数的公式对行向量也成立, 且以后给出的有关范数的结果对行向量和列向量也都成立.

上面给出的向量的三种常用范数称为*基本范数*, 可统一写成:

$$\|\boldsymbol{x}\|_p = \left(\sum_{i=1}^{n} |x_i|^p\right)^{\frac{1}{p}} \quad p = 1, 2, \infty \tag{7.4}$$

把式 (7.4) 称为*p 范数*, 式 (7.1)∼ 式 (7.3) 是 p 范数的特殊情况.

定义 2 设 $\{\boldsymbol{x}^{(k)}\}$ 为 $\boldsymbol{R}^n$ 中一向量序列,$\boldsymbol{x}^* \in \boldsymbol{R}^n$, 记 $\boldsymbol{x}^{(k)} = (x_1^{(k)}, x_2^{(k)}, \cdots, x_n^{(k)})^{\mathrm{T}}$, $\boldsymbol{x}^* = (x_1^*, x_2^*, \cdots, x_n^*)^{\mathrm{T}}$, 如果 $\lim\limits_{k\to\infty} x_j^{(k)} = x_j^* (j = 1, 2, \cdots, n)$, 则称向量序列 $\{\boldsymbol{x}^{(k)}\}$ 收敛于向量 $\boldsymbol{x}^*$, 记为 $\lim\limits_{k\to\infty} \boldsymbol{x}^{(k)} = \boldsymbol{x}^*$.

定理 1 设 $\{\boldsymbol{x}^{(k)}\}$ 是 $\boldsymbol{R}^n$ 中一向量序列, $\boldsymbol{x}^* \in \boldsymbol{R}^n$, 则 $\lim\limits_{k\to\infty} \left\|\boldsymbol{x}^{(k)} - \boldsymbol{x}^*\right\| = 0$, 当且仅当

$$\lim_{k\to\infty} x_j^{(k)} = x_j^* \quad (j = 1, 2, \cdots, n) \tag{7.5}$$

证明 我们只对 ∞– 范数来证明结果, 对任意范数可用以下的等价性结果来得到. 设 $\lim\limits_{k\to\infty} x_j^{(k)} = x_j^*\ (j = 1, 2, \cdots, n)$, 那么对任意给定的 $\varepsilon > 0$, 存在 K, 使得当 $k > K$ 时都有 $\left|x_j^{(k)} - x_j^*\right| < \varepsilon (j = 1, 2, \cdots, n)$, 因此 $\left\|\boldsymbol{x}^{(k)} - \boldsymbol{x}^*\right\|_\infty = \max\limits_{1\leqslant j\leqslant n} \left|x_j^{(k)} - x_j^*\right| < \varepsilon$, 即

$$\lim_{k\to\infty} \left\|\boldsymbol{x}^{(k)} - \boldsymbol{x}^*\right\|_\infty = 0$$

反之也成立.

定理 2 设非负函数 $N(\boldsymbol{x}) = \|\boldsymbol{x}\|$ 为 $\boldsymbol{R}^n$ 上任一向量范数, 则 $N(\boldsymbol{x})$ 是 $\boldsymbol{x}$ 的分量 $x_1, x_2, \cdots, x_n$ 的连续函数.

证明 设 $\boldsymbol{x}=\sum\limits_{i=1}^{n}x_i\mathrm{e}_i$, $\boldsymbol{y}=\sum\limits_{i=1}^{n}y_i\mathrm{e}_i$, 其中 $\mathrm{e}_i=(0,\cdots 0,1,0,\cdots,0)^{\mathrm{T}}$, 则有

$$\begin{aligned}|N(\boldsymbol{x})-N(\boldsymbol{y})|&=|\|\boldsymbol{x}\|-\|\boldsymbol{y}\||\leqslant\|\boldsymbol{x}-\boldsymbol{y}\|=\left\|\sum_{i=1}^{n}(x_i-y_i)\mathrm{e}_i\right\|\\&\leqslant\sum_{i=1}^{n}|(x_i-y_i)|\,\|\mathrm{e}_i\|\leqslant\|\boldsymbol{x}-\boldsymbol{y}\|_\infty\sum_{i=1}^{n}\|\mathrm{e}_i\|=\|\boldsymbol{x}-\boldsymbol{y}\|_\infty c\end{aligned}$$

式中, $c=\sum\limits_{i=1}^{n}\|\mathrm{e}_i\|$ 是常数. 设 $\boldsymbol{x}\to\boldsymbol{y}$, 则由定理 1 有 $\lim\limits_{x\to y}\|\boldsymbol{x}-\boldsymbol{y}\|_\infty=0$, 所以由上式可得

$$\lim_{x\to y}|N(\boldsymbol{x})-N(\boldsymbol{y})|=0,$$

即 $N(\boldsymbol{x})$ 是 $\boldsymbol{x}$ 的连续函数.

定理 3 设 $\|\cdot\|_\alpha$ 和 $\|\cdot\|_\beta$ 是 $\mathbf{R}^n$ 上任意两种范数, 则存在正常数 c_1, c_2 使得对一切 $\boldsymbol{x}\in\mathbf{R}^n$ 有

$$c_1\|\boldsymbol{x}\|_\alpha\leqslant\|\boldsymbol{x}\|_\beta\leqslant c_2\|\boldsymbol{x}\|_\alpha \tag{7.6}$$

证明 只要对 $\alpha=\infty$ 情况证明式 (7.6) 成立即可. 设集合 $\mathbf{S}=\{\boldsymbol{x}\,|\,\|\boldsymbol{x}\|_\infty=1,\boldsymbol{x}\in\mathbf{R}^n\}$, 则 $\mathbf{S}$ 是一个有界闭集合. 对任意 $\boldsymbol{x}\in\mathbf{R}^n$ 设 $f(\boldsymbol{x})=\|\boldsymbol{x}\|_\beta$, 因 $f(\boldsymbol{x})$ 在有界闭集合 $\mathbf{S}$ 上是连续函数, 所以在 $\mathbf{S}$ 上存在最小值与最大值, 分别记为 c_1, c_2, 即存在 $\boldsymbol{x}',\boldsymbol{x}''\in\mathbf{S}$ 使

$$f(\boldsymbol{x}')=\min_{\boldsymbol{x}\in\mathbf{S}}f(\boldsymbol{x})=c_1,\ f(\boldsymbol{x}'')=\max_{\boldsymbol{x}\in\mathbf{S}}f(\boldsymbol{x})=c_2$$

设 $\boldsymbol{x}\in\mathbf{R}^n$ 且 $\boldsymbol{x}\neq 0$, 则 $\dfrac{\boldsymbol{x}}{\|\boldsymbol{x}\|_\infty}\in S$, 从而有 $c_1\leqslant f\left(\dfrac{\boldsymbol{x}}{\|\boldsymbol{x}\|_\infty}\right)\leqslant c_2$, 即 $c_1\leqslant\left\|\dfrac{\boldsymbol{x}}{\|\boldsymbol{x}\|_\infty}\right\|_\beta\leqslant c_2$, 所以对任意 $\boldsymbol{x}\in\mathbf{R}^n$ 有 $c_1\|\boldsymbol{x}\|_\infty\leqslant\|\boldsymbol{x}\|_\beta\leqslant c_2\|\boldsymbol{x}\|_\infty$, 这就证明了式 (7.6) 对 $\alpha=\infty$ 情况成立.

7.1.2 矩阵范数

定义 3 设 $\boldsymbol{A}$ 是一个 $n\times n$ 阶实矩阵, 按一定规则对应一个非负实值函数 $N(\boldsymbol{A})$, 具有性质:

(1) 正定性: 对所有 $\boldsymbol{A}\in\mathbf{R}^{n\times n}$ 有 $N(\boldsymbol{A})\geqslant 0$, 且 $N(\boldsymbol{A})=0\Leftrightarrow\boldsymbol{A}=0$

(2) 齐次性: 对所有 $\boldsymbol{A}\in\mathbf{R}^{n\times n}$ 和 $a\in\mathbf{R}$ 有 $N(a\boldsymbol{A})=|a|\,N(\boldsymbol{A})$

(3) 三角不等式: 对所有 $\boldsymbol{A},\boldsymbol{B}\in\mathbf{R}^{n\times n}$ 有 $N(\boldsymbol{A}+\boldsymbol{B})\leqslant N(\boldsymbol{A})+N(\boldsymbol{B})$

(4) 相容性: 对所有 $\boldsymbol{A},\boldsymbol{B}\in\mathbf{R}^{n\times n}$ 有 $N(\boldsymbol{AB})\leqslant N(\boldsymbol{A})N(\boldsymbol{B})$

则称 $N(\boldsymbol{A})$ 为矩阵 $\boldsymbol{A}$ 的**范数**, 记为 $N(\boldsymbol{A})=\|\boldsymbol{A}\|$.

矩阵范数具有向量范数的一切性质. 例如 $\mathbf{R}^{n\times n}$ 上的任意两个范数是等价的; 矩阵序列 $\{\boldsymbol{A}^{(k)}\}$ 收敛于 $\boldsymbol{A}$ 是指 $\lim\limits_{k\to\infty}\left\|\boldsymbol{A}^{(k)}-\boldsymbol{A}\right\|=0$ 或等价于 $\lim\limits_{k\to\infty}a_{ij}^{(k)}=a_{ij}\ (i,j=1,2,\cdots,n)$.

对 $\boldsymbol{A}\in\mathbf{R}^{n\times n}$, $\boldsymbol{x}\in\mathbf{R}^n$, 矩阵范数还满足性质 $\|\boldsymbol{Ax}\|\leqslant\|\boldsymbol{A}\|\,\|\boldsymbol{x}\|$.

定义 4 设 $\boldsymbol{A}$ 是 $n\times n$ 阶实矩阵, $\|\cdot\|$ 是 $\mathbf{R}^n$ 中的向量范数, 则

$$\|\boldsymbol{A}\|=\max_{x\neq 0}\frac{\|\boldsymbol{Ax}\|}{\|\boldsymbol{x}\|} \tag{7.7}$$

称为矩阵 $\boldsymbol{A}$ 的**算子范数**.

定理 4 设 $\boldsymbol{A}$ 是 $n\times n$ 阶实矩阵, 对 $\boldsymbol{A}$ 有常用范数公式:

(1) 1– 范数 (也称为列范数)

$$\|\boldsymbol{A}\|_1=\max_{1\leqslant j\leqslant n}\sum_{i=1}^{n}|a_{ij}| \tag{7.8}$$

(2) 2– 范数 (也称为谱范数)

$$\|\boldsymbol{A}\|_2=\sqrt{\lambda_1} \tag{7.9}$$

(3) ∞– 范数 (也称为行范数)

$$\|\boldsymbol{A}\|_\infty=\max_{1\leqslant i\leqslant n}\sum_{j=1}^{n}|a_{ij}| \tag{7.10}$$

其中, λ_1 是矩阵 $\boldsymbol{AA}^{\mathrm{T}}$ 的最大特征值.

证明 只证 1–范数的情况. 设 $\boldsymbol{x}\in\mathbf{R}^n$, $\boldsymbol{A}\in\mathbf{R}^{n\times n}$, 且 $\boldsymbol{x}=(x_1,x_2,\cdots,x_n)^{\mathrm{T}}$, $\boldsymbol{A}=(a_{ij})_{n\times n}$, 记 $\mu=\max\limits_{1\leqslant j\leqslant n}\sum\limits_{i=1}^{n}|a_{ij}|$, 则有

$$\begin{aligned}\|\boldsymbol{Ax}\|_1&=\sum_{i=1}^{n}\left|\sum_{j=1}^{n}a_{ij}x_j\right|\leqslant\sum_{i=1}^{n}\sum_{j=1}^{n}|a_{ij}x_j|=\sum_{j=1}^{n}|x_j|\sum_{i=1}^{n}|a_{ij}|\\&\leqslant\max_{1\leqslant j\leqslant n}\sum_{i=1}^{n}|a_{ij}|\sum_{j=1}^{n}|x_j|=\mu\,\|\boldsymbol{x}\|_1\end{aligned}$$

所以对任意非零向量 $\boldsymbol{x} \in \mathbf{R}^n$ 有

$$\frac{\|\boldsymbol{A}\boldsymbol{x}\|_1}{\|\boldsymbol{x}\|_1} \leqslant \mu,$$

即 $\|\boldsymbol{A}\|_1 \leqslant \mu$.

下面证明存在一个向量 $\boldsymbol{x}^{(0)} \in \mathbf{R}^n$ 使

$$\frac{\left\|\boldsymbol{A}\boldsymbol{x}^{(0)}\right\|_1}{\left\|\boldsymbol{x}^{(0)}\right\|_1} = \mu$$

则式 (7.8) 就得证.

由记号 $\mu = \max\limits_{1\leqslant j\leqslant n} \sum\limits_{i=1}^{n} |a_{ij}|$, 存在 k 使

$$\max_{1\leqslant j\leqslant n} \sum_{i=1}^{n} |a_{ij}| = \sum_{i=1}^{n} |a_{ik}| = \mu,$$

因此取向量 $\boldsymbol{x}^{(0)} = (x_1^{(0)}, x_2^{(0)}, \cdots, x_n^{(0)})^{\mathrm{T}}$ 如下:

$$x_j^{(0)} = \begin{cases} 1 & j = k \\ 0 & j \neq k \end{cases},$$

则 $\left\|\boldsymbol{x}^{(0)}\right\|_1 = 1$, 且

$$\left\|\boldsymbol{A}\boldsymbol{x}^{(0)}\right\|_1 = \sum_{i=1}^{n} \left| \sum_{j=1}^{n} a_{ij} x_j^{(0)} \right| = \sum_{i=1}^{n} |a_{ik}| = \mu$$

由此可得 $\dfrac{\left\|\boldsymbol{A}\boldsymbol{x}^{(0)}\right\|_1}{\left\|\boldsymbol{x}^{(0)}\right\|_1} = \mu$, 即式 (7.8) 已得证.

定义 5　设 $n \times n$ 阶矩阵 $\boldsymbol{A}$ 的特征值为 $\lambda_1, \lambda_2, \cdots, \lambda_n$, 则称

$$\rho(\boldsymbol{A}) = \max_{1\leqslant i\leqslant n} |\lambda_i| \tag{7.11}$$

为矩阵 $\boldsymbol{A}$ 的谱半径.

由矩阵范数和谱半径的定义可得

$$\rho(\boldsymbol{A}) \leqslant \|\boldsymbol{A}\| \tag{7.12}$$

定理 5　设 $\boldsymbol{A}$ 是任意 $n \times n$ 阶矩阵, 由 $\boldsymbol{A}$ 的各次幂所组成的矩阵序列

$$\boldsymbol{I}, \boldsymbol{A}, \boldsymbol{A}^2, \cdots, \boldsymbol{A}^k, \cdots$$

收敛于零矩阵, 即 $\lim\limits_{k\to\infty} \boldsymbol{A}^k = \mathbf{O}$ 的充分必要条件是

$$\rho(\boldsymbol{A}) < 1 \tag{7.13}$$

7.2 几种常用的迭代格式

前面介绍的求解线性方程组的直接法是通过有限步运算后得到方程组的解, 且大多数计算过程均需对系数矩阵进行分解, 在矩阵阶数不太大时优点比较明显. 但对阶数较大的稀疏矩阵 (零元素较多) 求解线性方程组时, 利用这里介绍的迭代法比较方便. 而实际计算中, 例如求某些偏微分方程数值解所产生的线性方程组问题, 又例如数学建模中按年龄分组的种群增长模型的具有 Leslie 矩阵的迭代过程等都常会遇到大型稀疏矩阵. 本章介绍的迭代法正是能够充分利用系数矩阵稀疏性的一种算法.

7.2.1 迭代法的一般思想

设有线性方程组

$$\boldsymbol{A}\boldsymbol{x} = \boldsymbol{b} \tag{7.14}$$

迭代法的一般思想是把线性方程组 (7.14) 等价化为

$$\boldsymbol{x} = \boldsymbol{B}\boldsymbol{x} + \boldsymbol{g} \tag{7.15}$$

并取初始向量 $\boldsymbol{x}^{(0)} = (x_1^{(0)}, x_2^{(0)}, \cdots, x_n^{(0)})^{\mathrm{T}}$, 代入式 (7.15) 的右端, 得到一新向量, 记为 $\boldsymbol{x}^{(1)} = (x_1^{(1)}, x_2^{(1)}, \cdots, x_n^{(1)})^{\mathrm{T}}$. 把向量 $\boldsymbol{x}^{(1)}$ 再代入式 (7.15) 的右端, 得到向量 $\boldsymbol{x}^{(2)}$, 如此继续下去, 可得向量序列 $\{x^{(k)}\}$, 即由迭代公式

$$\boldsymbol{x}^{(k+1)} = \boldsymbol{B}\boldsymbol{x}^{(k)} + \boldsymbol{g}(k = 0, 1, 2, \cdots) \tag{7.16}$$

得向量序列 $\{\boldsymbol{x}^{(k)}\}$, 当 $k \to \infty$ 时, 若序列 $\{\boldsymbol{x}^{(k)}\}$ 收敛到向量 $\boldsymbol{x}^*$, 则 $\boldsymbol{x}^*$ 就是方程组 (7.14) 的解. 这是因为向量序列 $\{\boldsymbol{x}^{(k)}\}$ 收敛到向量 $\boldsymbol{x}^*$, 则由式 (7.16) 得

$$\boldsymbol{x}^* = \boldsymbol{B}\boldsymbol{x}^* + \boldsymbol{g} \tag{7.17}$$

即 $\boldsymbol{x}^*$ 满足线性方程组 (7.15), 因式 (7.14) 与式 (7.15) 同解, 所以就可以得到式 (7.14) 的解. 把式 (7.16) 称为**迭代公式**, 也称为迭代格式, 由此产生的向量序列 $\{\boldsymbol{x}^{(k)}\}$ 称为**迭代序列**, 其中的矩阵 $\boldsymbol{B}$ 称为**迭代矩阵**. 应该指出, 在这一章中要假设 $|\boldsymbol{A}| \neq 0$, 此

时线性方程组 (7.14) 的解是唯一存在的, 而线性方程组 (7.14) 等价化为线性方程组 (7.15) 的方法不是唯一的. 因此用迭代方法产生迭代序列 $\{\boldsymbol{x}^{(k)}\}$ 时我们自然要考虑以下几个问题:

如何构造迭代序列 $\{\boldsymbol{x}^{(k)}\}$?

构造的序列 $\{\boldsymbol{x}^{(k)}\}$ 在什么情况下收敛?

如果收敛, 收敛的速度如何?

近似解的误差 $\left\|\boldsymbol{x}^{(k)}-\boldsymbol{x}^{*}\right\|$ 如何估计?

7.2.2 雅可比 (Jacobi) 迭代法

设有线性方程组 (7.14), 把方程组改写成便于迭代的形式, 其方法是多种多样的, 先给出一种最简单的形式, 假设 $a_{ii}\neq 0$, 把线性方程组 (7.14) 改写为

$$\begin{cases} x_1=-\dfrac{a_{12}}{a_{11}}x_2-\dfrac{a_{13}}{a_{11}}x_3-\cdots-\dfrac{a_{1n}}{a_{11}}x_n+\dfrac{b_1}{a_{11}} \\ x_2=-\dfrac{a_{21}}{a_{22}}x_1-\dfrac{a_{23}}{a_{22}}x_3-\cdots-\dfrac{a_{2n}}{a_{22}}x_n+\dfrac{b_2}{a_{22}} \\ \qquad\cdots\qquad\cdots\qquad\cdots \\ x_n=-\dfrac{a_{n1}}{a_{nn}}x_1-\dfrac{a_{n2}}{a_{nn}}x_2-\cdots-\dfrac{a_{nn-1}}{a_{nn}}x_{n-1}+\dfrac{b_n}{a_{nn}} \end{cases} \tag{7.18}$$

取初始向量 $\boldsymbol{x}^{(0)}=(x_1^{(0)},x_2^{(0)},\cdots,x_n^{(0)})^{\mathrm{T}}$, 代入式 (7.18) 的右端, 得一个新的向量, 记为 $\boldsymbol{x}^{(1)}=(x_1^{(1)},x_2^{(1)},\cdots,x_n^{(1)})^{\mathrm{T}}$. 再把向量 $\boldsymbol{x}^{(1)}$ 代入式 (7.18) 的右端, 得到新的向量 $\boldsymbol{x}^{(2)}$, 如此继续下去, 即由迭代公式

$$\begin{cases} x_1^{(k+1)}=-\dfrac{a_{12}}{a_{11}}x_2^{(k)}-\dfrac{a_{13}}{a_{11}}x_3^{(k)}-\cdots-\dfrac{a_{1n}}{a_{11}}x_n^{(k)}+\dfrac{b_1}{a_{11}} \\ x_2^{(k+1)}=-\dfrac{a_{21}}{a_{22}}x_1^{(k)}-\dfrac{a_{23}}{a_{22}}x_3^{(k)}-\cdots-\dfrac{a_{2n}}{a_{22}}x_n^{(k)}+\dfrac{b_2}{a_{22}} \\ \qquad\cdots\qquad\cdots\qquad\cdots \\ x_n^{(k+1)}=-\dfrac{a_{n1}}{a_{nn}}x_1^{(k)}-\dfrac{a_{n2}}{a_{nn}}x_2^{(k)}-\cdots-\dfrac{a_{n\,n-1}}{a_{nn}}x_{n-1}^{(k)}+\dfrac{b_n}{a_{nn}} \end{cases} \tag{7.19}$$

得向量序列 $\{\boldsymbol{x}^{(k)}\}$, 当 $k\to\infty$ 时, 若序列 $\{\boldsymbol{x}^{(k)}\}$ 收敛, 则一定收敛到方程组 (7.14) 的解 $\boldsymbol{x}^{*}$. 若记

$$
\boldsymbol{L} = \begin{bmatrix} 0 & 0 & \cdots & 0 & 0 \\ -a_{21} & 0 & \cdots & 0 & 0 \\ \vdots & \vdots & \cdots & \vdots & \vdots \\ -a_{n1} & -a_{n2} & \cdots & -a_{nn-1} & 0 \end{bmatrix},\ \boldsymbol{U} = \begin{bmatrix} 0 & -a_{12} & -a_{13} & \cdots & -a_{1n} \\ 0 & 0 & -a_{23} & \cdots & -a_{2n} \\ \vdots & \vdots & \vdots & \cdots & \vdots \\ 0 & 0 & 0 & \cdots & 0 \end{bmatrix}
$$

$$
\boldsymbol{D} = \begin{bmatrix} a_{11} & & & \\ & a_{22} & & \\ & & \ddots & \\ & & & a_{nn} \end{bmatrix} \tag{7.20}
$$

则有

$$
\boldsymbol{A} = \boldsymbol{D} - \boldsymbol{L} - \boldsymbol{U} \tag{7.21}
$$

那么利用矩阵向量的记号把迭代公式 (7.19) 可表示为

$$
\boldsymbol{x}^{(k+1)} = \boldsymbol{B}_1 x^{(k)} + \boldsymbol{g}_1 (k = 0, 1, 2, \cdots) \tag{7.22}
$$

其中

$$
\boldsymbol{B}_1 = \boldsymbol{D}^{-1}(\boldsymbol{L} + \boldsymbol{U}),\ \boldsymbol{g}_1 = \boldsymbol{D}^{-1}\boldsymbol{b} \tag{7.23}
$$

以上计算过程称为**雅可比 (Jacobi) 迭代法**. 迭代公式 (7.19)、(7.22) 称为**雅可比迭代法的迭代公式**, 矩阵 $\boldsymbol{B}_1$ 称为**雅可比迭代法的迭代矩阵**.

迭代公式 (7.19) 的第 i 个分量 $x_i^{(k+1)}$ 的计算公式为

$$
\begin{aligned} x_i^{(k+1)} &= \frac{1}{a_{ii}} \left(b_i - \sum_{j=1}^{i-1} a_{ij} x_j^{(k)} - \sum_{j=i+1}^{n} a_{ij} x_j^{(k)} \right) \\ &= \frac{1}{a_{ii}} \left(b_i - \sum_{j \neq i}^{n} a_{ij} x_j^{(k)} \right) \quad (i = 1, 2, \cdots, n) \end{aligned} \tag{7.24}
$$

7.2.3 高斯–赛德尔 (Gauss–Seidel) 迭代法

高斯–赛德尔迭代法是雅可比迭代法的改进, 目的在于加快迭代公式的收敛速度. 从雅可比迭代法的计算过程看到, 用式 (7.24) 计算 $\boldsymbol{x}^{(k+1)}$ 的第 i 个分量 $x_i^{(k+1)}$ 时没有利用已经求出的新的分量 $x_1^{(k+1)}, x_2^{(k+1)}, \cdots, x_{i-1}^{(k+1)}$. 由于迭代矩阵 $\boldsymbol{B}_1$ 满足一定条件时, 迭代公式 (7.22) 是收敛的, 因此假设 $\boldsymbol{x}^{(k+1)} \to \boldsymbol{x}^*$, 即 $x_i^{(k+1)} \to x_i^* (i = 1, 2, \cdots, n)$

时, 从理论上讲, 新的分量 $x_1^{(k+1)}, x_2^{(k+1)}, \cdots, x_{i-1}^{(k+1)}$ 收敛于 $x_1^*, x_2^*, \cdots, x_{i-1}^*$ 的情况要比上次的分量 $x_1^{(k)}, x_2^{(k)}, \cdots, x_{i-1}^{(k)}$ 好些. 所以计算 $\boldsymbol{x}^{(k+1)}$ 的第 i 个分量 $x_i^{(k+1)}$ 时利用已经求出的新的分量 $x_1^{(k+1)}, x_2^{(k+1)}, \cdots, x_{i-1}^{(k+1)}$ 时一般情况下应该有利于加速 $\boldsymbol{x}^{(k+1)}$ 的收敛速度, 这样整体迭代过程就可能得到改进. 基于这种改进的思想, 假设 $a_{ii} \neq 0$, 并对雅可比迭代法的迭代公式 (7.19) 作如下改进, 可得新的迭代公式:

$$\begin{cases} x_1^{(k+1)} = -\dfrac{a_{12}}{a_{11}}x_2^{(k)} - \dfrac{a_{13}}{a_{11}}x_3^{(k)} - \cdots - \dfrac{a_{1n}}{a_{11}}x_n^{(k)} + \dfrac{b_1}{a_{11}} \\ x_2^{(k+1)} = -\dfrac{a_{21}}{a_{22}}x_1^{(k+1)} - \dfrac{a_{23}}{a_{22}}x_3^{(k)} - \cdots - \dfrac{a_{2n}}{a_{22}}x_n^{(k)} + \dfrac{b_2}{a_{22}} \\ \qquad\cdots \qquad\qquad \cdots \qquad\qquad \cdots \\ x_n^{(k+1)} = -\dfrac{a_{n1}}{a_{nn}}x_1^{(k+1)} - \dfrac{a_{n2}}{a_{nn}}x_2^{(k+1)} - \cdots - \dfrac{a_{n\,n-1}}{a_{nn}}x_{n-1}^{(k+1)} + \dfrac{b_n}{a_{nn}} \end{cases} \tag{7.25}$$

由此可得向量序列 $\{\boldsymbol{x}^{(k)}\}$, 当 $k \to \infty$ 时, 若序列 $\{\boldsymbol{x}^{(k)}\}$ 收敛, 则一定收敛到方程组 (7.14) 的解 $\boldsymbol{x}^*$. 若记

$$\boldsymbol{B}_2 = (\boldsymbol{D} - \boldsymbol{L})^{-1}\boldsymbol{U},\ \boldsymbol{g}_2 = (\boldsymbol{D} - \boldsymbol{L})^{-1}\boldsymbol{b} \tag{7.26}$$

则从式 (7.25) 不难推出以下的矩阵向量形式的迭代公式

$$\boldsymbol{x}^{(k+1)} = \boldsymbol{B}_2\boldsymbol{x}^{(k)} + \boldsymbol{g}_2(k = 0, 1, 2, \cdots) \tag{7.27}$$

以上计算过程就称为**高斯–赛德尔迭代法**, 因此式 (7.25)、式 (7.27) 称为**高斯–赛德尔迭代法的迭代公式**, 矩阵 $\boldsymbol{B}_2$ 称为**高斯 – 赛德尔迭代法的迭代矩阵**.

迭代公式 (7.25) 的第 i 个分量 $x_i^{(k+1)}$ 的计算公式为

$$x_i^{(k+1)} = \frac{1}{a_{ii}}\left(b_i - \sum_{j=1}^{i-1} a_{ij}x_j^{(k+1)} - \sum_{j=i+1}^{n} a_{ij}x_j^{(k)}\right) \quad (i = 1, 2, \cdots, n) \tag{7.28}$$

即有矩阵形式的公式

$$\boldsymbol{x}^{(k+1)} = \boldsymbol{D}^{-1}(\boldsymbol{b} + \boldsymbol{L}\boldsymbol{x}^{(k+1)} + \boldsymbol{U}\boldsymbol{x}^{(k)}) \tag{7.29}$$

由此可得式 (7.27).

7.2.4 松弛法

松弛法可以看做是高斯–赛德尔迭代法的加速, 这是解大型稀疏矩阵方程组的有效方法之一. 松弛法是把高斯–赛德尔迭代法作了以下改进得到的, 即用高斯–赛德尔

迭代法的公式 (7.29) 得到的向量记为 $\tilde{\boldsymbol{x}}^{(k+1)}$, 并与 $\boldsymbol{x}^{(k)}$ 作组合 $(1-\omega)\boldsymbol{x}^{(k)}+\omega\tilde{\boldsymbol{x}}^{(k+1)}$ 得新的向量, 把新的向量又记为 $\boldsymbol{x}^{(k+1)}$, 即

$$\boldsymbol{x}^{(k+1)}=(1-\omega)\boldsymbol{x}^{(k)}+\omega\tilde{\boldsymbol{x}}^{(k+1)}=(1-\omega)\boldsymbol{x}^{(k)}+\omega\boldsymbol{D}^{-1}(\boldsymbol{b}+\boldsymbol{L}\boldsymbol{x}^{(k+1)}+\boldsymbol{U}\boldsymbol{x}^{(k)})$$

所以 $\boldsymbol{D}\boldsymbol{x}^{(k+1)}=\boldsymbol{D}(1-\omega)\boldsymbol{x}^{(k)}+\omega(\boldsymbol{b}+\boldsymbol{L}\boldsymbol{x}^{(k+1)}+\boldsymbol{U}\boldsymbol{x}^{(k)})$
整理得 $(\boldsymbol{D}-\omega\boldsymbol{L})\boldsymbol{x}^{(k+1)}=((1-\omega)\boldsymbol{D}+\omega\boldsymbol{U})\boldsymbol{x}^{(k)}+\omega\boldsymbol{b}$, 即得

$$\begin{aligned}\boldsymbol{x}^{(k+1)}&=(\boldsymbol{D}-\omega\boldsymbol{L})^{-1}((1-\omega)\boldsymbol{D}+\omega\boldsymbol{U})\boldsymbol{x}^{(k)}+\omega(\boldsymbol{D}-\omega\boldsymbol{L})^{-1}\boldsymbol{b}\\&=\boldsymbol{B}_\omega\boldsymbol{x}^{(k)}+\boldsymbol{g}_\omega\end{aligned}\tag{7.30}$$

式中, $\boldsymbol{B}_\omega=(\boldsymbol{D}-\omega\boldsymbol{L})^{-1}((1-\omega)\boldsymbol{D}+\omega\boldsymbol{U})$, $\boldsymbol{g}_\omega=\omega(\boldsymbol{D}-\omega\boldsymbol{L})^{-1}\boldsymbol{b}$. 迭代公式 (7.30) 就称为松弛法的迭代公式, 其中 $\boldsymbol{B}_\omega$ 称为松弛法的迭代矩阵, ω 称为松弛法的松弛因子, 当 $\omega>1$ 时叫超松弛, $\omega<1$ 时叫低松弛, 当 $\omega=1$ 时迭代公式 (7.30) 就变成迭代公式 (7.27), 所以高斯–赛德尔迭代法可以看做是松弛法的特例.

我们给出矩阵形式的松弛法的迭代公式 (7.30) 就是为了便于讨论迭代公式 (7.30) 的收敛性. 在实际计算中松弛法的迭代公式还是利用组合 $(1-\omega)\boldsymbol{x}^{(k)}+\omega\tilde{\boldsymbol{x}}^{(k+1)}$ 来表示, 其目的是计算 $\boldsymbol{x}^{(k+1)}$ 的第 i 个分量 $x_i^{(k+1)}$ 时要利用已经求出的新的分量 $x_1^{(k+1)}$, $x_2^{(k+1)},\cdots,x_{i-1}^{(k+1)}$. 因此由式 (7.28) 得计算 $\boldsymbol{x}^{(k+1)}$ 的第 i 个分量 $x_i^{(k+1)}$ 的公式为

$$\begin{aligned}x_i^{(k+1)}&=(1-\omega)x_i^{(k)}+\omega\tilde{x}_i^{(k+1)}\\&=(1-\omega)x_i^{(k)}+\frac{\omega}{a_{ii}}\left(b_i-\sum_{j=1}^{i-1}a_{ij}x_j^{(k+1)}-\sum_{j=i+1}^{n}a_{ij}x_j^{(k)}\right)\\&=x_i^{(k)}+\frac{\omega}{a_{ii}}\left(b_i-\sum_{j=1}^{i-1}a_{ij}x_j^{(k+1)}-\sum_{j=i}^{n}a_{ij}x_j^{(k)}\right)\\&\quad(i=1,2,\cdots,n;\ k=0,1,2,\cdots)\end{aligned}\tag{7.31}$$

前面介绍的几种迭代格式都是式 (7.16) 形式的迭代格式. 为讨论迭代公式 (7.16) 的收敛性, 介绍以下内容.

7.3 迭代法的收敛性

在做迭代计算时, 任取初始向量 $\boldsymbol{x}^{(0)}$, 利用迭代格式 (7.16) 构造向量序列 $\{\boldsymbol{x}^{(k)}\}$, 那么这个向量序列是否一定收敛呢? 先看两个例子.

例 1 已知方程组

$$\begin{cases} 9x_1 - x_2 - 2x_3 = 1 \\ x_1 + 10x_2 - x_3 = 18 \\ x_1 + 2x_2 - 6x_3 = -13 \end{cases}$$

的准确解是 $x_1^* = 1, x_2^* = 2, x_3^* = 3$

把方程组改写成

$$\begin{cases} x_1 = \frac{1}{9}x_2 + \frac{2}{9}x_3 + \frac{1}{9} \\ x_2 = -\frac{1}{10}x_1 + \frac{1}{10}x_3 + \frac{9}{5} \\ x_3 = \frac{1}{6}x_1 + \frac{1}{3}x_2 + \frac{13}{6} \end{cases}$$

取 $x_1^{(0)} = x_2^{(0)} = x_3^{(0)} = 0$, 采用雅可比迭代法, 计算结果如表 7.1 所示. 从计算结果看出, 向量序列收敛, 并以准确解为其极限.

表 7.1 计算结果

k	$(x_1^{(k)}, x_2^{(k)}, x_3^{(k)})$	k	$(x_1^{(k)}, x_2^{(k)}, x_3^{(k)})$
0	(0, 0, 0)	6	(0.99985, 2.00009, 2.99970)
1	(0.11111, 1.80000, 2.16667)	7	(0.99994, 1.99999, 3.00000)
2	(0.79259, 2.00556, 2.78518)	8	(0.99999, 2.00000, 3.00000)
3	(0.95288, 1.99926, 2.96728)	9	(0.99999, 2.00000, 3.00000)
4	(0.99265, 2.00144, 2.99190)	10	(1.00000, 2.00000, 3.00000)
5	(0.99836, 1.99993, 2.99925)	11	(1.00000, 2.00000, 3.00000)

例 2 方程组

$$\begin{cases} 2x_1 - x_2 + x_3 = -1 \\ x_1 + x_2 + x_3 = 2 \\ x_1 + x_2 - 2x_3 = 5 \end{cases}$$

的准确解是 $x_1^* = 1,\ x_2^* = 2,\ x_3^* = -1$

把方程组改写成

$$\begin{cases} x_1 = \frac{1}{2}x_2 - \frac{1}{2}x_3 - \frac{1}{2} \\ x_2 = -x_1 - x_3 + 2 \\ x_3 = \frac{1}{2}x_1 + \frac{1}{2}x_2 - \frac{5}{2} \end{cases}$$

取初始向量 $x_1^{(0)} = x_2^{(0)} = x_3^{(0)} = 0$, 采用雅可比迭代法, 计算结果如表 7.2 所示. 从表中可以看到, 这样迭代下去是不会收敛的.

表 7.2 计算结果

k	$(x_1^{(k)}, x_2^{(k)}, x_3^{(k)})$	k	$(x_1^{(k)}, x_2^{(k)}, x_3^{(k)})$
0	(0, 0, 0)	9	(−2.66211, 2, −4.66211)
1	(−0.5, 2, −2.5)	10	(2.83105, 9.32242, −2.83105)
2	(1.75, 5, 1.75)	···	···
3	(2.875, 2, 0.875)	19	(19.1758, 2, 10.1758)
4	(0.0625, −1.75, −0.0625)	20	(−4.5879, −20.3517, 4.5879)
5	(−1.34375, 2, −3.34375)	···	···
6	(2.17187, 6.6875, −2.17187)	39	(105.083, 2, 103.083)
7	(3.92969, 2, −1.92969)	40	(−51.041, −206.166, 51.041)
8	(−0.46484, −3.85937, 0.46484)	···	···

从上面两个例子看出, 迭代序列收敛是需要条件的, 下面给出保证收敛的条件.

定理 6 对任何初始向量 $\boldsymbol{x}^{(0)}$ 和常数项 $\boldsymbol{g}$, 由迭代公式

$$\boldsymbol{x}^{(k+1)} = \boldsymbol{B}\boldsymbol{x}^{(k)} + \boldsymbol{g}(k = 0, 1, 2, \cdots) \tag{7.16}$$

产生的向量序列 $\{\boldsymbol{x}^{(k)}\}$ 收敛且极限与初值无关的充分必要条件是：$\rho(\boldsymbol{B}) < 1$, 其中 $\rho(\boldsymbol{B})$ 是迭代矩阵 $\boldsymbol{B}$ 的谱半径.

证明 先证必要性, 假设 $\{\boldsymbol{x}^{(k)}\}$ 收敛到 $\boldsymbol{x}^*$, 即 $\lim\limits_{k\to\infty} \boldsymbol{x}^{(k)} = \boldsymbol{x}^*$, 则有

$$\boldsymbol{x}^* = \boldsymbol{B}\boldsymbol{x}^* + \boldsymbol{g} \tag{7.17}$$

令 $\boldsymbol{\varepsilon}_k = \boldsymbol{x}^{(k)} - \boldsymbol{x}^*$ 表示第 k 次迭代的近似值和准确解之误差, 因

$$\boldsymbol{x}^{(k+1)} - \boldsymbol{x}^* = \boldsymbol{B}\boldsymbol{x}^{(k)} - \boldsymbol{B}\boldsymbol{x}^* = \boldsymbol{B}(\boldsymbol{x}^{(k)} - \boldsymbol{x}^*) \tag{7.32}$$

所以有

$$\boldsymbol{\varepsilon}_{k+1} = \boldsymbol{B}\boldsymbol{\varepsilon}_k, \ k = 0, 1, 2, \cdots$$

或者写成

$$\boldsymbol{\varepsilon}_{k+1} = \boldsymbol{B}\boldsymbol{\varepsilon}_k = \boldsymbol{B}^2\boldsymbol{\varepsilon}_{k-1} = \cdots = \boldsymbol{B}^{k+1}\boldsymbol{\varepsilon}_0 \tag{7.33}$$

对于任意初始误差向量 $\boldsymbol{\varepsilon}_0$, 要使向量序列 $\{\boldsymbol{B}^k\boldsymbol{\varepsilon}_0\}$ 收敛于零向量, 必须有

$$\lim_{k\to\infty} \boldsymbol{B}^k = \boldsymbol{0} \tag{7.34}$$

因此由定理 5 可知必有 $\rho(\boldsymbol{B}) < 1$.

再证充分性, 假设 $\rho(\boldsymbol{B})<1$, 则可以证明 $\boldsymbol{I}-\boldsymbol{B}$ 是非奇异, 从而线性方程组

$$(\boldsymbol{I}-\boldsymbol{B})\boldsymbol{x}=\boldsymbol{g} \tag{7.35}$$

有唯一解, 现记为 $\boldsymbol{x}^*$, 于是由定理 5 可知式 (7.34) 仍成立, 所以由式 (7.33) 推出 $\lim\limits_{k\to\infty}\boldsymbol{x}^{(k)}=\boldsymbol{x}^*$, 定理证毕.

从定理 6 看出, 迭代公式是否收敛只与迭代矩阵的谱半径有关, 而迭代矩阵 $\boldsymbol{B}$ 是由系数矩阵 $\boldsymbol{A}$ 演变过来的, 所以迭代是否收敛是与系数矩阵 $\boldsymbol{A}$ 及演变方式有关, 与右端项和初始迭代向量的选择无关. 所以若在迭代过程中发生错误, 只要以后不再发生, 这个错误会被逐步地纠正过来, 不妨碍得到正确解, 这就是迭代计算的一个可行之处.

前面给出了迭代收敛的充分必要条件是迭代矩阵的谱半径小于 1. 在具体问题中, 有时谱半径的计算是有一定难度的, 但由于有 $\rho(\boldsymbol{B})\leqslant\|\boldsymbol{B}\|$, 所以可以用 $\|\boldsymbol{B}\|$ 来作为 $\rho(\boldsymbol{B})$ 的一种估计. 当 $\|\boldsymbol{B}\|<1$ 时迭代公式一定收敛, 不过这只是收敛的充分条件, 即当 $\|\boldsymbol{B}\|\geqslant 1$ 时迭代公式也可能收敛, 看下面结果.

定理 7　对迭代格式 (7.16), 若迭代矩阵 $\boldsymbol{B}$ 的范数 $\|\boldsymbol{B}\|=q<1$, 则由迭代格式得到的向量序列 $\{\boldsymbol{x}^{(k)}\}$ 收敛于线性方程组 (7.14) 的解 $\boldsymbol{x}^*$, 且对第 k 次的迭代 $\boldsymbol{x}^{(k)}$ 有误差估计式

$$\|\boldsymbol{x}^{(k)}-\boldsymbol{x}^*\|\leqslant\frac{q}{1-q}\|\boldsymbol{x}^{(k-1)}-\boldsymbol{x}^{(k)}\|\leqslant\frac{q^k}{1-q}\|\boldsymbol{x}^{(0)}-\boldsymbol{x}^{(1)}\| \tag{7.36}$$

证明　由迭代公式 (7.16) 得到

$$\boldsymbol{x}^{(k+1)}-\boldsymbol{x}^{(k)}=\boldsymbol{B}(\boldsymbol{x}^{(k)}-\boldsymbol{x}^{(k-1)})=\cdots=\boldsymbol{B}^k(\boldsymbol{x}^{(1)}-\boldsymbol{x}^{(0)})$$

$$\|\boldsymbol{x}^{(k+1)}-\boldsymbol{x}^{(k)}\|\leqslant q\|\boldsymbol{x}^{(k)}-\boldsymbol{x}^{(k-1)}\|\leqslant\cdots\leqslant q^k\|\boldsymbol{x}^{(1)}-\boldsymbol{x}^{(0)}\| \tag{7.37}$$

又因为

$$\boldsymbol{x}^{(k)}-\boldsymbol{x}^*=\boldsymbol{x}^{(k)}-\boldsymbol{x}^{(k+1)}+\boldsymbol{x}^{(k+1)}-\boldsymbol{x}^*,$$

即

$$\|\boldsymbol{x}^{(k)}-\boldsymbol{x}^*\|\leqslant\|\boldsymbol{x}^{(k)}-\boldsymbol{x}^{(k+1)}\|+\|\boldsymbol{x}^{(k+1)}-\boldsymbol{x}^*\|$$

因此利用式 (7.32) 和式 (7.37) 可得

$$\|\boldsymbol{x}^{(k)}-\boldsymbol{x}^*\|\leqslant\|\boldsymbol{x}^{(k)}-\boldsymbol{x}^{(k+1)}\|+\|\boldsymbol{x}^{(k+1)}-\boldsymbol{x}^*\|\leqslant q\|\boldsymbol{x}^{(k-1)}-\boldsymbol{x}^{(k)}\|+q\|\boldsymbol{x}^{(k)}-\boldsymbol{x}^*\|$$

对以上表达式合并同类项, 当 $q<1$ 时得到

$$\|\boldsymbol{x}^{(k)}-\boldsymbol{x}^*\| \leqslant \frac{q}{1-q}\|\boldsymbol{x}^{(k-1)}-\boldsymbol{x}^{(k)}\| \leqslant \cdots \leqslant \frac{q^k}{1-q}\|\boldsymbol{x}^{(0)}-\boldsymbol{x}^{(1)}\|$$

因 $q<1$, 由上式得向量序列 $\{\boldsymbol{x}^{(k)}\}$ 收敛于 $\boldsymbol{x}^*$, 根据式 (7.16) 可得 $\boldsymbol{x}^*$ 是线性方程组 (7.14) 的解, 定理证毕.

为了使误差向量的 $\|\boldsymbol{\varepsilon}_k\|$ 小于要求的精度 ε, 可以利用这一估计式来计算需要迭代的次数, 但一般来说, 这样计算出来的迭代次数偏大, 在实际中很少采用. 在实际计算时, 若允许误差是 ε, 只要看相邻两次迭代向量的差如果满足关系式 $\|\boldsymbol{x}^{(k-1)}-\boldsymbol{x}^{(k)}\|<\varepsilon'$, 那么迭代即可停止, 这里 ε' 与 ε 有关系 $\varepsilon' \leqslant \dfrac{1-\|\boldsymbol{B}\|}{\|\boldsymbol{B}\|}\varepsilon$.

下面用定理来检验上面的两个例子. 对例 1 来说, 雅可比迭代法的迭代矩阵为

$$\boldsymbol{B}_1=\begin{bmatrix} 0 & \frac{1}{9} & \frac{2}{9} \\ -\frac{1}{10} & 0 & \frac{1}{10} \\ \frac{1}{6} & \frac{1}{3} & 0 \end{bmatrix}$$

则 $\|\boldsymbol{B}_1\|_\infty=\dfrac{1}{2}<1$, 因此由定理 7 得雅可比迭代法的迭代公式收敛. 而用定理 6 来判断, 那么矩阵 $\boldsymbol{B}_1$ 的特征方程是 $|\lambda\boldsymbol{I}-\boldsymbol{B}_1|=\lambda^3-\dfrac{8}{135}\lambda+\dfrac{1}{180}=\lambda^3-0.0592592\lambda+0.00556=0$. 因此计算特征值有一定难度, 比计算行范数难, 若查公式, 其特征值可以计算, 即有 $\lambda_1=0.18243$, $\lambda_{2,3}=-0.32479\pm0.15797\mathrm{i}$, 也就是说 $\rho(\boldsymbol{B}_1)\approx0.3612<1$, 所以雅可比迭代法是收敛的.

对例 2 的迭代矩阵 $\boldsymbol{B}_1=\begin{bmatrix} 0 & \frac{1}{2} & -\frac{1}{2} \\ -1 & 0 & -1 \\ \frac{1}{2} & \frac{1}{2} & 0 \end{bmatrix}$, 征方程为 $|\lambda\boldsymbol{I}-\boldsymbol{B}_1|=\lambda^3+\dfrac{5}{4}\lambda=0$. 计算特征值得 $\lambda_1=0$, $\lambda_{2,3}=\pm\dfrac{\sqrt{5}}{2}\mathrm{i}$, 也就是说 $\rho(\boldsymbol{B}_1)=\dfrac{\sqrt{5}}{2}>1$, 故雅可比迭代法不收敛.

例 3 已知有线性方程组

$$\begin{cases} x_1+\frac{1}{2}x_2+\frac{1}{2}x_3=1 \\ \frac{1}{2}x_1+x_2+\frac{1}{2}x_3=1 \\ \frac{1}{2}x_1+\frac{1}{2}x_2+x_3=0 \end{cases}$$

试讨论雅可比迭代法、高斯–赛德尔迭代法的收敛性.

解　因

$$
\boldsymbol{A}=\begin{bmatrix}1 & \frac{1}{2} & \frac{1}{2}\\ \frac{1}{2} & 1 & \frac{1}{2}\\ \frac{1}{2} & \frac{1}{2} & 1\end{bmatrix},\ \boldsymbol{D}=\begin{bmatrix}1 & 0 & 0\\ 0 & 1 & 0\\ 0 & 0 & 1\end{bmatrix},\ \boldsymbol{L}=\begin{bmatrix}0 & 0 & 0\\ -\frac{1}{2} & 0 & 0\\ -\frac{1}{2} & -\frac{1}{2} & 0\end{bmatrix},
$$

$$
\boldsymbol{U}=\begin{bmatrix}0 & -\frac{1}{2} & -\frac{1}{2}\\ 0 & 0 & -\frac{1}{2}\\ 0 & 0 & 0\end{bmatrix}
$$

所以有 $\boldsymbol{B}_1=\boldsymbol{D}^{-1}(\boldsymbol{L}+\boldsymbol{U})=\begin{bmatrix}0 & -\frac{1}{2} & -\frac{1}{2}\\ -\frac{1}{2} & 0 & -\frac{1}{2}\\ -\frac{1}{2} & -\frac{1}{2} & 0\end{bmatrix}$,

所以 $|\lambda \boldsymbol{I}-\boldsymbol{B}_1|=\lambda^3-\frac{3}{4}\lambda+\frac{1}{4}=0$

由于 $\lambda=-1$ 是特征方程的一个根, 所以 $\rho(\boldsymbol{B}_1)\geqslant 1$, 由定理可知雅可比迭代法不收敛.

$$
\boldsymbol{B}_2=(\boldsymbol{D}-\boldsymbol{L})^{-1}\boldsymbol{U}=\begin{bmatrix}1 & 0 & 0\\ -\frac{1}{2} & 1 & 0\\ -\frac{1}{4} & -\frac{1}{2} & 1\end{bmatrix}\begin{bmatrix}0 & -\frac{1}{2} & -\frac{1}{2}\\ 0 & 0 & -\frac{1}{2}\\ 0 & 0 & 0\end{bmatrix}=\begin{bmatrix}0 & -\frac{1}{2} & -\frac{1}{2}\\ 0 & \frac{1}{4} & -\frac{1}{4}\\ 0 & \frac{1}{8} & \frac{3}{8}\end{bmatrix}
$$

所以 $|\lambda \boldsymbol{I}-\boldsymbol{B}_2|=\lambda\left(\lambda^2-\frac{5}{8}\lambda+\frac{1}{8}\right)=0,\ \lambda_1=0,\ \lambda_{2,3}=\frac{5}{16}\pm\frac{\sqrt{7}}{16}\mathrm{i}$

所以 $\rho(\boldsymbol{B}_2)=\left|\frac{5}{16}+\frac{\sqrt{7}}{16}\mathrm{i}\right|=\frac{\sqrt{2}}{4}<1$, 由定理可知高斯–赛德尔迭代法收敛.

定义 6　如果矩阵 $\boldsymbol{A}$ 通过有限次行的次序的交换和相应列的次序的交换后不能成为

$$
\begin{bmatrix}\boldsymbol{A}_{11} & \boldsymbol{A}_{12}\\ 0 & \boldsymbol{A}_{22}\end{bmatrix}
$$

其中 $\boldsymbol{A}_{11}, \boldsymbol{A}_{22}$ 为方阵, 则称 $\boldsymbol{A}$ 为不可约矩阵.

若矩阵 $\boldsymbol{A}$ 具有严格对角占优, 或者不可约且具有对角占优, 则 $|\boldsymbol{A}| \neq 0$.

定理 8 若线性方程组 (7.14) 的系数矩阵 $\boldsymbol{A}$ 具有严格对角占优, 或者不可约且具有对角占优, 则雅可比迭代法、高斯–赛德尔迭代法均收敛.

证明 根据定理 6, 只要证明雅可比迭代法的迭代矩阵 $\boldsymbol{B}_1$ 满足 $\rho(\boldsymbol{B}_1) < 1$ 即可.

用反证法, 假设雅可比迭代法不收敛, 则雅可比迭代法的迭代矩阵 $\boldsymbol{B}_1$ 有特征值 μ, 使得 $|\mu| \geqslant 1$. 由于 μ 是 $\boldsymbol{B}_1$ 的特征值, 因此 μ 满足特征方程 $|\mu \boldsymbol{I} - \boldsymbol{B}_1| = 0$. 而 $\boldsymbol{A}$ 是严格对角占优或者不可约且具有对角占优, 所以 $a_{ii} \neq 0 (i = 1, 2, \cdots, n)$, 即 $|\boldsymbol{D}| \neq 0$, 因此 $\boldsymbol{D}^{-1}$ 存在, 所以

$$\mu \boldsymbol{I} - \boldsymbol{B}_1 = \mu \boldsymbol{I} - \boldsymbol{D}^{-1}(\boldsymbol{L} + \boldsymbol{U}) = \boldsymbol{D}^{-1}(\mu \boldsymbol{D} - \boldsymbol{L} - \boldsymbol{D})$$

两端取行列式得

$$|\mu \boldsymbol{I} - \boldsymbol{B}_1| = \left|\boldsymbol{D}^{-1}\right| \cdot |\mu \boldsymbol{D} - \boldsymbol{L} - \boldsymbol{U}| = 0$$

由于 $\left|\boldsymbol{D}^{-1}\right| \neq 0$, 必有

$$|\mu \boldsymbol{D} - \boldsymbol{L} - \boldsymbol{U}| = 0 \tag{7.38}$$

但另一方面矩阵

$$\mu \boldsymbol{D} - \boldsymbol{L} - \boldsymbol{D} = \begin{bmatrix} \mu a_{11} & a_{12} & \cdots & a_{1n} \\ a_{21} & \mu a_{22} & \cdots & a_{2n} \\ \vdots & \vdots & \vdots & \vdots \\ a_{n1} & a_{n2} & \cdots & \mu a_{nn} \end{bmatrix} \tag{7.39}$$

中 i 行 j 列元素的排序方法和位置与矩阵 $\boldsymbol{A}$ 的元素的排序方法和位置是相同的, 不同的只是 $\boldsymbol{A}$ 的对角线元素乘以 μ 便可得到矩阵 $\mu \boldsymbol{D} - \boldsymbol{L} - \boldsymbol{D}$, 故由 $\boldsymbol{A}$ 的不可约性可推出矩阵 (7.39) 的不可约性. 又由于 $|\mu| \geqslant 1$, 所以

$$|\mu a_{ii}| \geqslant |a_{ii}| \geqslant \sum_{\substack{j=1 \\ i \neq j}}^{n} |a_{ij}| \ (i = 1, 2, \cdots, n)$$

并且至少有一个或所有 i 不等号严格成立, 也就是说, 矩阵 (7.39) 也是不可约且对角占优或严格对角占优, 因此有

$$|\mu \boldsymbol{D} - \boldsymbol{L} - \boldsymbol{U}| \neq 0$$

这与式 (7.38) 相矛盾, 故 $\boldsymbol{B}_1$ 的特征值 μ 的绝对值或模不能大于等于 1, 即 $\boldsymbol{B}_1$ 的特征值 μ 必须都满足 $|\mu|<1$, 所以 $\rho(\boldsymbol{B}_1)<1$.

类似地还可以证明, 高斯–赛德尔迭代法也收敛, 定理得证.

定理 9 松弛法收敛的必要条件是 $0<\omega<2$.

证明 设松弛法收敛, 则根据定理 6 必有 $\rho(\boldsymbol{B}_\omega)<1$. 设 $\lambda_1,\lambda_2,\cdots,\lambda_n$ 是矩阵 $\boldsymbol{B}_\omega$ 的 n 个特征值, 由矩阵 $\boldsymbol{B}_\omega$ 的特征方程的性质知道

$$|\det \boldsymbol{B}_\omega|=|\lambda_1\lambda_2\cdots\lambda_n|\leqslant(\max_i|\lambda_i|)^n=(\rho(\boldsymbol{B}_\omega))^n<1$$

再由 $\boldsymbol{B}_\omega$ 的定义知

$$\boldsymbol{B}_\omega=(\boldsymbol{D}-\omega\boldsymbol{L})^{-1}((1-\omega)\boldsymbol{D}+\omega\boldsymbol{U})$$

而 $\boldsymbol{D}-\omega\boldsymbol{L}=\begin{bmatrix} a_{11} & & & 0 \\ & a_{22} & & \\ & \omega a_{ij} & \ddots & \\ & & & a_{nn}\end{bmatrix}$, 因此逆矩阵为 $(\boldsymbol{D}-\omega\boldsymbol{L})^{-1}=\begin{bmatrix} a_{11}^{-1} & & & 0 \\ & a_{22}^{-1} & & \\ & c_{ij} & \ddots & \\ & & & a_{nn}^{-1}\end{bmatrix}$,

所以 $\left|(\boldsymbol{D}-\omega\boldsymbol{L})^{-1}\right|=a_{11}^{-1}a_{22}^{-1}\cdots a_{nn}^{-1}$. 而

$$(1-\omega)\boldsymbol{D}+\omega\boldsymbol{U}=\begin{bmatrix}(1-\omega)a_{11} & & & \\ & (1-\omega)a_{22} & -\omega a_{ij} & \\ 0 & \ddots & & \\ & & & (1-\omega)a_{nn}\end{bmatrix},$$

即 $|(1-\omega)\boldsymbol{D}+\omega\boldsymbol{U}|=(1-\omega)^n a_{11}a_{22}\cdots a_{nn}$, 所以得

$$\begin{aligned}|\boldsymbol{B}_\omega|&=\left|(\boldsymbol{D}-\omega\boldsymbol{L})^{-1}((1-\omega)\boldsymbol{D}+\omega\boldsymbol{U})\right|=\left|(\boldsymbol{D}-\omega\boldsymbol{L})^{-1}\right|\left|(1-\omega)\boldsymbol{D}+\omega\boldsymbol{U}\right|\\&=a_{11}^{-1}a_{22}^{-1}\cdots a_{nn}^{-1}(1-\omega)^n a_{11}a_{22}\cdots a_{nn}=(1-\omega)^n\end{aligned}$$

因 $|\boldsymbol{B}_\omega|<1$, 即 $|(1-\omega)^n|<1$, 所以 $|1-\omega|<1$ 或 $0<\omega<2$, 即定理得证.

上述定理说明, 对于任何系数矩阵 $\boldsymbol{A}$, 若要松弛法收敛, 选取松弛因子 ω 必须满足 $0<\omega<2$. 然而, 当松弛因子满足条件 $0<\omega<2$ 时, 并不是对所有系数矩阵 $\boldsymbol{A}$ 松弛法均收敛, 下面再给一个松弛法收敛的充分条件.

定理 10 若线性方程组 (7.14) 的系数矩阵 $\boldsymbol{A}$ 是严格对角占优, 或者不可约, 且对角占优, 那么当松弛因子 ω 满足 $0<\omega\leqslant 1$ 时松弛法收敛.

证明 根据定理 6, 只要证明 $\rho(\boldsymbol{B}_\omega)<1$ 即可. 用反证法, 假设迭代矩阵 $\boldsymbol{B}_\omega$ 有特征值 $|\mu|\geqslant 1$. 因 μ 满足 $|\mu\boldsymbol{I}-\boldsymbol{B}_\omega|=0$, 即有

$$\begin{aligned}\left|\mu\boldsymbol{I}-(\boldsymbol{D}-\omega\boldsymbol{L})^{-1}((1-\omega)\boldsymbol{D}+\omega\boldsymbol{U})\right| &= \left|(\boldsymbol{D}-\omega\boldsymbol{L})^{-1}\right|\left|\mu(\boldsymbol{D}-\omega\boldsymbol{L})-((1-\omega)\boldsymbol{D}+\omega\boldsymbol{U})\right| \\ &= \left|(\boldsymbol{D}-\omega\boldsymbol{L})^{-1}\right|\left|(\mu-1+\omega)\boldsymbol{D}-\mu\omega\boldsymbol{L}-\omega\boldsymbol{U}\right|=0\end{aligned}$$

因 $\left|(\boldsymbol{D}-\omega\boldsymbol{L})^{-1}\right|\neq 0$, 所以必有

$$\begin{aligned}&\left|(\mu-1+\omega)\boldsymbol{D}-\mu\omega\boldsymbol{L}-\omega\boldsymbol{U}\right| \\ =&\begin{vmatrix}(\mu-1+\omega)a_{11} & & & & \\ \cdots & \cdots & \cdots & & \\ \mu\omega a_{ij} & \cdots & (\mu-1+\omega)a_{ii} & \cdots & \omega a_{ij} \\ & \cdots & \cdots & \cdots & \\ & & & & (\mu-1+\omega)a_{nn}\end{vmatrix}=0\end{aligned} \tag{7.40}$$

因 $\mu\omega-\mu-\omega+1=(\mu-1)(\omega-1)\leqslant 0$, $\sum\limits_{j=1}^{i-1}|a_{ij}|+\sum\limits_{j=i+1}^{n}|a_{ij}|\leqslant|a_{ii}|$, 则对矩阵 $(\mu-1+\omega)\boldsymbol{D}-\mu\omega\boldsymbol{L}-\omega\boldsymbol{U}$ 有

$$\sum_{j=1}^{i-1}|\mu\omega a_{ij}|+\sum_{j=i+1}^{n}|\omega a_{ij}|\leqslant\mu\omega\left(\sum_{j=1}^{i-1}|a_{ij}|+\sum_{j=i+1}^{n}|a_{ij}|\right)\leqslant(\mu+\omega-1)\,|a_{ii}|$$

所以矩阵 $(\mu-1+\omega)\boldsymbol{D}-\mu\omega\boldsymbol{L}-\omega\boldsymbol{U}$ 严格对角占优, 或者不可约, 且对角占优性质与矩阵 $\boldsymbol{A}$ 相同, 从而由矩阵 $\boldsymbol{A}$ 的条件可得矩阵 $(\mu-1+\omega)\boldsymbol{D}-\mu\omega\boldsymbol{L}-\omega\boldsymbol{U}$ 也是严格对角占优, 或者不可约, 即对矩阵 $(\mu-1+\omega)\boldsymbol{D}-\mu\omega\boldsymbol{L}-\omega\boldsymbol{U}$ 有

$$\left|(\mu-1+\omega)\boldsymbol{D}-\mu\omega\boldsymbol{L}-\omega\boldsymbol{U}\right|\neq 0$$

这与式 (7.40) 矛盾, 故迭代矩阵 $\boldsymbol{B}_\omega$ 的特征值必须满足 $|\boldsymbol{\mu}|<1$, 所以松弛法收敛, 即定理得证.

7.4 误 差 分 析

在数值分析中用某种计算方法解线性方程组得到的数值结果不能达到精度要求的原因可能有两种情况：一种是线性方程组本身有“问题”，另一种是选择的计算方法不合理. 本节讨论线性方程组的状态, 就是考察线性方程组本身的“好”、“坏”问题.

对线性方程组 $\boldsymbol{Ax}=\boldsymbol{b}$, 若 $\boldsymbol{A}$ 或 $\boldsymbol{b}$ 带有误差, 即 $\boldsymbol{A}$ 或 $\boldsymbol{b}$ 受到微小扰动后对解有何影响, 这就是线性方程组的敏感性. 在实际问题中提供的数据 ($\boldsymbol{A}$ 或 $\boldsymbol{b}$) 常常是带有一定的误差, 而这种误差对线性方程组的解是有影响的, 下面讨论线性方程组

$$\boldsymbol{Ax}=\boldsymbol{b} \tag{7.41}$$

的 $\boldsymbol{A}$ 或 $\boldsymbol{b}$ 有微小扰动时对解的影响, 为此先看以下例子.

例 4　设有线性方程组

$$\begin{cases} 9x_1+10x_2=1.8 \\ 8x_1+9x_2=1.6 \end{cases} \quad 或 \quad \boldsymbol{Ax}=\boldsymbol{b}$$

其精确解为 $\boldsymbol{x}=(0.2,0)^{\mathrm{T}}$.

现考察右端常数项 $\boldsymbol{b}=(b_1,b_2)^{\mathrm{T}}$ 的微小扰动对解的影响, 考察方程组:

$$\begin{cases} 9\tilde{x}_1+10\tilde{x}_2=1.81 \\ 8\tilde{x}_1+9\tilde{x}_2=1.59 \end{cases} \quad 或 \quad \boldsymbol{A}\tilde{\boldsymbol{x}}=\tilde{\boldsymbol{b}} \tag{7.42}$$

式中, $\tilde{\boldsymbol{x}}=\boldsymbol{x}+\delta\boldsymbol{x}$, $\tilde{\boldsymbol{b}}=\boldsymbol{b}+\delta\boldsymbol{b}$, $\delta\boldsymbol{b}=(0.01,-0.01)^{\mathrm{T}}$, 解式 (7.42) 得 $\tilde{\boldsymbol{x}}=(0.39,-0.17)^{\mathrm{T}}$, 所以有 $\delta\boldsymbol{x}=(0.19,-0.17)^{\mathrm{T}}$.

应该看到右端常数项 $\boldsymbol{b}$ 的各分量只扰动了 0.01, 而线性方程组解 $\tilde{\boldsymbol{x}}$ 的扰动相对于原来的解 $\boldsymbol{x}$ 的扰动是比较大的, 即线性方程组的解对原始数据的变化比较敏感. 这样的线性方程组就称为“*病态*”*方程组*, 若线性方程组的解对原始数据的变化不敏感, 则称线性方程组为“*良态*”或“*稳态*”*方程组*. 那么如何估计 $\boldsymbol{A}$ 或 $\boldsymbol{b}$ 的微小扰动对解的影响呢? 看以下讨论.

先考察右端项 $\boldsymbol{b}$ 的微小扰动对解的影响. 设 $\boldsymbol{b}$ 受到扰动 $\Delta\boldsymbol{b}$, 从而相应的解 $\boldsymbol{x}$ 有扰动 $\Delta\boldsymbol{x}$, 这样有扰动方程

$$\boldsymbol{A}(\boldsymbol{x}+\Delta\boldsymbol{x})=\boldsymbol{b}+\Delta\boldsymbol{b}$$

由于 $\boldsymbol{Ax}=\boldsymbol{b}$, 所以由以上扰动方程得 $\boldsymbol{A}\Delta\boldsymbol{x}=\Delta\boldsymbol{b}$, 而 $\boldsymbol{A}$ 非奇异, 故 $\Delta\boldsymbol{x}=\boldsymbol{A}^{-1}\Delta\boldsymbol{b}$, 那么两边取范数得

$$\|\Delta\boldsymbol{x}\|\leqslant\left\|\boldsymbol{A}^{-1}\right\|\|\Delta\boldsymbol{b}\| \tag{7.43}$$

又因为

$$\|\boldsymbol{b}\|\leqslant\|\boldsymbol{A}\|\|\boldsymbol{x}\| \tag{7.44}$$

因此得 $\|\Delta \boldsymbol{x}\|\,\|\boldsymbol{b}\| \leqslant \|\boldsymbol{A}\|\,\|\boldsymbol{A}^{-1}\|\,\|\boldsymbol{x}\|\,\|\Delta \boldsymbol{b}\|$, 即

$$\frac{\|\Delta \boldsymbol{x}\|}{\|\boldsymbol{x}\|} \leqslant \|\boldsymbol{A}\|\,\|\boldsymbol{A}^{-1}\|\,\frac{\|\Delta \boldsymbol{b}\|}{\|\boldsymbol{b}\|} \tag{7.45}$$

上式表明, 右端项 $\boldsymbol{b}$ 有微小扰动时, 解的相对误差不超过右端项的相对误差的 $\|\boldsymbol{A}\|\,\|\boldsymbol{A}^{-1}\|$ 倍.

若右端项 $\boldsymbol{b}$ 是精确的, $\boldsymbol{A}$ 有微小扰动 $\Delta \boldsymbol{A}$ 时, 方程组相应的解 $\boldsymbol{x}$ 也有扰动 $\Delta \boldsymbol{x}$, 这样有扰动方程

$$(\boldsymbol{A}+\Delta \boldsymbol{A})(\boldsymbol{x}+\Delta \boldsymbol{x})=\boldsymbol{b}$$

同理因 $\boldsymbol{A}\boldsymbol{x}=\boldsymbol{b}$, 所以有

$$\boldsymbol{A}\Delta \boldsymbol{x}=-\Delta \boldsymbol{A}(\boldsymbol{x}+\Delta \boldsymbol{x})$$

$$\Delta \boldsymbol{x}=-\boldsymbol{A}^{-1}\Delta \boldsymbol{A}(x+\Delta \boldsymbol{x}) \tag{7.46}$$

若 $\|\boldsymbol{A}^{-1}\|\,\|\Delta \boldsymbol{A}\|<1$, 则有 $\rho(\boldsymbol{A}^{-1}\Delta \boldsymbol{A}) \leqslant \|\boldsymbol{A}^{-1}\Delta \boldsymbol{A}\| \leqslant \|\boldsymbol{A}^{-1}\|\,\|\Delta \boldsymbol{A}\|<1$, 由此可以证明 $\boldsymbol{I}+\boldsymbol{A}^{-1}\Delta \boldsymbol{A}$ 非奇异. 即得 $\boldsymbol{A}+\Delta \boldsymbol{A}$ 非奇异, 这是因为 $\boldsymbol{A}+\Delta \boldsymbol{A}=\boldsymbol{A}(\boldsymbol{I}+\boldsymbol{A}^{-1}\Delta \boldsymbol{A})$. 所以扰动方程 $(\boldsymbol{A}+\Delta \boldsymbol{A})(\boldsymbol{x}+\Delta \boldsymbol{x})=\boldsymbol{b}$ 有唯一解.

对式 (7.46) 两边取范数得 $\|\Delta \boldsymbol{x}\| \leqslant \|\Delta \boldsymbol{A}\|\,\|\boldsymbol{A}^{-1}\|\,(\|\boldsymbol{x}\|+\|\Delta \boldsymbol{x}\|)$, 即

$$\|\Delta \boldsymbol{x}\|\,(1-\|\Delta \boldsymbol{A}\|\,\|\boldsymbol{A}^{-1}\|) \leqslant \|\Delta \boldsymbol{A}\|\,\|\boldsymbol{A}^{-1}\|\,\|\boldsymbol{x}\| \tag{7.47}$$

用不等式 (7.47) 可推出

$$\frac{\|\Delta \boldsymbol{x}\|}{\|\boldsymbol{x}\|} \leqslant \frac{\|\Delta \boldsymbol{A}\|\,\|\boldsymbol{A}^{-1}\|}{1-\|\Delta \boldsymbol{A}\|\,\|\boldsymbol{A}^{-1}\|}=\frac{\|\boldsymbol{A}\|\,\|\boldsymbol{A}^{-1}\|\,\dfrac{\|\Delta \boldsymbol{A}\|}{\|\boldsymbol{A}\|}}{1-\|\boldsymbol{A}\|\,\|\boldsymbol{A}^{-1}\|\,\dfrac{\|\Delta \boldsymbol{A}\|}{\|\boldsymbol{A}\|}} \tag{7.48}$$

上式表明, $\boldsymbol{A}$ 有微小扰动时, 解的相对误差与 $\boldsymbol{A}$ 的相对误差的关系由常数 $\|\boldsymbol{A}\|\,\|\boldsymbol{A}^{-1}\|$ 来刻画.

定义 7 数 $\|\boldsymbol{A}\|\,\|\boldsymbol{A}^{-1}\|$ 称为矩阵 $\boldsymbol{A}$ 的条件数, 记为 $\mathrm{cond}(\boldsymbol{A})$.

条件数在一定程度上刻画了矩阵 $\boldsymbol{A}$ 或常数项 $\boldsymbol{b}$ 的扰动对方程组解的影响, 根据式 (7.45)、式 (7.48), 系数矩阵 $\boldsymbol{A}$ 的条件数 $\mathrm{cond}(\boldsymbol{A})$ 越小, $\boldsymbol{A}$ 或 $\boldsymbol{b}$ 的扰动对方程组解的影响也越小.

定理 11　设 $\boldsymbol{x}$ 和 $\boldsymbol{x}^*$ 分别是非奇异方程 $\boldsymbol{A}\boldsymbol{x}=\boldsymbol{b}$ 的准确解和近似解, $\boldsymbol{r}$ 是 $\boldsymbol{x}^*$ 的剩余量, 即 $\boldsymbol{r}=\boldsymbol{A}\boldsymbol{x}^*-\boldsymbol{b}$, 则

$$\frac{\|\boldsymbol{x}^*-\boldsymbol{x}\|}{\|\boldsymbol{x}\|}\leqslant \operatorname{cond}(\boldsymbol{A})\frac{\|\boldsymbol{r}\|}{\|\boldsymbol{b}\|} \tag{7.49}$$

证明　因为

$$\|\boldsymbol{b}\|\leqslant\|\boldsymbol{A}\|\,\|\boldsymbol{x}\|$$

$$\|\boldsymbol{x}^*-\boldsymbol{x}\|=\left\|\boldsymbol{A}^{-1}(\boldsymbol{A}\boldsymbol{x}^*-\boldsymbol{b})\right\|\leqslant\left\|\boldsymbol{A}^{-1}\right\|\|\boldsymbol{r}\|$$

所以

$$\frac{\|\boldsymbol{x}^*-\boldsymbol{x}\|}{\|\boldsymbol{x}\|}\leqslant\frac{\left\|\boldsymbol{A}^{-1}\right\|\|\boldsymbol{r}\|}{\dfrac{\|\boldsymbol{b}\|}{\|\boldsymbol{A}\|}}=\|\boldsymbol{A}\|\left\|\boldsymbol{A}^{-1}\right\|\frac{\|\boldsymbol{r}\|}{\|\boldsymbol{b}\|}=\operatorname{cond}(\boldsymbol{A})\frac{\|\boldsymbol{r}\|}{\|\boldsymbol{b}\|}$$

定理得证.

我们再看例 4, 可以计算得到 $\dfrac{\left\|\tilde{\boldsymbol{b}}-\boldsymbol{b}\right\|_\infty}{\|\boldsymbol{b}\|_\infty}=\dfrac{\left\|(0.01,-0.01)^{\mathrm{T}}\right\|_\infty}{\left\|(1.8,1.6)^{\mathrm{T}}\right\|_\infty}=\dfrac{0.01}{1.8}\approx0.0056$, $\dfrac{\|\tilde{\boldsymbol{x}}-\boldsymbol{x}\|_\infty}{\|\boldsymbol{x}\|_\infty}=\dfrac{\left\|(0.19,-0.17)^{\mathrm{T}}\right\|_\infty}{\left\|(0.2,0)^{\mathrm{T}}\right\|_\infty}=\dfrac{0.19}{0.2}\approx1$, $\|\boldsymbol{A}\|_\infty=19$, $\left\|\boldsymbol{A}^{-1}\right\|_\infty=\left\|\begin{matrix}9&-10\\-8&9\end{matrix}\right\|_\infty=19$. 因此有 $\dfrac{\|\tilde{\boldsymbol{x}}-\boldsymbol{x}\|_\infty}{\|\boldsymbol{x}\|_\infty}\approx1<2\approx19\times19\times0.0056=\|\boldsymbol{A}\|_\infty\left\|\boldsymbol{A}^{-1}\right\|_\infty\dfrac{\left\|\tilde{\boldsymbol{b}}-\boldsymbol{b}\right\|_\infty}{\|\boldsymbol{b}\|_\infty}$, 即线性方程组解 $\boldsymbol{x}$ 的扰动是不超过 $\boldsymbol{b}$ 的扰动的 361 倍.

线性方程组解的稳定与否一般都是用条件数 $\operatorname{cond}(\boldsymbol{A})$ 来判断, 而很少用系数矩阵 $\boldsymbol{A}$ 本身的奇异与否来反映. 这是因为例如一个对角线元素都是 0.1 的 10 阶矩阵对应的线性方程组

$$\begin{bmatrix}0.1&&&\\&0.1&&\\&&\ddots&\\&&&0.1\end{bmatrix}\begin{bmatrix}x_1\\x_2\\\vdots\\x_{10}\end{bmatrix}=\begin{bmatrix}b_1\\b_2\\\vdots\\b_{10}\end{bmatrix}$$

其解为 $x_i=10b_i(i=1,2,\cdots,10)$, 即解 x_i 关于 b_i 的扰动所产生的影响的大小是 b_i 的 10 倍. 但是若用系数矩阵 $\boldsymbol{A}$ 的行列式的大小来分析解的稳定时, 由于 $|\boldsymbol{A}|=0.1^{-10}$ 很小, 可以认为近似等于零, 那么原线性方程组的解是不唯一的, 有无穷多个解, 因此用 b_i 的扰动来控制 x_i 的扰动有一定困难. 而用条件数 $\operatorname{cond}(\boldsymbol{A})$ 来判断 x_i 关于 b_i 的

扰动是容易做到的. 因 $\text{cond}_\infty(\boldsymbol{A})=\|\boldsymbol{A}\|_\infty\left\|\boldsymbol{A}^{-1}\right\|_\infty=1$, 所以由式 (7.45) 得方程组解的相对误差 $\dfrac{\|\Delta\boldsymbol{x}\|}{\|\boldsymbol{x}\|}$ 不超过 $\boldsymbol{b}$ 的相对误差 $\dfrac{\|\Delta\boldsymbol{b}\|}{\|\boldsymbol{b}\|}$, 因此原线性方程组的解 $\boldsymbol{x}$ 关于 $\boldsymbol{b}$ 是稳定的.

如何判定一个线性方程组的解关于 $\boldsymbol{A}$ 或 $\boldsymbol{b}$ 的微小扰动敏感呢? 或者如何判定一个线性方程组是“病态”的呢? 根据以上分析, 可以用条件数 $\text{cond}(\boldsymbol{A})$ 的大小来判断. 当 $\text{cond}(\boldsymbol{A})<1$ 时, 解关于 $\boldsymbol{A}$ 或 $\boldsymbol{b}$ 的微小扰动是稳定的; 当 $\text{cond}(\boldsymbol{A})\geqslant 1$ 时解关于 $\boldsymbol{A}$ 或 $\boldsymbol{b}$ 的微小扰动是不稳定的. 除此以外, 还可以考虑以下几种情况:

(1) 当线性方程组的系数矩阵 $\boldsymbol{A}$ 的行列式很小时, 或矩阵 $\boldsymbol{A}$ 的某两行之间或某两列之间近似线性相关时, 可能出现不稳定现象;

(2) 当线性方程组的系数矩阵 $\boldsymbol{A}$ 的元素之间数量级的差距很大时, 可能出现不稳定现象;

(3) 对线性方程组用高斯选主元素法求解时, 若出现很小的主元素时, 可能出现不稳定现象.

对一个线性方程组出现以上几种情况, 说明这个线性方程组是“病态”的, 因此系数矩阵是“病态”的. 矩阵的“病态”是矩阵本身的特性, 对于“病态”线性方程组, 既使应用稳定的算法也很难保证其解的精确度. 要判断一个矩阵是否是“病态”的, 必须计算矩阵的条件数, 而计算条件数工作量往往比较大, 因此在实际应用中用以上方法来判断线性方程组的“病态”是比较可行的.

习 题 7

1. 对向量 $\boldsymbol{x}=(2,4,-6)$, 计算 $\|\boldsymbol{x}\|_1$, $\|\boldsymbol{x}\|_2$, $\|\boldsymbol{x}\|_\infty$.

2. 对矩阵 $\boldsymbol{A}=\begin{bmatrix}0&1&-2\\1&3&0\\-5&1&2\end{bmatrix}$, 计算 $\|\boldsymbol{A}\|_1$, $\|\boldsymbol{A}\|_\infty$.

3. 求证: $\|\boldsymbol{A}\|_2^2\leqslant\|\boldsymbol{A}\|_1\|\boldsymbol{A}\|_\infty$

4. 设 $\rho(\boldsymbol{B})<1$, 证明: $\boldsymbol{I}-\boldsymbol{B}$ 是非奇异矩阵.

5. 设有线性方程组 $\boldsymbol{A}\boldsymbol{x}=\boldsymbol{b}$, 其中

(1) $\boldsymbol{A}=\begin{bmatrix}1&2&-4\\1&1&2\\1&1&1\end{bmatrix}$, (2) $\boldsymbol{A}=\begin{bmatrix}1&-2&1\\3&1&4\\2&-1&1\end{bmatrix}$, (3) $\boldsymbol{A}=\begin{bmatrix}1&2&-2\\1&1&1\\2&2&1\end{bmatrix}$

对以上不同的系数矩阵，试讨论雅可比迭代法和高斯–赛德尔迭代法的收敛性.

6. 设 $\boldsymbol{A}$ 为非奇异矩阵，$\boldsymbol{B}$ 是奇异矩阵，试证：$\dfrac{1}{\|\boldsymbol{A}-\boldsymbol{B}\|} \leqslant \|\boldsymbol{A}^{-1}\|$.

7. 设 $\boldsymbol{A}$ 是 n 阶实对称正定矩阵，试证：

$$\|\boldsymbol{y}\| = \sqrt{\boldsymbol{x}^{\mathrm{T}}\boldsymbol{A}\boldsymbol{x}}, \quad \forall \boldsymbol{x} \in \mathbf{R}^n$$

是向量范数.

8. 设 $\boldsymbol{A} \in \mathbf{R}^{n\times n}$，且对称正定，其最小特征值和最大特征值分别是 λ_1, λ_n. 试证迭代法

$$\boldsymbol{X}^{(k+1)} = \boldsymbol{X}^{(k)} + \alpha(\boldsymbol{b} - \boldsymbol{A}\boldsymbol{X}^{(k)})$$

收敛的充分必要条件是 $0 < \alpha < \dfrac{2}{\lambda_n}$.

第 8 章

矩阵特征值与特征向量的计算

8.1 引　　言

在实际应用中常常遇到求某些矩阵的特征值和特征向量的问题. 例如机械振动问题、层次分析法、主成分分析、稳定性问题和许多工程实际问题的求解, 最终归结为求矩阵特征值和特征向量的问题, 其应用实例见文献 (何满喜, 1995). 求矩阵特征值通常有两类方法: ①一是从原始矩阵出发, 用特征值的定义, 写出特征行列式, 求出其特征多项式, 再求特征多项式方程的根, 即得矩阵的特征值. 但由于高次多项式求根问题有一定的困难, 而且重根的计算精度较低, 故用特征多项式来求矩阵特征值的方法, 从数值计算的观点来看, 不是很好的方法. ②另一类是迭代法, 它不通过特征多项式, 而是通过合适的迭代公式, 将特征值和特征向量作为一个无限序列的极限来求得. 舍入误差对这类方法的影响较小, 但是工作量较大. 这里将要介绍几种目前计算机上用得比较多的几种算法. 为此先介绍几个概念和结果.

定义 1　设 $\boldsymbol{A}$ 是 n 阶实对称矩阵, 对于任一非零向量 $\boldsymbol{x}$, 数

$$R(\boldsymbol{x})=\frac{(\boldsymbol{Ax},\boldsymbol{x})}{(\boldsymbol{x},\boldsymbol{x})} \tag{8.1}$$

称为向量 $\boldsymbol{x}$ 的瑞利 (Rayleigh) 商, 其中 $(\boldsymbol{x},\boldsymbol{x})=\sum\limits_{i=1}^{n}x_i^2$ 是向量 $\boldsymbol{x}$ 的内积.

定理 1　设 $\boldsymbol{A}$ 是 n 阶对称矩阵, 其特征值为

$$\lambda_1 \geqslant \lambda_2 \geqslant \cdots \geqslant \lambda_n \tag{8.2}$$

$\boldsymbol{v}_1, \boldsymbol{v}_2, \cdots, \boldsymbol{v}_n$ 是对应的正交特征向量, 即 $(\boldsymbol{v}_i, \boldsymbol{v}_j) = \begin{cases} 1 & i = j \\ 0 & i \neq j \end{cases}$, 则

(1) $\lambda_n \leqslant R(\boldsymbol{x}) \leqslant \lambda_1$

(2) $\lambda_1 = \max\limits_{x \neq 0} R(\boldsymbol{x})$

(3) $\lambda_n = \min\limits_{x \neq 0} R(\boldsymbol{x})$

其中, $R(\boldsymbol{x})$ 是向量 $\boldsymbol{x}$ 的瑞利 (Rayleigh) 商.

证明　设 $\boldsymbol{v}_1, \boldsymbol{v}_2, \cdots, \boldsymbol{v}_n$ 是对应于特征值 $\lambda_1, \lambda_2, \cdots, \lambda_n$ 的正交特征向量, $\boldsymbol{x} = (x_1, x_2, \cdots, x_n)^{\mathrm{T}} \neq 0$ 是任意向量, 则

$$\boldsymbol{x} = x_1 \boldsymbol{v}_1 + x_2 \boldsymbol{v}_2 + \cdots + x_n \boldsymbol{v}_n$$

所以 $\|\boldsymbol{x}\|_2 = (\boldsymbol{x}, \boldsymbol{x})^{\frac{1}{2}} = (\boldsymbol{x}^{\mathrm{T}} \boldsymbol{x})^{\frac{1}{2}} = \left(\sum\limits_{i=1}^{n} x_i^2 \right)^{\frac{1}{2}} \neq 0$

于是有

$$R(\boldsymbol{x}) = \frac{(\boldsymbol{A}\boldsymbol{x}, \boldsymbol{x})}{(\boldsymbol{x}, \boldsymbol{x})} = \frac{\boldsymbol{x}^{\mathrm{T}} \boldsymbol{A} \boldsymbol{x}}{\boldsymbol{x}^{\mathrm{T}} \boldsymbol{x}} = \frac{\sum\limits_{i=1}^{n} x_i^2 \lambda_i}{\sum\limits_{i=1}^{n} x_i^2}$$

由此可得 $\lambda_n \leqslant R(\boldsymbol{x}) \leqslant \lambda_1$.

由于当向量 $\boldsymbol{x}$ 分别取 $\boldsymbol{x} = (1, 0, \cdots, 0)^{\mathrm{T}} \neq 0$ 和 $\boldsymbol{x} = (0, 0, \cdots, 0, 1)^{\mathrm{T}} \neq 0$ 时, 就有

$$R(\boldsymbol{x}) = \frac{(\boldsymbol{A}\boldsymbol{x}, \boldsymbol{x})}{(\boldsymbol{x}, \boldsymbol{x})} = \frac{\sum\limits_{i=1}^{n} x_i^2 \lambda_i}{\sum\limits_{i=1}^{n} x_i^2} = \lambda_1 \quad 和 \quad R(\boldsymbol{x}) = \frac{(\boldsymbol{A}\boldsymbol{x}, \boldsymbol{x})}{(\boldsymbol{x}, \boldsymbol{x})} = \frac{\sum\limits_{i=1}^{n} x_i^2 \lambda_i}{\sum\limits_{i=1}^{n} x_i^2} = \lambda_n$$

所以结合 $\lambda_n \leqslant R(\boldsymbol{x}) \leqslant \lambda_1$ 可得 $\lambda_1 = \max\limits_{x \neq 0} R(\boldsymbol{x})$ 和 $\lambda_n = \min\limits_{x \neq 0} R(\boldsymbol{x})$, 即定理得证.

定理 2　设 λ_i 是矩阵 $\boldsymbol{A} = (a_{ij})_{n \times n}$ 的特征值, 则有

(1) $\sum\limits_{i=1}^{n} \lambda_i = \sum\limits_{i=1}^{n} a_{ii} = \mathrm{tr}(\boldsymbol{A})$

(2) $|\boldsymbol{A}| = \lambda_1 \lambda_2 \cdots \lambda_n$

定理 3　设 $\boldsymbol{A} = (a_{ij})_{n \times n}$, 则 $\boldsymbol{A}$ 的每一个特征值必属于下面某个圆盘之中:

$$|\lambda - a_{kk}| \leqslant \sum_{j \neq k}^{n} |a_{kj}| \quad (k = 1, 2, \cdots, n) \tag{8.3}$$

证明 设 λ 是 $\boldsymbol{A}$ 的任意一个特征值, $\boldsymbol{x}=(x_1,x_2,\cdots,x_n)^{\mathrm{T}}\neq 0$ 是对应的特征向量, 即

$$(\lambda \boldsymbol{I}-\boldsymbol{A})\boldsymbol{x}=\boldsymbol{0} \tag{8.4}$$

记 $|x_k|=\max\limits_i |x_i|$, 那么由式 (8.4) 的第 k 个方程 $(\lambda-a_{kk})x_k=\sum\limits_{j\neq k}^{n} a_{kj}x_j$ 得到

$$|\lambda-a_{kk}|\leqslant \sum_{j\neq k}^{n}|a_{kj}|\left|\frac{x_j}{x_k}\right|\leqslant \sum_{j\neq k}^{n}|a_{kj}|$$

即 $\boldsymbol{A}$ 的任意特征值 λ 都属于复平面上以 a_{kk} 为圆心, 半径为 $\sum\limits_{j\neq k}^{n}|a_{kj}|$ 的某个圆盘之中.

定理 3 称为*盖尔圆盘定理*, 式 (8.3) 称为*盖尔圆盘*. 从定理的证明看到, 如果一个特征向量的第 k 个分量绝对值最大, 那么该特征向量所对应的特征值必属于第 k 个圆盘之中.

例 1 设有矩阵 $\boldsymbol{A}=\begin{bmatrix}2 & 1 & -1\\ 1 & 1 & 2\\ 1 & -2 & 5\end{bmatrix}$, 试估计矩阵 $\boldsymbol{A}$ 的特征值 λ 的范围.

解 先计算盖尔圆盘:

$R_1=\{z||z-2|\leqslant 2\}=\{z|0\leqslant z\leqslant 4\}$,

$R_2=\{z||z-1|\leqslant 3\}=\{z|-2\leqslant z\leqslant 4\}$,

$R_3=\{z||z-5|\leqslant 3\}=\{z|2\leqslant z\leqslant 8\}$,

$\therefore R=R_1\bigcup R_2\bigcup R_3=\{z|-2\leqslant z\leqslant 8\}$

即矩阵 $\boldsymbol{A}$ 的特征值 λ 都满足 $-2\leqslant\lambda\leqslant 8$.

8.2 幂 法

8.2.1 幂法

当矩阵 $\boldsymbol{A}$ 的特征值为实数时可计算其绝对值, 当矩阵 $\boldsymbol{A}$ 的特征值为复数时可计算其模. 根据具体问题的需要, 有时只计算一个绝对值 (或模) 最大的特征值, 有时则要计算绝对值 (或模) 最小的特征值, 或计算几个绝对值 (或模) 较大的特征值, 也有

时要计算全部的特征值. 一个特征值无论其以绝对值最大还是以模最大, 为叙述方便, 以下统称为按模最大的特征值.

所谓幂法就是通过求矩阵 $\boldsymbol{A}$ 的特征向量来求出特征值的一种迭代方法. 它主要是用来求矩阵 $\boldsymbol{A}$ 的按模最大的特征值和对应的特征向量的. 其优点是算法简单, 容易在计算机上实现, 缺点是收敛速度慢, 其有效性依赖于矩阵特征值的分布情况.

幂法的基本思想是: 若要求某个 n 阶矩阵 $\boldsymbol{A}$ 的特征值和特征向量, 先任取一个初始向量 $\boldsymbol{x}^{(0)}$, 构造如下向量序列:

$$\boldsymbol{x}^{(k)} = \boldsymbol{A}\boldsymbol{x}^{(k-1)} \quad (k=1,2,\cdots) \tag{8.5}$$

式 (8.5) 就称为幂法的迭代公式, 向量序列 $\{\boldsymbol{x}^{(k)}\}$ 称为幂法的迭代向量或迭代序列. 当 k 增大时, 分析这一序列的极限, 即可求出按模最大的特征值和对应的特征向量, 先看一个例子来说明计算过程.

例 2　设有矩阵 $\boldsymbol{A} = \begin{bmatrix} 1 & \frac{1}{2} \\ \frac{1}{3} & \frac{1}{4} \end{bmatrix}$, 用特征多项式容易求出 $\boldsymbol{A}$ 的两个特征值为 $\lambda_1 = 1.179339, \lambda_2 = 0.070666$, 试用幂法来计算按模最大的特征值.

解　取初始向量 $\boldsymbol{x}^{(0)} = (1,1)^{\mathrm{T}}$, 用迭代格式 (8.5), 计算出向量序列 $\{\boldsymbol{x}^{(k)}\}$ 的同时计算相邻两个向量相应分量之比 $\dfrac{x_1^{(k+1)}}{x_1^{(k)}}$ 和 $\dfrac{x_2^{(k+1)}}{x_2^{(k)}}$, 计算结果如表 8.1 所示.

$$\frac{x_1^{(2)}}{x_1^{(1)}} = 1.19444, \quad \frac{x_1^{(3)}}{x_1^{(2)}} = 1.18023, \quad \frac{x_1^{(4)}}{x_1^{(3)}} = 1.17939, \quad \frac{x_1^{(5)}}{x_1^{(4)}} = 1.17934, \cdots$$

$$\frac{x_2^{(2)}}{x_2^{(1)}} = 1.10714, \quad \frac{x_2^{(3)}}{x_2^{(2)}} = 1.17473, \quad \frac{x_2^{(4)}}{x_2^{(3)}} = 1.17906, \quad \frac{x_2^{(5)}}{x_2^{(4)}} = 1.17932, \cdots$$

从上面计算出的相应分量之比看出, 两个相邻向量相应分量之比值, 随 k 的增大而趋向于一个固定值 1.179339, 并且这个值恰好就是矩阵 $\boldsymbol{A}$ 的按模最大的特征值. 这一现象并非偶然, 而是由矩阵 $\boldsymbol{A}$ 的特征值和特征向量自身的性质决定的. 下面对一般情形分析由迭代公式 (8.5) 产生的序列的收敛情况. 这里要假定矩阵 $\boldsymbol{A}$ 的特征向量系是完全的, 即初等因子是线性的.

表 8.1　计算结果

k	$x_1^{(k)}$	$x_2^{(k)}$	$\frac{x_1^{(k+1)}}{x_1^{(k)}}$	$\frac{x_2^{(k+1)}}{x_2^{(k)}}$
1	1.5	0.5833334	1.5	0.5833333
2	1.791667	0.6458334	1.1944444	1.1071428
3	2.114583	0.7586806	1.1802325	1.1747311
4	2.493924	0.8945313	1.1793923	1.1790618
5	2.941189	1.054941	1.1793421	1.1793222
6	3.46866	1.244132	1.1793391	1.179338
7	4.090725	1.467253	1.1793389	1.1793388
8	4.824352	1.730388	1.1793389	1.1793389
9	5.689546	2.040715	1.1793389	1.1793389
10	6.709903	2.406694	1.1793389	1.1793388
11	7.91325	2.838308	1.1793389	1.1793389
⋮	⋮	⋮	⋮	⋮
19	29.61175	10.62108	1.1793389	1.179339
20	34.92229	12.52585	1.179339	1.1793389
⋮	⋮	⋮	⋮	⋮
28	130.6808	46.87232	1.179339	1.1793389
29	154.117	55.27835	1.1793389	1.179339
30	181.7561	65.19192	1.1793389	1.1793389
⋮	⋮	⋮	⋮	⋮

设矩阵 $\boldsymbol{A}$ 的 n 个特征值按模的大小排列如下

$$|\lambda_1| \geqslant |\lambda_2| \geqslant \cdots \geqslant |\lambda_n| \tag{8.6}$$

其对应的特征向量设为

$$\boldsymbol{V}_1, \boldsymbol{V}_2, \cdots, \boldsymbol{V}_n \tag{8.7}$$

并且特征向量组是线性无关的, 假定这些向量已按其长度为 1 或其最大模元素为 1 进行了归一化. 由于这些特征向量构成了 n 维向量空间的一组基, 因此, 初始向量 $\boldsymbol{x}^{(0)}$ 可以表示为特征向量 $\boldsymbol{V}_i$ 的线性组合, 即

$$\boldsymbol{x}^{(0)} = a_1\boldsymbol{V}_1 + a_2\boldsymbol{V}_2 + \cdots + a_n\boldsymbol{V}_n \tag{8.8}$$

此时利用迭代公式 (8.5) 来构造迭代序列, 则有

$$\boldsymbol{x}^{(k)} = \boldsymbol{A}\boldsymbol{x}^{(k-1)} = \boldsymbol{A}^2\boldsymbol{x}^{(k-2)} = \cdots = \boldsymbol{A}^k\boldsymbol{x}^{(0)} \tag{8.9}$$

$$\boldsymbol{x}^{(k)} = a_1\lambda_1^k\boldsymbol{V}_1 + a_2\lambda_2^k\boldsymbol{V}_2 + \cdots + a_n\lambda_n^k\boldsymbol{V}_n \tag{8.10}$$

(1) 如果矩阵 $\boldsymbol{A}$ 的按模最大的特征值满足

$$|\lambda_1| > |\lambda_2| \geqslant \cdots \geqslant |\lambda_n| \tag{8.11}$$

即按模最大的特征值 λ_1 是单实根, 此时式 (8.10) 可写成

$$\boldsymbol{x}^{(k)} = \lambda_1^k\left(a_1\boldsymbol{V}_1 + a_2\left(\frac{\lambda_2}{\lambda_1}\right)^k\boldsymbol{V}_2 + \cdots + a_n\left(\frac{\lambda_n}{\lambda_1}\right)^k\boldsymbol{V}_n\right) \tag{8.12}$$

$$\boldsymbol{x}^{(k)} = \lambda_1^k(a_1\boldsymbol{V}_1 + \boldsymbol{\varepsilon}_k)$$

其中, $\boldsymbol{\varepsilon}_k = a_2\left(\frac{\lambda_2}{\lambda_1}\right)^k\boldsymbol{V}_2 + \cdots + a_n\left(\frac{\lambda_n}{\lambda_1}\right)^k\boldsymbol{V}_n$, 若 $a_1 \neq 0$, 由于 $\left|\frac{\lambda_i}{\lambda_1}\right| < 1 (i \geqslant 2)$, 故 k 充分大时 $\boldsymbol{\varepsilon}_k$ 是可以忽略的无穷小量, 即当 $k \to \infty$ 时有

$$\boldsymbol{x}^{(k)} \approx \lambda_1^k a_1\boldsymbol{V}_1 \tag{8.13}$$

这说明 $\boldsymbol{x}^{(k)}$ 与特征向量 $\boldsymbol{V}_1$ 相差一个常数因子. 即使 $a_1 = 0$, 由于计算过程的舍入误差, 必将引入在 $\boldsymbol{V}_1$ 方向上的微小分量, 这一分量随着迭代过程的进展而逐渐成为主导, 其收敛情况最终也将与 $a_1 \neq 0$ 相同. 因此当 $k \to \infty$ 时由式 (8.13) 得

$$\boldsymbol{x}^{(k+1)} \approx \lambda_1^{k+1}a_1\boldsymbol{V}_1 \approx \lambda_1\lambda_1^k a_1\boldsymbol{V}_1 \approx \lambda_1\boldsymbol{x}^{(k)} \tag{8.14}$$

这说明当矩阵 $\boldsymbol{A}$ 的 n 个特征值满足式 (8.11) 时, 矩阵 $\boldsymbol{A}$ 的按模最大的特征值 λ_1 是向量 $\boldsymbol{x}^{(k+1)}$ 与 $\boldsymbol{x}^{(k)}$ 的比例, 即有

$$\lambda_1 \approx \frac{x_i^{(k+1)}}{x_i^{(k)}} \tag{8.15}$$

从上面的分析可以看出, 幂法的收敛速率虽然与初始向量 $\boldsymbol{x}^{(0)}$ 的选择有关, 但主要还是依赖于比值 $\left|\frac{\lambda_2}{\lambda_1}\right|$ 的大小. 比值越小, 收敛越快, 当比值接近于 1 时, 收敛比较慢.

(2) 如果矩阵 $\boldsymbol{A}$ 的按模最大的特征值满足

$$|\lambda_1| = |\lambda_2| > |\lambda_3| \geqslant \cdots \geqslant |\lambda_n| \tag{8.16}$$

即按模最大的特征值 λ_1 是两重实根或共轭复数根, 此时式 (8.10) 可写成

$$\boldsymbol{x}^{(k)} = \lambda_1^k \left(a_1 \boldsymbol{V}_1 + a_2 \left(\frac{\lambda_2}{\lambda_1}\right)^k \boldsymbol{V}_2 + a_3 \left(\frac{\lambda_3}{\lambda_1}\right)^k \boldsymbol{V}_3 + \cdots + a_n \left(\frac{\lambda_n}{\lambda_1}\right)^k \boldsymbol{V}_n \right) \tag{8.17}$$

$$\boldsymbol{x}^{(k)} = \lambda_1^k \left(a_1 \boldsymbol{V}_1 + a_2 \left(\frac{\lambda_2}{\lambda_1}\right)^k \boldsymbol{V}_2 + \boldsymbol{\varepsilon}_k \right)$$

其中, $\boldsymbol{\varepsilon}_k = a_3 \left(\frac{\lambda_3}{\lambda_1}\right)^k \boldsymbol{V}_3 + \cdots + a_n \left(\frac{\lambda_n}{\lambda_1}\right)^k \boldsymbol{V}_n$, 由于 $\left|\frac{\lambda_i}{\lambda_1}\right| < 1(i \geqslant 3)$, 故 k 充分大时 $\boldsymbol{\varepsilon}_k$ 是可以忽略的无穷小量, 即当 $k \to \infty$ 时有

$$\boldsymbol{x}^{(k)} \approx \lambda_1^k a_1 \boldsymbol{V}_1 + \lambda_2^k a_2 \boldsymbol{V}_2 \tag{8.18}$$

$$\boldsymbol{x}^{(k+1)} \approx \lambda_1^{k+1} a_1 \boldsymbol{V}_1 + \lambda_2^{k+1} a_2 \boldsymbol{V}_2 \tag{8.19}$$

$$\boldsymbol{x}^{(k+2)} \approx \lambda_1^{k+2} a_1 \boldsymbol{V}_1 + \lambda_2^{k+2} a_2 \boldsymbol{V}_2 \tag{8.20}$$

于是可得

$$\boldsymbol{x}^{(k+2)} - (\lambda_1 + \lambda_2)\boldsymbol{x}^{(k+1)} + \lambda_1\lambda_2\boldsymbol{x}^{(k)} \approx 0 \tag{8.21}$$

记

$$p = -(\lambda_1 + \lambda_2), \quad q = \lambda_1\lambda_2 \tag{8.22}$$

则式 (8.21) 可写成

$$\boldsymbol{x}^{(k+2)} + p\boldsymbol{x}^{(k+1)} + q\boldsymbol{x}^{(k)} \approx 0 \tag{8.23}$$

这说明, 当矩阵 $\boldsymbol{A}$ 的特征值满足式 (8.16) 时, 利用迭代公式 (8.5) 来构造迭代序列 $\{\boldsymbol{x}^{(k)}\}$, 当 $k \to \infty$ 时考虑是否存在常数 p, q 使式 (8.23) 成立, 即考虑相邻三个向量 $\boldsymbol{x}^{(k)}, \boldsymbol{x}^{(k+1)}, \boldsymbol{x}^{(k+2)}$ 是否近似呈线性相关. 若式 (8.23) 成立, 则此时矩阵 $\boldsymbol{A}$ 的按模最大的特征值 λ_1, λ_2 可由式

$$\lambda_1 = \frac{-p + \sqrt{p^2 - 4q}}{2}, \quad \lambda_2 = \frac{-p - \sqrt{p^2 - 4q}}{2} \tag{8.24}$$

得到. 又利用式 (8.21) 可得

$$\begin{aligned} &\boldsymbol{A}(\boldsymbol{x}^{(k+1)} - \lambda_2\boldsymbol{x}^{(k)}) = \boldsymbol{x}^{(k+2)} - \lambda_2\boldsymbol{x}^{(k+1)} \\ \approx &\lambda_1\boldsymbol{x}^{(k+1)} + \lambda_2\boldsymbol{x}^{(k+1)} - \lambda_1\lambda_2\boldsymbol{x}^{(k)} - \lambda_2\boldsymbol{x}^{(k+1)} = \lambda_1(\boldsymbol{x}^{(k+1)} - \lambda_2\boldsymbol{x}^{(k)}) \end{aligned} \tag{8.25}$$

因此 $\boldsymbol{x}^{(k+1)}-\lambda_2\boldsymbol{x}^{(k)}\neq 0$ 时矩阵 $\boldsymbol{A}$ 的特征值 λ_1 对应的特征向量是 $\boldsymbol{x}^{(k+1)}-\lambda_2\boldsymbol{x}^{(k)}$, 若 $\boldsymbol{x}^{(k+1)}-\lambda_2\boldsymbol{x}^{(k)}=0$, 则 $\boldsymbol{A}\boldsymbol{x}^{(k)}-\lambda_2\boldsymbol{x}^{(k)}=0$, 所以 $\boldsymbol{A}$ 的特征值 λ_2 对应的特征向量是 $\boldsymbol{x}^{(k)}$.

同理可得 $\boldsymbol{A}(\boldsymbol{x}^{(k+1)}-\lambda_1\boldsymbol{x}^{(k)})=\boldsymbol{x}^{(k+2)}-\lambda_1\boldsymbol{x}^{(k+1)}\approx\lambda_2(\boldsymbol{x}^{(k+1)}-\lambda_1\boldsymbol{x}^{(k)})$　(8.26)

因此 $\boldsymbol{x}^{(k+1)}-\lambda_1\boldsymbol{x}^{(k)}\neq 0$ 时矩阵 $\boldsymbol{A}$ 的特征值 λ_2 对应的特征向量是 $\boldsymbol{x}^{(k+1)}-\lambda_1\boldsymbol{x}^{(k)}$, 若 $\boldsymbol{x}^{(k+1)}-\lambda_1\boldsymbol{x}^{(k)}=0$, 则 $\boldsymbol{A}\boldsymbol{x}^{(k)}-\lambda_1\boldsymbol{x}^{(k)}=0$, 所以 $\boldsymbol{A}$ 的特征值 λ_1 对应的特征向量是 $\boldsymbol{x}^{(k)}$.

如何判断相邻三个向量 $\boldsymbol{x}^{(k)},\boldsymbol{x}^{(k+1)},\boldsymbol{x}^{(k+2)}$ 是否近似呈线性相关呢？这里提供一个近似方法. 就是要考虑矩阵 $\left[\boldsymbol{x}^{(k)}\ \boldsymbol{x}^{(k+1)}\ \boldsymbol{x}^{(k+2)}\right]$ 的所有三阶子式是否都近似等于零, 当所有三阶子式都近似等于零, 则相邻三个向量 $\boldsymbol{x}^{(k)},\boldsymbol{x}^{(k+1)},\boldsymbol{x}^{(k+2)}$ 就是近似线性相关. 这时以 p, q 作为变量 (未知数), 用最小二乘原理来解线性方程组 (8.23) 就可求得 p 和 q.

例 3　用幂法求矩阵 $\boldsymbol{A}=\begin{bmatrix}0&1&1\\1&2&3\\1&3&6\end{bmatrix}$ 按模最大的特征值与对应的特征向量.

解　用式 (8.5) 可写出迭代公式

$$\begin{bmatrix}x_1^{(k+1)}\\x_2^{(k+1)}\\x_3^{(k+1)}\end{bmatrix}=\begin{bmatrix}0&1&1\\1&2&3\\1&3&6\end{bmatrix}\begin{bmatrix}x_1^{(k)}\\x_2^{(k)}\\x_3^{(k)}\end{bmatrix}\quad(k=0,1,2,\cdots)$$

取初始向量 $\boldsymbol{x}^{(0)}=(1,1,1)^{\mathrm{T}}$, 用以上迭代公式计算得到如表 8.2 所示的结果.

表 8.2　计算结果

k		$\boldsymbol{x}^{(k)}$			$\boldsymbol{d}^{(k)}$	
0	1	1	1			
1	2	6	10	2	6	10
2	16	44	80	8	7.33333	8
3	124	344	628	7.75	7.81818	7.85
4	972	2696	4924	7.83871	7.83721	7.84076
5	7620	21136	38604	7.83951	7.83989	7.83997
6	59740	165704	302652	7.83989	7.83989	7.83991
7	468356	1299104	2372764	7.83991	7.83991	7.83991

表中 $\boldsymbol{d}^{(k)} = \dfrac{x_i^{(k+1)}}{x_i^{(k)}} (i = 1, 2, 3)$, 即相邻两个向量 $\boldsymbol{x}^{(k)}, \boldsymbol{x}^{(k+1)}$ 分量的比例, 从表中计算结果可看出 $\boldsymbol{d}^{(k)} \to 7.83991$, 所以有 $\lambda_1 \approx 7.83991$, 对应的特征向量可取为 $\boldsymbol{x}^{(7)} \approx (468356, 1299104, 2372764)^{\mathrm{T}}$.

8.2.2 改进的幂法

在以上例子中随迭代次数的增加, 迭代序列 $\{\boldsymbol{x}^{(k)}\}$ 的某些分量逐步增大, 因此若继续迭代那么很容易出现数字的 "溢出" 现象. 所以在实际计算时为了避免计算过程中出现绝对值过大或过小的数参加运算, 通常在每步迭代时, 将向量序列 $\{\boldsymbol{x}^{(k)}\}$"归一化", 即用 $\boldsymbol{x}^{(k)}$ 的按模最大的分量 $\max\limits_{1\leqslant i\leqslant n} |x_i^{(k)}|$ 来除 $\boldsymbol{x}^{(k)}$ 的各个分量, 从而得出归一化的向量 $\boldsymbol{y}^{(k)}$, 并令 $\boldsymbol{x}^{(k+1)} = \boldsymbol{A}\boldsymbol{y}^{(k)}$. 即实际计算时所用迭代公式为

$$\begin{cases} \boldsymbol{y}^{(k)} = \dfrac{\boldsymbol{x}^{(k)}}{\|\boldsymbol{x}^{(k)}\|_\infty} \\ \boldsymbol{x}^{(k+1)} = \boldsymbol{A}\boldsymbol{y}^{(k)} \end{cases} \quad (k = 0, 1, 2, \cdots) \tag{8.27}$$

对幂法做这样的 "归一化" 处理, 就称为*改进的幂法*.

如果按模最大的特征值 λ_1 满足式 (8.11), 那么当 k 充分大时有

$$\begin{cases} \boldsymbol{y}^{(k)} \approx \boldsymbol{V}_1 \\ \max\limits_{1\leqslant i\leqslant n} |x_i^{(k)}| \approx |\lambda_1| \end{cases} \tag{8.28}$$

即向量序列 $\{\boldsymbol{x}^{(k)}\}$ 的按模最大的分量将收敛于按模最大的特征值 λ_1, λ_1 的符号可根据向量序列 $\{\boldsymbol{x}^{(k)}\}$ 的前后两个向量的分量符号来确定, 当前后两个向量的分量符号相同时 λ_1 的符号取正, 否则取负. 此时归一化后的向量 $\boldsymbol{y}^{(k)}$ 就是 λ_1 对应的特征向量.

例 4 用归一化的幂法求矩阵 $\boldsymbol{A} = \begin{bmatrix} 3 & 1 & 6 \\ 2 & 1 & 3 \\ 1 & 1 & 1 \end{bmatrix}$ 按模最大的特征值与对应的特征向量.

解 取初始向量 $\boldsymbol{x}^{(0)} = (1, 1, 1)^{\mathrm{T}}$, 用以上迭代公式 (8.27) 计算得到如表 8.3 所示的结果. 从表中计算结果可看出 $\max\limits_{1\leqslant i\leqslant n} |x_i^{(k)}| \to 5.72871$, 且向量序列前后两个向量的符号相同, 所以有 $\lambda_1 \approx \max\limits_{1\leqslant i\leqslant n} |x_i^{(k)}| = 5.72871$, 对应的特征向量取为 $\boldsymbol{y}^{(7)} \approx (1, 0.643439, 0.347545)^{\mathrm{T}}$.

表 8.3 计算结果

k	$\boldsymbol{x}^{(k)}$			$\boldsymbol{y}^{(k)}$		
0	1	1	1	1	1	1
1	10	6	3	1	0.6	0.3
2	5.4	3.5	1.9	1	0.648148	0.351852
3	5.75926	3.7037	2	1	0.643087	0.347267
4	5.72669	3.68489	1.99035	1	0.643459	0.347558
5	5.7288	3.68613	1.99102		0.643438	0.347545
6	5.72871	3.68607	1.99098	1	0.643439	0.347545
7	5.72871	3.68607	1.99098	1	0.643439	0.347545

8.3 幂法的加速与降阶

8.3.1 幂法的加速

从前面的讨论知道, 幂法的收敛速度依赖于按模最大特征值和按模次大特征值之比, 当这个比值很小时则只需迭代较少的几次就可求出按模最大特征值的一个很好的近似值. 这就启发我们应该考虑对矩阵进行适当的变换, 使得变换后的这个矩阵有一个按模较大的特征值, 并且变换后的新矩阵的按模最大特征值和按模次大特征值之比要比原矩阵 $\boldsymbol{A}$ 的按模最大特征值和按模次大特征值之比更大. 这样对变换后的新矩阵利用以上方法求其按模最大的特征值, 则其收敛速度将得到加快. 问题是对原矩阵 $\boldsymbol{A}$ 做怎样的变换, 使新矩阵与原矩阵 $\boldsymbol{A}$ 的特征值之间有较简单或明确的关系且新矩阵的按模最大和按模次大特征值之比要比原矩阵 $\boldsymbol{A}$ 的按模最大和按模次大特征值之比还更大呢? 为此可以考虑一个较简单的变换, 选取一个常数 λ_0, 对 $\boldsymbol{A}$ 做平移变换: $\boldsymbol{A}-\lambda_0\boldsymbol{I}$, 即用 $\boldsymbol{A}-\lambda_0\boldsymbol{I}$ 来代替 $\boldsymbol{A}$ 进行迭代, 因为 $\boldsymbol{A}$ 与 $\boldsymbol{A}-\lambda_0\boldsymbol{I}$ 之间除了对角元素以外, 其他元素都相同, 它们之间的特征值 λ_i 与 μ_i(λ_i 为 $\boldsymbol{A}$ 的特征值, μ_i 为 $\boldsymbol{A}-\lambda_0\boldsymbol{I}$ 的特征值) 有简单的关系 $\mu_i=\lambda_i-\lambda_0$, 且相应的特征向量 $\boldsymbol{V}_i$ 不改变, 因此有

$$\begin{aligned}\boldsymbol{x}^{(k)}&=(\boldsymbol{A}-\lambda_0\boldsymbol{I})^k\boldsymbol{x}^{(0)}\\&=(\lambda_1-\lambda_0)^k\left(a_1\boldsymbol{V}_1+\left(\frac{\lambda_2-\lambda_0}{\lambda_1-\lambda_0}\right)^k a_2\boldsymbol{V}_2+\cdots+\left(\frac{\lambda_n-\lambda_0}{\lambda_1-\lambda_0}\right)^k a_n\boldsymbol{V}_n\right)\end{aligned}\tag{8.29}$$

为了加速迭代过程的收敛速度, 适当选取 λ_0, 使 $\left|\dfrac{\lambda_2-\lambda_0}{\lambda_1-\lambda_0}\right|$ 比 $\left|\dfrac{\lambda_2}{\lambda_1}\right|$ 更小, 如对于对称

正定矩阵可以选取 $\lambda_0=\frac{1}{2}(\lambda_2+\lambda_n)$, 因为这时就有

$$\left|\frac{\lambda_2-\lambda_0}{\lambda_1-\lambda_0}\right|=\left|\frac{\lambda_2-\lambda_n}{2\lambda_1-\lambda_2-\lambda_n}\right|<\left|\frac{\lambda_2}{\lambda_1}\right|$$

由于矩阵特征值的分布情况预先并不知道, 所以用此方法选取 λ_0 有一定的困难. 常用方法是可以用盖尔圆盘定理对矩阵的特征值分布大致有个了解后, 粗略估计一个 λ_0, 再在计算机上作些模拟计算, 考察使所取 λ_0 对迭代过程是否有明显加速, 然后再进行计算. 这就是幂法加速的*原点平移法*.

8.3.2 幂法的降阶

如果矩阵 $\boldsymbol{A}$ 的特征值满足

$$|\lambda_1|>|\lambda_2|>|\lambda_3|>\cdots\geqslant|\lambda_n| \tag{8.30}$$

那么在已经求出 λ_1 和 $\boldsymbol{V}_1$ 以后, 如何进一步计算 $\lambda_2,\lambda_3,\cdots,\lambda_n$ 及 $\boldsymbol{V}_2,\boldsymbol{V}_3,\cdots,\boldsymbol{V}_n$ 呢? 为叙述方便, 只对 $\boldsymbol{A}$ 是对称矩阵的情况介绍幂法的降阶方法, 对其他情况方法是类似的.

降阶法的做法是对原矩阵 $\boldsymbol{A}$ 进行变换, 使变换后得到的矩阵 $\boldsymbol{A}^{(1)}$ 其按模最大的特征值是原矩阵 $\boldsymbol{A}$ 的按模次大的特征值, 这时对 $\boldsymbol{A}^{(1)}$ 又可以用幂法进行计算, 求得其按模最大的特征值, 从而求得 $\boldsymbol{A}$ 的按模次大的特征值 λ_2, 具体做法如下.

假定已经求得矩阵 $\boldsymbol{A}$ 的按模最大特征值 λ_1 和相应的特征向量 $\boldsymbol{V}_1$, 并令 $\boldsymbol{A}^{(0)}=\boldsymbol{A}$, 现构造

$$\boldsymbol{A}^{(1)}=\boldsymbol{A}^{(0)}-\lambda_1\boldsymbol{V}_1\boldsymbol{V}_1^{\mathrm{T}}/(\boldsymbol{V}_1^{\mathrm{T}}\boldsymbol{V}_1) \tag{8.31}$$

根据对称矩阵的性质有 $\boldsymbol{V}_1^{\mathrm{T}}\boldsymbol{V}_i=0(i=2,\cdots,n)$, 所以

$$\begin{cases}\boldsymbol{A}^{(1)}\boldsymbol{V}_1=\boldsymbol{A}^{(0)}\boldsymbol{V}_1-\lambda_1\boldsymbol{V}_1(\boldsymbol{V}_1^{\mathrm{T}}\boldsymbol{V}_1)/(\boldsymbol{V}_1^{\mathrm{T}}\boldsymbol{V}_1)=\boldsymbol{A}^{(0)}\boldsymbol{V}_1-\lambda_1\boldsymbol{V}_1=\boldsymbol{0}\\ \boldsymbol{A}^{(1)}\boldsymbol{V}_i=\boldsymbol{A}^{(0)}\boldsymbol{V}_i-\lambda_1\boldsymbol{V}_1(\boldsymbol{V}_1^{\mathrm{T}}\boldsymbol{V}_i)/(\boldsymbol{V}_1^{\mathrm{T}}\boldsymbol{V}_1)=\boldsymbol{A}^{(0)}\boldsymbol{V}_i=\lambda_i\boldsymbol{V}_i\end{cases} \tag{8.32}$$

也就是说, 矩阵 $\boldsymbol{A}^{(1)}$ 的按模最大的特征值是 λ_2, 以 $\boldsymbol{A}^{(1)}$ 代替 $\boldsymbol{A}^{(0)}$ 进行迭代即可求得 λ_2 和 $\boldsymbol{V}_2$, 依此类推, 就可求出全部特征值和特征向量. 但必须指出, 用这种方法求出的 λ_2 和 $\boldsymbol{V}_2$, 精度已较 λ_1 和 $\boldsymbol{V}_1$ 差, 若继续使用此方法, 后面求得的 λ_3 和 $\boldsymbol{V}_3$ 精度将更差. 因此, 实际上只用少数几次, 用来求矩阵前几个特征值和特征向量. 以上方法就称为*幂法的降阶法*.

8.4 反幂法

反幂法是用来求矩阵 $\boldsymbol{A}$ 的按模最小的特征值和特征向量的. 设矩阵 $\boldsymbol{A}$ 是可逆的, 即矩阵 $\boldsymbol{A}$ 没有零特征值, 若 $\boldsymbol{A}$ 的特征值记为 $\lambda_i(i=1,2,\cdots,n)$, $\boldsymbol{V}_i$ 是对应于 λ_i 的特征向量, 那么由高等代数理论可知, $\frac{1}{\lambda_i}(i=1,2,\cdots,n)$ 就是矩阵 $\boldsymbol{A}^{-1}$ 的特征值, 且 $\boldsymbol{A}^{-1}$ 的对应于 $\frac{1}{\lambda_i}$ 的特征向量仍为 $\boldsymbol{V}_i$. 所以当假设 λ_n 是 $\boldsymbol{A}$ 的按模最小的特征值时, $\frac{1}{\lambda_n}$ 就是 $\boldsymbol{A}^{-1}$ 的按模最大的特征值, 于是求 $\boldsymbol{A}$ 的按模最小的特征值问题就可以归结为求 $\boldsymbol{A}^{-1}$ 的按模最大的特征值问题. 于是可以把幂法应用到 $\boldsymbol{A}^{-1}$ 上, 可求出 $\boldsymbol{A}$ 的按模最小的特征值及对应特征向量, 这就是*反幂法*.

根据幂法迭代公式的构造方法, 现任取初始向量 $\boldsymbol{x}^{(0)}$, 构造迭代公式

$$\boldsymbol{x}^{(k)}=\boldsymbol{A}^{-1}\boldsymbol{x}^{(k-1)}\quad(k=1,2,\cdots)\tag{8.33}$$

按幂法计算即可得向量序列 $\{\boldsymbol{x}^{(k)}\}$. 但是用式 (8.33) 构造向量序列 $\{\boldsymbol{x}^{(k)}\}$, 首先要求 $\boldsymbol{A}^{-1}$. 因为一方面计算 $\boldsymbol{A}^{-1}$ 麻烦, 另外 $\boldsymbol{A}$ 稀疏时 $\boldsymbol{A}^{-1}$ 不一定稀疏, 故利用 $\boldsymbol{A}^{-1}$ 进行计算会造成困难. 所以在实际计算时, 通常用解方程组的办法, 即通过求解线性方程组

$$\boldsymbol{A}\boldsymbol{x}^{(k)}=\boldsymbol{x}^{(k-1)}\quad(k=1,2,\cdots)\tag{8.34}$$

来求式 (8.33) 的 $\boldsymbol{x}^{(k)}$. 为了防止迭代过程中数字的溢出, 实际计算时把式 (8.34) 改写为

$$\begin{cases}\boldsymbol{y}^{(k)}=\dfrac{\boldsymbol{x}^{(k)}}{\|\boldsymbol{x}^{(k)}\|_\infty}\\ \boldsymbol{A}\boldsymbol{x}^{(k+1)}=\boldsymbol{y}^{(k)}\end{cases}\quad(k=0,1,2,\cdots)\tag{8.35}$$

也可以利用原点平移法的方法来加速迭代过程, 这时的计算公式为

$$\begin{cases}\boldsymbol{y}^{(k)}=\dfrac{\boldsymbol{x}^{(k)}}{\|\boldsymbol{x}^{(k)}\|_\infty}\\ (\boldsymbol{A}-\lambda_0\boldsymbol{I})\boldsymbol{x}^{(k+1)}=\boldsymbol{y}^{(k)}\end{cases}\quad(k=0,1,2,\cdots)\tag{8.36}$$

为了节省工作量, 先用列主元素消去法将矩阵 $\boldsymbol{A}-\lambda_0\boldsymbol{I}$ 分解为下三角矩阵 $\boldsymbol{L}$ 与上三角矩阵 $\boldsymbol{U}$ 的乘积, 这样迭代过程中每一步就只要解两个三角形方程组就可以了.

8.5 计算实对称矩阵特征值和特征向量的对分法

这里将介绍计算实对称矩阵 $\boldsymbol{A}$ 的全部特征值和对应特征向量的方法. 方法的基本思想是先引入镜面反射矩阵, 而后利用这个镜面反射矩阵把矩阵 $\boldsymbol{A}$ 逐步化为三对角对称方阵, 再讨论三对角对称方阵特征值的分布情况, 确定每个特征值的范围, 从而就用对分法来求每个特征值的近似值.

8.5.1 镜面反射矩阵

定义 2 当 n 维向量 $\boldsymbol{u}$ 的 2− 范数等于 1, 即 $\|\boldsymbol{u}\|_2^2=(\boldsymbol{u},\boldsymbol{u})=\boldsymbol{u}^{\mathrm{T}}\boldsymbol{u}=1$ 时, n 阶方阵

$$\boldsymbol{H}=\boldsymbol{I}-2\boldsymbol{u}\boldsymbol{u}^{\mathrm{T}} \tag{8.37}$$

就称为*镜面反射矩阵*.

定理 4 设 $\boldsymbol{H}$ 是镜面反射矩阵, 则

(1) $\boldsymbol{H}$ 是对称的, 即 $\boldsymbol{H}=\boldsymbol{H}^{\mathrm{T}}$,

(2) $\boldsymbol{H}$ 是正交的, 即 $\boldsymbol{H}^{\mathrm{T}}\boldsymbol{H}=\boldsymbol{I}$,

(3) $\boldsymbol{H}$ 是对合的, 即 $\boldsymbol{H}^2=\boldsymbol{I}$.

证明 设 $\boldsymbol{H}$ 是由式 (8.37) 定义的镜面反射矩阵, 因此 $\boldsymbol{H}=\boldsymbol{H}^{\mathrm{T}}$ 是明显的. 下面证明 (2).

$$\begin{aligned}\boldsymbol{H}^{\mathrm{T}}\boldsymbol{H}=\boldsymbol{H}^2&=(\boldsymbol{I}-2\boldsymbol{u}\boldsymbol{u}^{\mathrm{T}})(\boldsymbol{I}-2\boldsymbol{u}\boldsymbol{u}^{\mathrm{T}})=\boldsymbol{I}-4\boldsymbol{u}\boldsymbol{u}^{\mathrm{T}}+4\boldsymbol{u}\boldsymbol{u}^{\mathrm{T}}\boldsymbol{u}\boldsymbol{u}^{\mathrm{T}}\\&=\boldsymbol{I}-4\boldsymbol{u}\boldsymbol{u}^{\mathrm{T}}+4\boldsymbol{u}(\boldsymbol{u}^{\mathrm{T}}\boldsymbol{u})\boldsymbol{u}^{\mathrm{T}}=\boldsymbol{I}-4\boldsymbol{u}\boldsymbol{u}^{\mathrm{T}}+4\boldsymbol{u}\boldsymbol{u}^{\mathrm{T}}=\boldsymbol{I}\end{aligned}$$

根据 (1) 与 (2) 的结果, (3) 的结论是明显的.

定理 5 设 $\boldsymbol{H}$ 是由式 (8.37) 定义的镜面反射矩阵, 且

$$\boldsymbol{x}=\boldsymbol{v}+\boldsymbol{w} \tag{8.38}$$

其中 $\boldsymbol{w}$ 和 $\boldsymbol{v}$ 满足

$$\boldsymbol{v}=c\boldsymbol{u},\quad \boldsymbol{w}^{\mathrm{T}}\boldsymbol{u}=0 \tag{8.39}$$

则有

$$\boldsymbol{H}\boldsymbol{x}=-\boldsymbol{v}+\boldsymbol{w}. \tag{8.40}$$

证明 设 $\boldsymbol{H}$ 是由式 (8.37) 定义的镜面反射矩阵, 且有式 (8.38) 和式 (8.39), 因此

$$\begin{aligned}\boldsymbol{Hx} &= (\boldsymbol{I}-2\boldsymbol{uu}^{\mathrm{T}})\boldsymbol{x} = \boldsymbol{x}-2\boldsymbol{uu}^{\mathrm{T}}\boldsymbol{x} = \boldsymbol{w}+\boldsymbol{v}-2\boldsymbol{uu}^{\mathrm{T}}(\boldsymbol{w}+\boldsymbol{v}) \\ &= \boldsymbol{w}+c\boldsymbol{u}-2\boldsymbol{uu}^{\mathrm{T}}\boldsymbol{w}-2\boldsymbol{uu}^{\mathrm{T}}\boldsymbol{v} = \boldsymbol{w}+c\boldsymbol{u}-2\boldsymbol{u}(\boldsymbol{w}^{\mathrm{T}}\boldsymbol{u})-2c\boldsymbol{u}(\boldsymbol{u}^{\mathrm{T}}\boldsymbol{u}) \\ &= \boldsymbol{w}+c\boldsymbol{u}-2c\boldsymbol{u} = \boldsymbol{w}-\boldsymbol{v}\end{aligned}$$

定理 5 的几何意义是: 将任一向量 $\boldsymbol{x}$ 分解为 $\boldsymbol{w}$ 与 $\boldsymbol{v}$ 的和, 使 $\boldsymbol{v}$ 与 $\boldsymbol{u}$ 平行, $\boldsymbol{w}$ 与 $\boldsymbol{u}$ 垂直, 并用 $\mathbf{Q}$ 表示与向量 $\boldsymbol{u}$ 垂直的向量的集合, $\mathbf{Q}$ 是 $n-1$ 维子空间, 且由向量 $\boldsymbol{u}$ 唯一确定. 因为 $\boldsymbol{Hx}$ 恰好是 $\boldsymbol{x}$ 关于 "镜面"$\mathbf{Q}$ 的像 (图 8.1), 所以根据 $\boldsymbol{H}$ 的这种功能就称它为**镜面反射矩阵**, 也称它为**豪斯浩德尔** (Householder) **矩阵**.

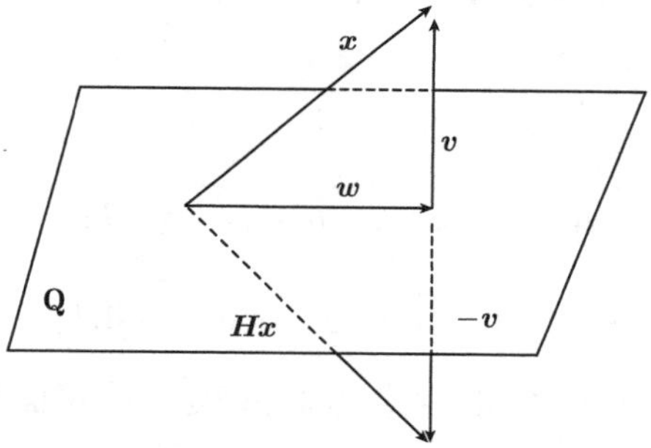

图 8.1

定理 6 设 $\boldsymbol{u}$ 是非零列向量, 则

$$\boldsymbol{H} = \boldsymbol{I} - 2\frac{\boldsymbol{uu}^{\mathrm{T}}}{\|\boldsymbol{u}\|_2^2} \tag{8.41}$$

是一个镜面反射矩阵.

证明 设 $\boldsymbol{v} = \dfrac{\boldsymbol{u}}{\|\boldsymbol{u}\|_2}$, 则 $\|\boldsymbol{v}\|_2 = 1$, 因此

$$\boldsymbol{H} = \boldsymbol{I} - 2\boldsymbol{vv}^{\mathrm{T}} = \boldsymbol{I} - 2\frac{\boldsymbol{uu}^{\mathrm{T}}}{\|\boldsymbol{u}\|_2^2}$$

是镜面反射矩阵.

定理 6 的意义是: 对非零列向量 $\boldsymbol{u}$, 都可以用式 (8.41) 来构造一个镜面反射矩阵.

定理 7 设向量 $\boldsymbol{b} \neq \boldsymbol{v}$, 且 $\|\boldsymbol{b}\|_2 = \|\boldsymbol{v}\|_2$, 则存在一个镜面反射矩阵 $\boldsymbol{H}$ 使

$$\boldsymbol{Hb} = \boldsymbol{v} \tag{8.42}$$

证明　取 $\boldsymbol{u}=\boldsymbol{b}-\boldsymbol{v}$, 则 $\boldsymbol{u}\neq\boldsymbol{0}$, 用式 (8.41) 来构造镜面反射矩阵 $\boldsymbol{H}$ 如下

$$\boldsymbol{H}=\boldsymbol{I}-2\frac{\boldsymbol{u}\boldsymbol{u}^{\mathrm{T}}}{\|\boldsymbol{u}\|_2^2}=\boldsymbol{I}-2\frac{(\boldsymbol{b}-\boldsymbol{v})(\boldsymbol{b}-\boldsymbol{v})^{\mathrm{T}}}{\|\boldsymbol{b}-\boldsymbol{v}\|_2^2} \tag{8.43}$$

因为 $\boldsymbol{b}^{\mathrm{T}}\boldsymbol{v}=\boldsymbol{v}^{\mathrm{T}}\boldsymbol{b},\boldsymbol{b}^{\mathrm{T}}\boldsymbol{b}=\boldsymbol{v}^{\mathrm{T}}\boldsymbol{v}$, 所以有

$$\begin{aligned}\boldsymbol{H}\boldsymbol{b}&=\left(\boldsymbol{I}-2\frac{(\boldsymbol{b}-\boldsymbol{v})(\boldsymbol{b}-\boldsymbol{v})^{\mathrm{T}}}{\|\boldsymbol{b}-\boldsymbol{v}\|_2^2}\right)\boldsymbol{b}=\boldsymbol{b}-\frac{2(\boldsymbol{b}-\boldsymbol{v})^{\mathrm{T}}\boldsymbol{b}}{\boldsymbol{b}^{\mathrm{T}}\boldsymbol{b}-\boldsymbol{b}^{\mathrm{T}}\boldsymbol{v}-\boldsymbol{v}^{\mathrm{T}}\boldsymbol{b}+\boldsymbol{v}^{\mathrm{T}}\boldsymbol{v}}(\boldsymbol{b}-\boldsymbol{v})\\&=\boldsymbol{b}-\frac{2(\boldsymbol{b}-\boldsymbol{v})^{\mathrm{T}}\boldsymbol{b}}{2\boldsymbol{b}^{\mathrm{T}}\boldsymbol{b}-2\boldsymbol{v}^{\mathrm{T}}\boldsymbol{b}}(\boldsymbol{b}-\boldsymbol{v})=\boldsymbol{b}-(\boldsymbol{b}-\boldsymbol{v})=\boldsymbol{v}\end{aligned}$$

定理 8　设已知向量 $\boldsymbol{b}$ 的后 $n-r-1$ 个分量不全为零, 则存在镜面反射矩阵 $\boldsymbol{H}$ 使 $\boldsymbol{H}\boldsymbol{b}$ 的前 $r\,(r+1<n)$ 个分量与 $\boldsymbol{b}$ 的前 r 个分量分别相等, 而 $\boldsymbol{H}\boldsymbol{b}$ 的后 $n-r-1$ 个分量全为零.

证明　设 $\boldsymbol{b}=(b_1,b_2,\cdots,b_n)^{\mathrm{T}}$, 取

$$\alpha=\pm\sqrt{b_{r+1}^2+b_{r+2}^2+\cdots+b_n^2} \tag{8.44}$$

$$\boldsymbol{v}=(b_1,b_2,\cdots,b_r,\alpha,0,\cdots,0)^{\mathrm{T}} \tag{8.45}$$

则有 $\|\boldsymbol{b}\|_2=\|\boldsymbol{v}\|_2$, 所以由定理 7 知, 由式 (8.43) 确定一个镜面反射矩阵 $\boldsymbol{H}$ 使 $\boldsymbol{H}\boldsymbol{b}=\boldsymbol{v}$.

例 5　设有向量 $\boldsymbol{b}=(1,2,3,4)^{\mathrm{T}}$, 求一个镜面反射矩阵 $\boldsymbol{H}$, 使 $\boldsymbol{H}\boldsymbol{b}$ 的最后 1 个分量为零.

解　根据式 (8.44) 计算得到 $\alpha=\pm5$, 取 $\alpha=-5$, 所以 $\boldsymbol{v}=(1,2,-5,0)^{\mathrm{T}}$, 由定理 7 和定理 8 构造一个镜面反射矩阵 $\boldsymbol{H}$

$$\begin{aligned}\boldsymbol{H}&=\boldsymbol{I}-2\frac{\boldsymbol{u}\boldsymbol{u}^{\mathrm{T}}}{\|\boldsymbol{u}\|_2^2}=\boldsymbol{I}-2\frac{(\boldsymbol{b}-\boldsymbol{v})(\boldsymbol{b}-\boldsymbol{v})^{\mathrm{T}}}{\|\boldsymbol{b}-\boldsymbol{v}\|_2^2}\\&=\boldsymbol{I}-\frac{1}{40}\begin{bmatrix}0&0&0&0\\0&0&0&0\\0&0&64&32\\0&0&32&16\end{bmatrix}=\begin{bmatrix}1&0&0&0\\0&1&0&0\\0&0&-\frac{3}{5}&-\frac{4}{5}\\0&0&-\frac{4}{5}&\frac{3}{5}\end{bmatrix}\end{aligned}$$

使 $\boldsymbol{H}\boldsymbol{b}=\boldsymbol{v}$, 即有 $\boldsymbol{H}\boldsymbol{b}=\boldsymbol{v}=(1,2,-5,0)^{\mathrm{T}}$.

在以上例子中为什么不取 $\alpha=5$, 而取 $\alpha=-5$ 呢? 这里主要考虑到构造镜面反射矩阵 $\boldsymbol{H}$ 时涉及 $\boldsymbol{b}-\boldsymbol{v}$. 所以确定 $\boldsymbol{v}$ 的第 $r+1$ 个分量时, α 的符号与 $\boldsymbol{b}$ 的第 $r+1$ 个分

量的符号取为异号时，在计算中尽可能的避免了两个数相减，又注意到了分母 $\|\boldsymbol{b}-\boldsymbol{v}\|_2^2$ 尽量较大.

由于向量 $\boldsymbol{b}-\boldsymbol{v}$ 的前 r 个分量全为零，因此在计算中可以记为

$$\boldsymbol{b}-\boldsymbol{v}=(\mathbf{0}^{\mathrm{T}},\boldsymbol{P}^{\mathrm{T}})^{\mathrm{T}}$$

式中，$\mathbf{0}^{\mathrm{T}}$ 是 r 维零行向量，$\boldsymbol{P}^{\mathrm{T}}$ 是 $n-r$ 维非零行向量. 则式 (8.43) 确定的镜面反射矩阵 $\boldsymbol{H}$ 可写成

$$\boldsymbol{H}=\boldsymbol{I}-2\frac{(\mathbf{0}^{\mathrm{T}},\boldsymbol{P}^{\mathrm{T}})^{\mathrm{T}}(\mathbf{0}^{\mathrm{T}},\boldsymbol{P}^{\mathrm{T}})}{\|u\|_2^2}=\begin{bmatrix}\boldsymbol{I}_r & \mathbf{0}\\ \mathbf{0} & \boldsymbol{I}_{n-r}-2\dfrac{\boldsymbol{P}\boldsymbol{P}^{\mathrm{T}}}{\|\boldsymbol{P}\|_2^2}\end{bmatrix}. \tag{8.46}$$

8.5.2　三对角化定理

定理 9　设 $\boldsymbol{A}$ 为 n 阶对称矩阵，则存在镜面反射矩阵

$$\boldsymbol{H}_i=\boldsymbol{I}-c_i\boldsymbol{u}_i\boldsymbol{u}_i^{\mathrm{T}},\quad c_i=\frac{2}{\|\boldsymbol{u}_i\|_2^2}\quad (i=1,2,\cdots,n-2) \tag{8.47}$$

使由递推公式

$$\boldsymbol{A}_1=\boldsymbol{A},\boldsymbol{A}_{i+1}=\boldsymbol{H}_i\boldsymbol{A}_i\boldsymbol{H}_i\quad (i=1,2,\cdots,n-2) \tag{8.48}$$

得到的矩阵 $\boldsymbol{A}_{n-1}$ 是三对角对称矩阵.

例 6　求一个镜面反射矩阵 $\boldsymbol{H}$，使得把矩阵

$$\boldsymbol{A}=\begin{bmatrix}1&3&4\\3&1&0\\4&0&1\end{bmatrix}$$

化为三对角对称矩阵.

解　记 $\boldsymbol{b}=(1,3,4)^{\mathrm{T}}$，则 $\alpha=-5$，且 $\boldsymbol{v}=(1,-5,0)^{\mathrm{T}}$，$\|\boldsymbol{b}-\boldsymbol{v}\|_2^2=80$，所以由定理 7 和定理 8 构造一个镜面反射矩阵 $\boldsymbol{H}$

$$\begin{aligned}\boldsymbol{H}&=\boldsymbol{I}-2\frac{(\boldsymbol{b}-\boldsymbol{v})(\boldsymbol{b}-\boldsymbol{v})^{\mathrm{T}}}{\|\boldsymbol{b}-\boldsymbol{v}\|_2^2}\\&=\boldsymbol{I}-\frac{1}{40}\begin{bmatrix}0&0&0\\0&64&32\\0&32&16\end{bmatrix}=\begin{bmatrix}1&0&0\\0&-\dfrac{3}{5}&-\dfrac{4}{5}\\0&-\dfrac{4}{5}&\dfrac{3}{5}\end{bmatrix}\end{aligned}$$

因此有

$$HAH = \begin{bmatrix} 1 & -5 & 0 \\ -5 & 5 & 0 \\ 0 & 0 & 5 \end{bmatrix}.$$

8.5.3 三对角对称矩阵的特征值性质

根据以上定理, 实对称矩阵 A 经过镜面反射矩阵 H 的作用, 化为实三对角对称矩阵 C, 记为如下：

$$C = \begin{bmatrix} c_1 & b_1 & & & \\ b_1 & c_2 & b_2 & & \\ & \ddots & \ddots & \ddots & \\ & & b_{n-2} & c_{n-1} & b_{n-1} \\ & & & b_{n-1} & c_n \end{bmatrix} \tag{8.49}$$

用 $p_i(\lambda)$ 表示方阵 $C-\lambda I$ 的 i 阶主子式, 即

$$p_1(\lambda)=c_1-\lambda\,,\ p_2(\lambda)=(c_1-\lambda)(c_2-\lambda)-b_1^2\,,\quad \cdots\quad,\quad p_n(\lambda)=\det(C-\lambda I).$$

若记 $b_0=0\,,\ p_0(\lambda)=1$, 则方阵 $C-\lambda I$ 的 i 阶主子式可用以下递推公式来表示：

$$\begin{cases} b_0=0, \quad p_0(\lambda)=1, \\ p_i(\lambda)=(c_i-\lambda)p_{i-1}(\lambda)-b_{i-1}^2\,p_{i-2}(\lambda) \quad (i=1,2,\cdots,n) \end{cases} \tag{8.50}$$

如果 $p_i(\lambda_0)=0$, 则用 $p_{i-1}(\lambda_0)$ 的符号作为 $p_i(\lambda_0)$ 的符号. 当相邻的 $p_{i-1}(\lambda_0)$ 和 $p_i(\lambda_0)$ 的符号相同时就说 $p_{i-1}(\lambda_0)$ 和 $p_i(\lambda_0)$ 有一个连号, 即定义了 $p_{i-1}(\lambda_0)$ 和 $p_i(\lambda_0)$ 之间的连号个数, 并用 $\varphi(\lambda_0)$ 表示特征多项式序列 $\{p_0(\lambda),p_1(\lambda),\cdots,p_n(\lambda)\}$ 在 λ_0 处的全体相邻的连号个数之和. 用 $n(\lambda_0)$ 表示 $p_n(\lambda)=0$ 的不小于 λ_0 的根的个数, 那么对于 $p_n(\lambda)$ 有以下结果.

定理 10 特征多项式序列 $\{p_0(\lambda),p_1(\lambda),\cdots,p_n(\lambda)\}$ 在 λ_0 处的全体相邻的连号个数 $\varphi(\lambda_0)$ 正好是 $p_n(\lambda)=0$ 的不小于 λ_0 的根的个数, 即 $\varphi(\lambda_0)=n(\lambda_0)$.

定理 10 说明, 当知道了 $\varphi(\lambda_0)$ 以后就可以判断 $p_n(\lambda)=0$ 在区间 $[\lambda_0,+\infty)$ 内的根的个数 $n(\lambda_0)$. 因此对于三对角对称矩阵 C, 我们首先用圆盘盖尔定理来估计矩阵

$\boldsymbol{C}$ 的特征多项式 $p_n(\lambda)$ 的所有根 λ_i 的所属区间, 记为 $[m, M]$, 这里有

$$m = \min_i(c_i - |b_i| - |b_{i-1}|), \quad M = \max_i(c_i + |b_i| + |b_{i-1}|)$$

所以得 $m \leqslant \lambda_i \leqslant M$. 其次用对分法把区间 $[m, M]$ 平分得

$$m_1 = \frac{m + \boldsymbol{M}}{2}$$

计算特征多项式序列 $\{p_0(\lambda), p_1(\lambda), \cdots, p_n(\lambda)\}$ 在 m_1 处的连号个数之和 $\varphi(m_1)$, 由此判断 $p_n(\lambda) = 0$ 在 $[m_1, M]$ 上的特征根的个数, 从而也就得到了 $p_n(\lambda) = 0$ 在 $[m, m_1]$ 上的特征根的个数. 继续用对分法把区间 $[m, m_1]$ 和 $[m_1, M]$ 平分得到新的区间, 继续判别 $p_n(\lambda) = 0$ 在各个小区间上的特征根的个数, 如此下去, 直到各个小区间所含的特征根个数只有一个为止, 最后在这些只含一个特征根的各个小区间上利用对分法可求得 $p_n(\lambda) = 0$ 的根, 这样可以求出三对角对称矩阵 $\boldsymbol{C}$ 的所有特征值 λ_i 的近似值.

在进行具体计算过程中, 对于式 (8.49) 中的矩阵 $\boldsymbol{C}$ 可以假设 $b_i \neq 0\,(i = 1, 2, \cdots, n-1)$, 若不然, 式 (8.49) 表示的三对角对称矩阵 $\boldsymbol{C}$ 变成

$$\boldsymbol{C} = \begin{pmatrix} \boldsymbol{C}_1 & \\ & \boldsymbol{C}_2 \end{pmatrix}$$

式中, $\boldsymbol{C}_1, \boldsymbol{C}_2$ 都是形如式 (8.49) 表示的三对角对称矩阵, 且 $\boldsymbol{C}_1, \boldsymbol{C}_2$ 的次对角元 b_i 都满足 $b_i \neq 0$ 的条件. 而 $\boldsymbol{C}_1, \boldsymbol{C}_2$ 都是三对角对称矩阵, 由行列式性质可以得到矩阵 $\boldsymbol{C}$ 的特征值的集合等于 $\boldsymbol{C}_1$ 和 $\boldsymbol{C}_2$ 的全部特征值组成的集合. 因此三对角对称矩阵 $\boldsymbol{C}$, 当某个 b_i 不满足 $b_i \neq 0$ 时, 利用相同的方法去考虑 $\boldsymbol{C}_1$ 和 $\boldsymbol{C}_2$ 的特征多项式的性质及其所属区间等问题即可.

8.6　雅可比 (Jacobi) 方法

雅可比 (Jacobi) 方法的基本思想是用一系列的平面旋转变换, 逐步构造矩阵 $\boldsymbol{P}$(即构造一个近似的 $\boldsymbol{P}$), 把实对称矩阵 $\boldsymbol{A}$ 逐步化为对角矩阵, 求出它的全部特征值. 该方法也叫做*平面旋转法*, 它适用于实对称矩阵, 可以同时求出全部特征值和特征向量, 这种方法具有精度高、收敛快、舍入误差稳定等优点. 主成分分析中常用这种方法来求所有特征值.

由代数知识知道, 如果 $\boldsymbol{A}$ 是对称矩阵, 则存在正交矩阵 $\boldsymbol{P}$ 使

$$\boldsymbol{PAP}^{\mathrm{T}} = \mathrm{diag}\,(\lambda_1, \lambda_2, \cdots, \lambda_n) = \boldsymbol{D}$$

且 $\boldsymbol{D}$ 的对角线元素 $\lambda_1, \lambda_2, \cdots, \lambda_n$ 就是矩阵 $\boldsymbol{A}$ 的特征值, 而 $\boldsymbol{P}^{\mathrm{T}}$ 的列向量 $\boldsymbol{v}_i$ 就是对应于 λ_i 的特征向量. 于是计算对称矩阵 $\boldsymbol{A}$ 的特征值问题就归结为求一个正交矩阵 $\boldsymbol{P}$ 使 $\boldsymbol{PAP}^{\mathrm{T}} = \boldsymbol{D}$, 而这个问题的困难就在于如何逐步构造正交矩阵 $\boldsymbol{P}_i$, 使 $\boldsymbol{P}_k\boldsymbol{P}_{k-1}\cdots\boldsymbol{P}_2\boldsymbol{P}_1\boldsymbol{A}\boldsymbol{P}_1^{\mathrm{T}}\boldsymbol{P}_2^{\mathrm{T}}\cdots\boldsymbol{P}_{k-1}^{\mathrm{T}}\boldsymbol{P}_k^{\mathrm{T}} = \boldsymbol{D}$, 即 $\boldsymbol{PAP}^{\mathrm{T}} = \boldsymbol{D}$, 其中 $\boldsymbol{P} = \boldsymbol{P}_k\boldsymbol{P}_{k-1}\cdots\boldsymbol{P}_2\boldsymbol{P}_1$. 先考虑 2 阶对称矩阵 $\boldsymbol{A}$, 即设

$$\boldsymbol{A} = \begin{bmatrix} a_{11} & a_{12} \\ a_{22} & a_{21} \end{bmatrix}, \quad a_{12} = a_{21}$$

因为实对称矩阵与二次型是一一对应的, 设对称矩阵 $\boldsymbol{A}$ 所对应的二次型为

$$f(x_1, x_2) = a_{11}x_1^2 + 2a_{12}x_1x_2 + a_{22}x_2^2$$

在几何上方程 $f(x_1, x_2) = c$, 即

$$a_{11}x_1^2 + 2a_{12}x_1x_2 + a_{22}x_2^2 = c \tag{8.51}$$

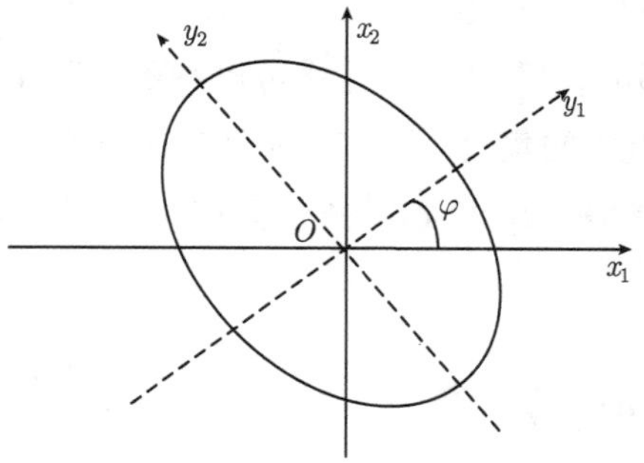

图 8.2

表示在 x_1, x_2 平面上的一个二次曲线, 如果将坐标轴 Ox_1, Ox_2 旋转一个角度 φ, 使得旋转后的坐标轴 Oy_1, Oy_2 与该二次曲线的主轴相重合, 如图 8.2 所示, 那么在新的坐标系下, 二次曲线的方程就化成 “标准型”:

$$b_{11}y_1^2 + b_{22}y_2^2 = c \tag{8.52}$$

也就是说, 要构造一个正交变换

$$\begin{bmatrix} x_1 \\ x_2 \end{bmatrix} = \begin{bmatrix} \cos\varphi & -\sin\varphi \\ \sin\varphi & \cos\varphi \end{bmatrix} \begin{bmatrix} y_1 \\ y_2 \end{bmatrix} \tag{8.53}$$

使二次型 (8.51) 经过该变换后变成标准的二次型 (8.52). 记

$$\boldsymbol{P} = \begin{bmatrix} \cos\varphi & -\sin\varphi \\ \sin\varphi & \cos\varphi \end{bmatrix} \tag{8.54}$$

则 $\boldsymbol{P}$ 是正交矩阵, 变换 (8.53) 是把原平面坐标系进行一个 φ 角度的旋转, 所以把变换 (8.53) 叫做**平面旋转变换**, 平面旋转变换不改变向量的长度, 是正交变换. 而把二次型 (8.51) 用向量矩阵形式写出, 并将变换 (8.53) 代入得

$$(y_1, y_2)\begin{bmatrix} \cos\varphi & \sin\varphi \\ -\sin\varphi & \cos\varphi \end{bmatrix}\begin{bmatrix} a_{11} & a_{12} \\ a_{21} & a_{22} \end{bmatrix}\begin{bmatrix} \cos\varphi & -\sin\varphi \\ \sin\varphi & \cos\varphi \end{bmatrix}\begin{bmatrix} y_1 \\ y_2 \end{bmatrix} = c$$

与二次型 (8.52) 相比较, 可得

$$\begin{bmatrix} \cos\varphi & \sin\varphi \\ -\sin\varphi & \cos\varphi \end{bmatrix}\begin{bmatrix} a_{11} & a_{12} \\ a_{21} & a_{22} \end{bmatrix}\begin{bmatrix} \cos\varphi & -\sin\varphi \\ \sin\varphi & \cos\varphi \end{bmatrix} = \begin{bmatrix} b_{11} & 0 \\ 0 & b_{22} \end{bmatrix} = \boldsymbol{B}$$

而

$$\begin{aligned}&\begin{bmatrix} \cos\varphi & \sin\varphi \\ -\sin\varphi & \cos\varphi \end{bmatrix}\begin{bmatrix} a_{11} & a_{12} \\ a_{21} & a_{22} \end{bmatrix}\begin{bmatrix} \cos\varphi & -\sin\varphi \\ \sin\varphi & \cos\varphi \end{bmatrix} \\ =&\begin{bmatrix} a_{11}\cos^2\varphi + a_{12}\sin 2\varphi + a_{22}\sin^2\varphi & \dfrac{(a_{22}-a_{11})}{2}\sin 2\varphi + a_{12}(\cos^2\varphi - \sin^2\varphi) \\ \dfrac{(a_{22}-a_{11})}{2}\sin 2\varphi + a_{12}(\cos^2\varphi - \sin^2\varphi) & a_{11}\sin^2\varphi - a_{12}\sin 2\varphi + a_{22}\cos^2\varphi \end{bmatrix}\end{aligned}$$

所以说, 2 阶对称矩阵 $\boldsymbol{A}$ 经过正交矩阵 (8.54) 的作用后要想化为对角矩阵 $\boldsymbol{B}$, 那么平面旋转变换 (8.53) 中的旋转角度 φ 必须满足

$$\frac{(a_{22}-a_{11})}{2}\sin 2\varphi + a_{12}(\cos^2\varphi - \sin^2\varphi) = 0,$$

由 $\cos^2\varphi - \sin^2\varphi = \cos 2\varphi$ 得旋转角度 φ 满足

$$\varphi = \frac{1}{2}\arctan\frac{2a_{12}}{a_{11}-a_{22}} \tag{8.55}$$

此时不难得到 $\boldsymbol{B}$ 的对角元素 b_{11}, b_{22} 就是 $\boldsymbol{A}$ 的特征值.

下面讨论如何用雅可比方法把 n 阶实对称矩阵 $\boldsymbol{A}$ 化为对角矩阵. 设矩阵 $\boldsymbol{A} = (a_{ij})_{n\times n}$ 的一对非对角元素 $a_{ij} = a_{ji} \neq 0$, 且非对角线元素中其绝对值为最大, 则构造一个正交矩阵

$$
\boldsymbol{P}_i = \begin{bmatrix}
1 & & & & & & & & & \\
& \ddots & \vdots & & & \vdots & & & & \\
& & 1 & & & \vdots & & & & \\
& \cdots & \cos\varphi & & \cdots & -\sin\varphi & \cdots & & & \\
& & \vdots & 1 & \cdots & \vdots & & & & \\
& & \vdots & & \ddots & \vdots & & & & \\
& & \vdots & & 1 & \vdots & & & & \\
& \cdots & \sin\varphi & & \cdots & \cos\varphi & \cdots & & & \\
& & \vdots & & & \vdots & 1 & & & \\
& & \vdots & & & \vdots & & \ddots & & \\
& & \vdots & & & \vdots & & & 1 &
\end{bmatrix}
\begin{matrix} \\ \\ \\ i \\ \\ \\ \\ j \\ \\ \\ \\ \end{matrix}
\tag{8.56}
$$

$$\qquad\qquad i \qquad\qquad\qquad j$$

容易看出, $\boldsymbol{P}_i$ 的第 i 个和 j 个对角线元素为 $p_{ii} = p_{jj} = \cos\varphi$, 其他对角线元素都为 1, $\boldsymbol{P}_i$ 的第 i 行第 j 列位置和第 j 行第 i 列位置上的元素为 $-p_{ij} = p_{ji} = \sin\varphi$, 其他非对角线元素都为零. $\boldsymbol{P}_i$ 为 n 维空间中的二维旋转变换矩阵, 变换矩阵的作用是将坐标 Ox_i, Ox_j 在 x_i, x_j 所在平面旋转了一个角度, 其他坐标轴保持不变, 故称做平面旋转矩阵.

现将 $\boldsymbol{P}_i$ 作用到 $\boldsymbol{A}$ 上, 得到矩阵 $\boldsymbol{A}_1$:

$$\boldsymbol{A}_1 = \boldsymbol{P}_i^{\mathrm{T}} \boldsymbol{A} \boldsymbol{P}_i = (a_{ij}^{(1)})_{n\times n}$$

不难得到矩阵 $\boldsymbol{A}_1$ 的元素和矩阵 $\boldsymbol{A}$ 的元素有如下关系. 首先, 因 $\boldsymbol{A}$ 是对称的, 所以 $\boldsymbol{A}_1$ 也是对称的, 这是因为

$$\boldsymbol{A}_1^{\mathrm{T}} = (\boldsymbol{P}_i^{\mathrm{T}} \boldsymbol{A} \boldsymbol{P}_i)^{\mathrm{T}} = \boldsymbol{P}_i^{\mathrm{T}} \boldsymbol{A}^{\mathrm{T}} \boldsymbol{P}_i = \boldsymbol{P}_i^{\mathrm{T}} \boldsymbol{A} \boldsymbol{P}_i = \boldsymbol{A}_1$$

其次, 通过直接计算有

$$
\begin{aligned}
a_{ii}^{(1)} &= a_{ii}\cos^2\varphi + 2a_{ij}\cos\varphi\sin\varphi + a_{jj}\sin^2\varphi \\
a_{jj}^{(1)} &= a_{jj}\cos^2\varphi - 2a_{ij}\cos\varphi\sin\varphi + a_{ii}\sin^2\varphi \\
a_{ik}^{(1)} &= a_{k\,i}^{(1)} = a_{ik}\cos\varphi + a_{jk}\sin\varphi \quad k \neq i, j
\end{aligned}
$$

$$a_{jk}^{(1)} = a_{kj}^{(1)} = -a_{ik}\sin\varphi + a_{jk}\cos\varphi \quad k \neq i,j \tag{8.57}$$

$$a_{km}^{(1)} = a_{mk}^{(1)} = a_{mk} \quad k,m \neq i,j$$

$$a_{ij}^{(1)} = a_{ji}^{(1)} = \frac{1}{2}(a_{jj} - a_{ii})\sin 2\varphi + a_{ij}\cos 2\varphi$$

也就是说, 经过 $\boldsymbol{P}_i$ 作用后, 矩阵 $\boldsymbol{A}_1$ 的第 i 行, 第 j 行位置和第 i 列, 第 j 列位置上的元素发生了变化, 其他元素不变. 为了使矩阵 $\boldsymbol{A}_1$ 的元素 $a_{ij}^{(1)}$ 化为零, 旋转角度 φ 必须满足关系

$$\tan 2\varphi = \frac{2a_{ij}}{a_{ii} - a_{jj}} \tag{8.58}$$

即当 φ 满足式 (8.58) 时就有 $a_{ij}^{(1)} = a_{ji}^{(1)} = 0$. 所以说, 用平面旋转变换矩阵 $\boldsymbol{P}_i$ 对 $\boldsymbol{A}$ 进行变换, 只要旋转角度 φ 满足式 (8.58), 则 $\boldsymbol{A}$ 的两个绝对值为最大的非对角线元素 a_{ij} 和 a_{ji} 就可以化为零. 一般来说, 每进行这样一次变换, 可以使矩阵的一对非零元素变为零. 那么逐步的利用这种变换, 能否把 $\boldsymbol{A}$ 的非对角线元素都变成零呢? 这是可以的. 若在 k 次变换以后, 得到矩阵 $\boldsymbol{A}_k$, 而 $\boldsymbol{A}_k$ 的某一对非对角线元素 $a_{pq}^{(k)}$ 不为零, 用变换矩阵 $\boldsymbol{P}_p$ 去作用 $\boldsymbol{A}_k$, 得到 $\boldsymbol{A}_{k+1} = \boldsymbol{P}_p^{\mathrm{T}}\boldsymbol{A}_k\boldsymbol{P}_p = \left(a_{ij}^{(k+1)}\right)_{n\times n}$, 而 $\boldsymbol{A}_{k+1}$ 的 $a_{pq}^{(k+1)} = a_{qp}^{(k+1)} = 0$. 但能否说, 对 n 阶矩阵, 一对一对的元素进行变换, 进行 $\dfrac{n(n-1)}{2}$ 次变换后, 就可以把非对角线元素全都化为零呢? 这是不一定的. 因为在变换消去 a_{ij} 的时候, 第 i 行 i 列和 j 行 j 列的元素在变化, 再把 a_{il} 和 a_{li} 变为零时, a_{ij} 有可能从零变为非零, 因此并不是经过 $\dfrac{n(n-1)}{2}$ 次变换后, 就可以把 $\boldsymbol{A}$ 对角化. 应该说, 矩阵 $\boldsymbol{A}$ 的对角化是经过多次的平面旋转变换实现的, 即可以证明雅可比方法是收敛的.

为证明雅可比方法是收敛的, 只要能证明每次变换总是使对角线元素的平方和增大, 而非对角线元素的平方和减小即可, 这是因为在正交相似变换下, 矩阵元素的平方和不变. 现在设矩阵 $\boldsymbol{A}$ 的非对角线元素的平方和为

$$E(\boldsymbol{A}) = \sum_{\substack{i\neq j\\ i,j=1}}^{n} a_{ij}^2$$

要证明 $\boldsymbol{A}_k \to \boldsymbol{D}$(当 $k\to\infty$), 只要证明 $E(\boldsymbol{A}_k) \to 0$(当 $k\to\infty$). 假设从 $\boldsymbol{A}_k$ 变为 $\boldsymbol{A}_{k+1}$ 时把 a_{ij} 这对元素化为零, 直接计算一下对角线元素的平方和与非对角线元素

的平方和

$$\begin{aligned}(a_{il}^{(k+1)})^2+(a_{jl}^{(k+1)})^2&=(a_{il}^{(k)}\cos\phi+a_{jl}^{(k)}\sin\phi)^2+(-a_{il}^{(k)}\sin\phi+a_{jl}^{(k)}\cos\phi)^2\\&=(a_{il}^{(k)})^2+(a_{jl}^{(k)})^2\end{aligned}$$

并且有 $a_{ij}^{(k+1)}=a_{ji}^{(k+1)}=0$. 所以 $E(\boldsymbol{A}_{k+1})=E(\boldsymbol{A}_k)-2(a_{ij}^{(k)})^2$, 即经过变换以后, $\boldsymbol{A}_{k+1}$ 的非对角线上元素的平方和减少了 $2(a_{ij}^{(k)})^2$, 对角线元素因只有 $a_{ii}^{(k)}$ 和 $a_{jj}^{(k)}$ 发生了变化, 经计算知

$$(a_{ii}^{(k+1)})^2+(a_{jj}^{(k+1)})^2=(a_{ii}^{(k)})^2+(a_{jj}^{(k)})^2+2(a_{ij}^{(k)})^2$$

即对角线元素的平方和增加了 $2(a_{ij}^{(k)})^2$, 如果 $|a_{ij}^{(k)}|$ 大于等于 $\boldsymbol{A}_k$ 的其他非对角线元素的绝对值, 则

$$(a_{ij}^{(k)})^2\geqslant\frac{1}{n(n-1)}E(\boldsymbol{A}_k)\tag{8.59}$$

于是

$$\begin{aligned}E(\boldsymbol{A}_{k+1})&=E(\boldsymbol{A}_k)-2(a_{ij}^{(k)})^2\\&\leqslant E(\boldsymbol{A}_k)-\frac{2}{n(n-1)}E(\boldsymbol{A}_k)=\left(1-\frac{2}{n(n-1)}\right)E(\boldsymbol{A}_k)\end{aligned}\tag{8.60}$$

由式 (8.60) 可得

$$E(\boldsymbol{A}_k)\leqslant(1-\frac{2}{n(n-1)})^kE(\boldsymbol{A})$$

由于 $1-\dfrac{2}{n(n-1)}<1$, 所以当 $k\to\infty$ 时 $E(\boldsymbol{A}_k)\to0$, 这说明雅可比方法收敛. 把逐次的旋转变换矩阵乘起来, 即得到所要求的特征向量.

例 7 用雅可比方法求矩阵

$$\boldsymbol{A}=\begin{bmatrix}1&2&0\\2&2&-1\\0&-1&1\end{bmatrix}$$

的特征值和特征向量.

解 因 $a_{12}\neq0$, 且非对角线元素中其绝对值最大, 故先取 $i=1,j=2$ 得 $\tan2\varphi=\dfrac{2a_{12}}{a_{11}-a_{22}}=-4$, 所以 $\cos\varphi=0.7882$, $\sin\varphi=-0.6154$, 由此得

$$A_1 = P_{12}^{\mathrm{T}} A P_{12} = \begin{bmatrix} 0.7882 & -0.6154 & 0 \\ 0.6154 & 0.7882 & 0 \\ 0 & 0 & 1 \end{bmatrix} \times \begin{bmatrix} 1 & 2 & 0 \\ 2 & 2 & -1 \\ 0 & -1 & 1 \end{bmatrix}$$

$$\times \begin{bmatrix} 0.7882 & 0.6154 & 0 \\ -0.6154 & 0.7882 & 0 \\ 0 & 0 & 1 \end{bmatrix}$$

$$= \begin{bmatrix} -0.5615 & 0 & 0.6154 \\ 0 & 3.5615 & -0.7882 \\ 0.6154 & -0.7882 & 1 \end{bmatrix}$$

再取 $i=2, j=3$, 有 $\tan 2\varphi = -0.6154$, 则 $\cos\varphi = 0.9622$, $\sin\varphi = -0.2723$

$$A_2 = P_{23}^{\mathrm{T}} A_1 P_{23}$$

$$= \begin{bmatrix} 1 & 0 & 0 \\ 0 & 0.9622 & -0.2723 \\ 0 & 0.2723 & 0.9622 \end{bmatrix} \times \begin{bmatrix} -0.5615 & 0 & 0.6154 \\ 0 & 3.5615 & -0.7882 \\ 0.6154 & -0.7882 & 1 \end{bmatrix}$$

$$\times \begin{bmatrix} 1 & 0 & 0 \\ 0 & 0.9622 & 0.2723 \\ 0 & -0.2723 & 0.9622 \end{bmatrix}$$

$$= \begin{bmatrix} -0.5615 & -0.1675 & 0.5921 \\ -0.1675 & 3.7845 & -0.0002 \\ 0.5921 & -0.0002 & 0.7769 \end{bmatrix}$$

取 $i=1, j=3$, 有 $\tan 2\varphi = -0.8848$, 则 $\cos\varphi = 0.9351$, $\sin\varphi = -0.3543$

$$A_3 = P_{13}^{\mathrm{T}} A_2 P_{13}$$

$$= \begin{bmatrix} 0.9351 & 0 & 0.3543 \\ 0 & 1 & 0 \\ -0.3543 & 0 & 0.9351 \end{bmatrix} \times \begin{bmatrix} -0.5615 & -0.1675 & 0.5921 \\ -0.1675 & 3.7845 & -0.0002 \\ 0.5921 & -0.0002 & 0.7769 \end{bmatrix}$$

$$\times \begin{bmatrix} 0.9351 & 0 & -0.3543 \\ 0 & 1 & 0 \\ 0.3543 & 0 & 0.9351 \end{bmatrix} = \begin{bmatrix} -0.7859 & -0.1566 & 0 \\ -0.1566 & 3.7845 & -0.0595 \\ 0 & -0.0595 & 1.0012 \end{bmatrix}$$

取 $i=1, j=2$, 有 $\tan 2\varphi = 0.0685$, 则 $\cos\varphi = 0.9994$, $\sin\varphi = 0.0342$

$$A_4 = P_{12}^{\mathrm{T}} A_3 P_{12}$$

$$= \begin{bmatrix} 0.9994 & 0.0342 & 0 \\ -0.0342 & 0.9994 & 0 \\ 0 & 0 & 1 \end{bmatrix} \times \begin{bmatrix} -0.7859 & -0.1566 & 0 \\ -0.1566 & 3.7845 & -0.0595 \\ 0 & -0.0595 & 1.0012 \end{bmatrix}$$

$$\times \begin{bmatrix} 0.9994 & -0.0342 & 0 \\ 0.0342 & 0.9994 & 0 \\ 0 & 0 & 1 \end{bmatrix} = \begin{bmatrix} -0.7912 & 0 & -0.002 \\ 0 & 3.7897 & -0.0595 \\ -0.002 & -0.0595 & 1.0012 \end{bmatrix}$$

再取 $i=2, j=3$, 有 $\tan 2\varphi = -0.0427$, 则 $\cos\varphi = 0.9998$, $\sin\varphi = -0.0213$

$$A_5 = P_{23}^{\mathrm{T}} A_4 P_{23}$$

$$= \begin{bmatrix} 1 & 0 & 0 \\ 0 & 0.9998 & -0.0213 \\ 0 & 0.0213 & 0.9998 \end{bmatrix} \times \begin{bmatrix} -0.7912 & 0 & -0.002 \\ 0 & 3.7897 & -0.0595 \\ -0.002 & -0.0595 & 1.0012 \end{bmatrix}$$

$$\times \begin{bmatrix} 1 & 0 & 0 \\ 0 & 0.9998 & 0.0213 \\ 0 & -0.0213 & 0.9998 \end{bmatrix}$$

$$= \begin{bmatrix} -0.7912 & 0 & -0.002 \\ 0 & 3.7912 & -0.0001 \\ -0.002 & -0.0001 & 1 \end{bmatrix}$$

取 $i=1, j=3$, 有 $\tan 2\varphi = 0.0022$, 则 $\cos\varphi = 1$, $\sin\varphi = 0.0011$.

$$A_6 = P_{13}^{\mathrm{T}} A_5 P_{13}$$

$$= \begin{bmatrix} 1 & 0 & 0.0011 \\ 0 & 1 & 0 \\ -0.0011 & 0 & 1 \end{bmatrix} \times \begin{bmatrix} -0.7912 & 0 & -0.002 \\ 0 & 3.7912 & -0.0001 \\ -0.002 & -0.0001 & 1.0000 \end{bmatrix}$$

$$\times \begin{bmatrix} 1 & 0 & -0.0011 \\ 0 & 1 & 0 \\ 0.0011 & 0 & 1 \end{bmatrix}$$

$$= \begin{bmatrix} -0.7912 & 0 & 0 \\ 0 & 3.7912 & -0.0001 \\ 0 & -0.0001 & 1.000 \end{bmatrix} \approx \begin{bmatrix} -0.7912 & 0 & 0 \\ 0 & 3.7912 & 0 \\ 0 & 0 & 1 \end{bmatrix}$$

由此可得矩阵 $\boldsymbol{A}$ 的特征值的近似值是 $\lambda_1 = 3.7912, \lambda_2 = 1, \lambda_3 = -0.7912$, 相应的特征向量为

$$\boldsymbol{P} = \boldsymbol{P}_{12}\boldsymbol{P}_{23}\boldsymbol{P}_{12}\boldsymbol{P}_{23}\boldsymbol{P}_{13} = \begin{bmatrix} 0.698 & 0.5592 & 0.4472 \\ -0.6252 & 0.7804 & 0 \\ -0.349 & -0.2796 & 0.8944 \end{bmatrix}$$

实际上该矩阵 $\boldsymbol{A}$ 的特征值为 $\lambda_1 = 3.791288, \lambda_2 = 1, \lambda_3 = -0.791288$.

把以上算法的计算步骤可归纳如下:

(1) 在矩阵 $\boldsymbol{A}$ 中找出一个非零的非对角线元素 a_{ij}, 一般来说, 取按模最大的非对角线元素.

(2) 由条件 $(a_{jj} - a_{ii})\sin 2\varphi + 2a_{ij}\cos 2\varphi = 0$ 确定出 $\sin\varphi$ 与 $\cos\varphi$.

(3) 按式 (8.57) 计算 $\boldsymbol{A}_1$ 的元素.

(4) 以 $\boldsymbol{A}_1$ 代替 $\boldsymbol{A}$, 重复 (1), (2), (3). 求出 $\boldsymbol{A}_2$, 如此类推直到非对角线元素小于容许误差时停止计算.

习　题　8

1. 设有矩阵 $\boldsymbol{A} = \begin{bmatrix} 2 & 1 & 0 & 1 \\ 0 & 1 & 2 & 1 \\ 0 & 2 & 1 & 4 \\ 1 & 0 & 0 & 5 \end{bmatrix}$, 试估计矩阵 $\boldsymbol{A}$ 的特征值 λ 的范围.

2. 用幂法求以下矩阵的按模最大的特征值与对应的特征向量.

$$\boldsymbol{A} = \begin{bmatrix} 3 & -4 & 3 \\ -4 & 6 & 3 \\ 3 & 3 & 1 \end{bmatrix}, \quad \boldsymbol{A} = \begin{bmatrix} 4 & 2 & 2 \\ 2 & 5 & 1 \\ 2 & 1 & 6 \end{bmatrix}$$

3. 设有向量 $\boldsymbol{b} = (1, 2, 1, 2)^{\mathrm{T}}$, 求一个镜面反射矩阵 $\boldsymbol{H}$, 使 $\boldsymbol{Hb}$ 的最后 2 个分量为零.

4. 求一个镜面反射矩阵 $\boldsymbol{H}$, 能把矩阵 $\boldsymbol{A} = \begin{bmatrix} 3 & 3 & 4 \\ 3 & 1 & 2 \\ 4 & 2 & 1 \end{bmatrix}$ 化为三对角对称矩阵.

5. 用雅可比方法求矩阵 $\boldsymbol{A} = \begin{bmatrix} 2 & 1 & 0 \\ 1 & 3 & 1 \\ 0 & 1 & 4 \end{bmatrix}$ 的特征值和特征向量.

第 9 章

常微分方程初值问题的数值解法

9.1 引　　言

自然界的许多现象, 以其量的变化规律而言, 在数学上往往可以用微分方程模型来描述. 科学实验中也有很多问题的数据变化特征及其变量之间的依赖关系可以用常微分方程来表示. 例如生物的生灭过程、物体的运动、化学反应过程、人口发展模型等, 都可以归结为以时间 t 为自变量的常微分方程 (组). 又如单摆的摆动, 在某些简化的条件下, 可以用二阶常微分方程

$$\frac{\mathrm{d}^2\theta}{\mathrm{d}t^2}+\frac{g}{L}\sin\theta=0$$

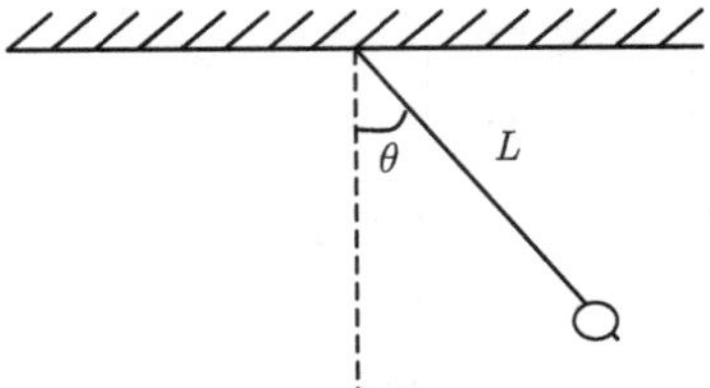

图 9.1

来描述 (如图 9.1 所示), 其中 L 是摆长, g 是重力常数, θ 是摆与铅垂线的夹角. 若已知单摆在开始时刻 $t=t_0$ 的位置 $\theta(t_0)=\theta_0$ 及速度 $\theta'(t_0)=\theta'_0$, 则单摆的运动轨迹就是由表达式

$$\begin{cases}\dfrac{\mathrm{d}^2\theta}{\mathrm{d}t^2}+\dfrac{g}{L}\sin\theta=0\\ \theta\,|_{t=t_0}=\theta_0\\ \theta'\,|_{t=t_0}=\theta'_0\end{cases}\tag{9.1}$$

唯一确定. 这种问题就称为常微分方程的*初值问题*.

应该强调的是, 微分方程和它的数值解法在现实问题中的应用非常广泛, 在许多实际问题的研究和解决中都起到了重要的作用, 部分应用例子见文献 (何满喜, 2009)

和 (何满喜, 2004).

本章要介绍求解常微分方程**初值问题**的较简单的几种常用的数值方法. 常微分方程初值问题的数值解法是数值计算中较重要的一部分内容. 本章着重讨论一阶常微分方程初值问题

$$\begin{cases} \dfrac{\mathrm{d}y}{\mathrm{d}x} = f(x,y) \\ y(x_0) = y_0 \end{cases} \tag{9.2}$$

的数值解法. 对高阶方程和微分方程组的数值解法, 其基本思想是完全一样的.

常微分方程初值问题的数值解是求式 (9.2) 的解 $y(x)$ 在存在区间 $[a,b]$ 中点列 $x_i = x_{i-1} + h_i (i = 0, 1, \cdots, n)$ 上的近似值 y_i. 这里 h_i 是 x_{i-1} 到 x_i 的步长, 是正数. 一般说来, 在计算过程中可以改变, 但为了叙述方便, 假设 h_i 不变, 并记为 h.

由于数值解是找解 $y(x)$ 的近似值, 因此不妨假设解 $y(x)$ 在区间 $[a,b]$ 上是存在而且惟一的, 并具有充分的光滑度, 因此假设 $f(x,y)$ 也充分光滑.

常微分方程初值问题的数值解法一般分为两大类:

(1) 一步法: 这类方法在计算 y_{i+1} 时, 只用到 x_{i+1},x_i 和 y_i, 即前一步的值. 因此, 在有了初值以后就可以逐步往下计算, 其代表算法是**龙格–库塔方法**.

(2) 多步法: 这类方法在计算 y_{i+1} 时, 除用到 x_{i+1},x_i 和 y_i 以外, 还要用 x_{i-p}, $y_{i-p}(p = 1, 2, \cdots, k; k > 0)$, 即要用前面 k 步的值, 其代表算法就是**阿达姆斯方法**.

9.2 几种简单的数值解法

9.2.1 欧拉 (Euler) 方法

欧拉 (Euler) 方法是常微分方程初值问题的数值解法中最简单的一个方法, 它的精确度不高, 所以在实际计算中不能广泛应用. 但它计算公式的导出思想简单, 其方法具有很好的启发性和技巧性, 并能够说明一般计算公式的构造和推导的一些过程与特征.

1) 欧拉方法的思想与特点

对一阶常微分方程初值问题

$$\begin{cases} \dfrac{\mathrm{d}y}{\mathrm{d}x} = f(x,y) \\ y(x_0) = y_0 \end{cases} \tag{9.2}$$

把解 $y(x)$ 存在的区间 $[a,b]$ 作 n 等分, 得分点

$$x_i = x_{i-1} + h \quad (i = 1, 2, \cdots, n) \tag{9.3}$$

其中 $h = \dfrac{b-a}{n}$, $x_0 = a$. 利用泰勒公式把解 $y(x)$ 在点 x_i 上展开为

$$\begin{aligned} y(x) &= y(x_i) + (x - x_i)y'(x_i) + \frac{(x-x_i)^2}{2}y''(\xi) \\ &= y(x_i) + (x - x_i)f(x_i, y(x_i)) + \frac{(x-x_i)^2}{2}y''(\xi) \end{aligned} \tag{9.4}$$

令 $x = x_{i+1}$, 则有

$$y(x_{i+1}) = y(x_i) + hf(x_i, y(x_i)) + \frac{h^2}{2}y''(\xi_i) \tag{9.5}$$

取 h 的线性部分, 并用 y_i 表示 $y(x_i)$ 的近似值, 得

$$y_{i+1} = y_i + hf(x_i, y_i) \quad (i = 0, 1, 2, \cdots, n-1) \tag{9.6}$$

即可得迭代公式:

$$\begin{cases} y_0 = y(x_0) \\ y_{i+1} = y_i + hf(x_i, y_i) \quad (i = 0, 1, 2, \cdots, n-1) \end{cases} \tag{9.7}$$

式 (9.7) 就是一阶常微分方程初值问题 (9.2) 的**欧拉方法的迭代公式**.

式 (9.7) 还可以这样得到: 把微分方程初值问题 (9.2) 中出现的微商 $y'(x)$ $\left(\dfrac{\mathrm{d}y}{\mathrm{d}x}\right)$ 用两点公式 $\dfrac{y(x_{i+1}) - y(x_i)}{x_{i+1} - x_i}$ 替代, 再用 y_i 表示 $y(x_i)$ 的近似值, 则得到

$$\frac{y_{i+1} - y_i}{h} = f(x_i, y_i) \quad (i = 0, 1, 2, \cdots, n-1) \tag{9.8}$$

这个公式等价于式 (9.6), 由此也能得到式 (9.7) 中的第二式.

若把初值问题 (9.2) 的第一式 $y'(x) = f(x, y(x))$ 在区间 $[x_i, x_{i+1}]$ 上积分, 则有

$$y(x_{i+1}) - y(x_i) = \int_{x_i}^{x_{i+1}} f(x, y(x))\mathrm{d}x \tag{9.9}$$

并用 y_i 表示 $y(x_i)$ 的近似值, 用函数值 $f(x_i, y_i)$ 近似被积函数 $f(x, y(x))$ 时由式 (9.9) 也可以得到

$$y_{i+1} = y_i + hf(x_i, y_i)$$

即可得到式 (9.7).

欧拉方法的几何意义可解释为：微分方程

$$y' = f(x, y) \tag{9.10}$$

在 $xy-$ 平面上的带形区域 $a \leqslant x \leqslant b, -\infty < y < +\infty$ 内确定了一个向量场, 求解微分方程初值问题 (9.2), 从几何上看 (图 9.2), 就是找一条通过初始点 (x_0, y_0) 的曲线 $y = y(x)$, 并使曲线上每一点的切线方向与已给向量场在该点的方向一致. 而欧拉递推公式 (9.7) 所定义的点 (x_i, y_i) 可以看做是通过准确初始点 (x_0, y_0) 的曲线多边形的顶点, 而每根连线的方向由它左边终点的向量场决定.

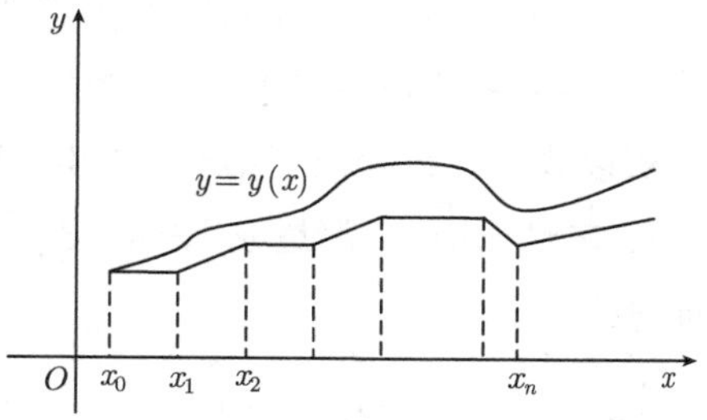

图 9.2

由于欧拉方法是用一条折线近似地代替解 $y(x)$, 所以欧拉方法也叫做**折线法**.

以上推导式 (9.7) 的每一种解释都告诉我们一种推广的途径. 在这里需要指出的是求解微分方程的任何一种数值方法, 其计算量的大小主要取决于每积分一步需要对不同自变量计算函数 $f(x, y)$ 的次数, 对欧拉方法只要计算一次函数值就可以.

从以上推导过程知道, 若假设 $y(x_i) - y_i = 0$, 则由式 (9.5) 及式 (9.6) 得到

$$y(x_{i+1}) - y_{i+1} = \frac{h^2}{2} y''(\xi_i) = R_i \tag{9.11}$$

若 $y''(\xi_i)$ 有界, 此时可记为 $R_i = O(h^2)$, 把 R_i 称为欧拉方法的**局部截断误差**. 即欧拉方法的局部截断误差与 h^2 同阶, 但从 y_0 开始计算, 到 y_n 时局部截断误差累积的情况如何呢？为此考虑从第 m 步出发计算的情况 (不假设 $y(x_m) = y_m$). 已知

$$\begin{aligned} y(x_{m+1}) &= y(x_m) + hf(x_m, y(x_m)) + \frac{h^2}{2} y''(\xi_m) \\ &= y(x_m) + hf(x_m, y(x_m)) + R_m \end{aligned} \tag{9.12}$$

而 $R_m = O(h^2)$, $y_{m+1} = y_m + hf(x_m, y_m)$, 与式 (9.12) 相减得

$$\begin{aligned}|y(x_{m+1}) - y_{m+1}| &= |y(x_m) + hf(x_m, y(x_m)) + R_m - y_m - hf(x_m, y_m)| \\ &\leqslant |y(x_m) - y_m| + h\,|f(x_m, y(x_m)) - f(x_m, y_m)| + |R_m|\end{aligned}$$

因为假定 $f(x,y)$ 充分光滑, 所以它满足利普希茨条件, 即存在正常数 L 使

$$|f(x_m, y(x_m)) - f(x_m, y_m)| \leqslant L\,|y(x_m) - y_m|$$

并记 $\mathrm{e}_m = y(x_m) - y_m$, 这样就得到

$$|\mathrm{e}_{m+1}| \leqslant |R_m| + (1 + hL)\,|\mathrm{e}_m| \tag{9.13}$$

由于只知道 $\mathrm{e}_0 = y(x_0) - y_0 = 0$, 因此计算到 $y(x_m)$ 的近似值 y_m 时, 把截断误差 $\mathrm{e}_m = y(x_m) - y_m$ 就称为第 m 步的**整体截断误差**, 一个数值方法对应的整体截断误差也叫这个数值方法的**精度**. 所以式 (9.13) 给出了第 $m+1$ 步的整体截断误差与第 m 步的整体截断误差之间的关系, 它对一切 m 都是成立的. 设 $y''(x)$ 有界, 则 $|R_m| \leqslant M$, 并多次利用式 (9.13), 不难得到

$$\begin{aligned}|\mathrm{e}_{m+1}| &\leqslant |R_m| + (1+hL)\,|\mathrm{e}_m| \leqslant M + M(1+hL) + (1+hL)^2\,|\mathrm{e}_{m-1}| \\ &\cdots\cdots \\ &\leqslant M + (1+hL)M + M(1+hL)^2 + \cdots + M(1+hL)^m + (1+hL)^{m+1}|\mathrm{e}_0| \\ &= \sum_{k=0}^{m}(1+hL)^k M = \frac{(1+hL)^{m+1}-1}{1+hL-1}M = \frac{(1+hL)^{m+1}-1}{hL}M \qquad (9.14)\end{aligned}$$

而 $h = \dfrac{b-a}{n}$, $m+1 \leqslant n$, 所以有 $(1+hL)^{m+1} \leqslant \left(1 + \dfrac{L(b-a)}{n}\right)^n \leqslant \mathrm{e}^{L(b-a)}$, 则由式 (9.14) 得

$$|\mathrm{e}_{m+1}| \leqslant \frac{M}{hL}(\mathrm{e}^{L(b-a)} - 1) \tag{9.15}$$

即式 (9.15) 给出了第 $m+1$ 步的整体截断误差的上界. 又因为 $R_m = O(h^2)$, 所以由式 (9.15) 的推导过程得

$$|\mathrm{e}_{m+1}| \leqslant \frac{\mathrm{e}^{L(b-a)} - 1}{hL}M = \frac{\mathrm{e}^{L(b-a)} - 1}{hL}O(h^2) = O(h) \tag{9.16}$$

即欧拉方法的整体截断误差为 $O(h)$, 即精度为一阶. 也就是说, 当 $h \to 0$ 时 $\mathrm{e}_m \to 0$, 因此 h 充分小时近似值 y_m 能和 $y(x_m)$ 充分接近, 即数值解是收敛的.

2) 欧拉方法的稳定性分析

因为常微分方程初值问题数值解的每步计算都是在前一步计算的结果上进行的，所以必须考虑前面误差对后面计算的影响，误差的积累会不会掩盖真解，这就是初值问题数值解的稳定性. 令

$$\rho_{i+1} = y_{i+1} - y_{i+1}^* \tag{9.17}$$

其中，y_{i+1}^* 是 y_{i+1} 的近似值，若 ρ_{i+1} 不大，则 y_{i+1}^* 可以作为 $y(x_{i+1})$ 的近似值，ρ_{i+1} 很大 y_{i+1}^* 就不能用. 因此，必须分析在什么情况下 ρ_{i+1} 不会变得很大. 为此，先给出一个稳定性的定义.

定义　用一个数值方法，求解微分方程

$$y' = \lambda y \tag{9.18}$$

其中，λ 是一个复常数，对给定步长 $h > 0$，在计算 y_i 时引入了误差 ρ_i. 若这个误差在计算后面的 $y_{i+k}(k = 1, 2, \cdots)$ 中所带来的误差按绝对值均不增加，就说这个数值方法对于这个步长 h 和复数 λ 是**绝对稳定的**.

为了保证数值计算方法的绝对稳定，步长 h 和 λ 都要受到一定限制，它们的允许范围，就称为该方法的**绝对稳定区域**.

为分析欧拉方法的绝对稳定区域，把欧拉方法用到试验方程 $y' = \lambda y$ 上得

$$y_{i+1} = y_i + \lambda h y_i$$

则其误差方程是

$$\rho_{i+1} = \rho_i + \lambda h \rho_i$$

这样前一步误差与后面一步误差之比为

$$\frac{\rho_{i+1}}{\rho_i} = 1 + \lambda h$$

若要求误差不增加，就要比值小于等于 1，即

$$|1 + \lambda h| \leqslant 1 \tag{9.19}$$

这时欧拉方法是绝对稳定的，不等式 (9.19) 表示的是 $h\lambda-$ 平面上以 $h\lambda = -1$ 为中心，1 为半径的圆，如图 9.3 所示. 条件 (9.19) 是保证绝对稳定性对步长 h 的限制. 如 $\lambda = -5$，步长 h 就应该 $\leqslant 2/5$；$\lambda = -100$，h 应该 $\leqslant 1/50$.

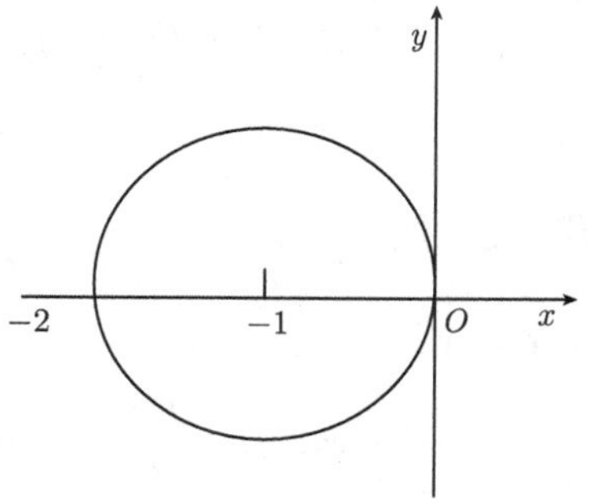

图 9.3

应该说, 绝对稳定区域越大, 这个数值计算方法的适应性就越强, h 也不会要求太小, 若绝对稳定区域包含 $h\lambda-$ 复平面的整个左半平面, 则称这个数值方法是A– 稳定的.

9.2.2 泰勒 (Taylor) 方法

为了提高数值方法的精度, 在假定式 (9.2) 的解 $y(x)$ 及 $f(x,y)$ 足够光滑的情况下, 利用泰勒公式得

$$y(x_{i+1}) = y(x_i) + hy'(x_i) + \frac{h^2}{2}y''(x_i) + \cdots + \frac{h^r}{r!}y^{(r)}(x_i) + \frac{h^{r+1}}{(r+1)!}y^{(r+1)}(\xi_i) \quad (9.20)$$

把 $y'(x_i) = f(x_i, y(x_i))$ 代入得

$$\begin{aligned} y(x_{i+1}) = & y(x_i) + hf(x_i, y(x_i)) + \frac{h^2}{2}f'(x_i, y(x_i)) \\ & + \cdots + \frac{h^r}{r!}f^{(r-1)}(x_i, y(x_i)) + O(h^{r+1}) \end{aligned} \quad (9.21)$$

设 $h \ll 1$, 省略 h 的高阶无穷小量 $O(h^{r+1})$, 则得

$$y_{i+1} = y_i + hf(x_i, y_i) + \frac{h^2}{2}f'(x_i, y_i) + \cdots + \frac{h^r}{r!}f^{(r-1)}(x_i, y_i) \quad (9.22)$$

式 (9.22) 中的 $f^{(r-1)}(x_i, y_i)$ 可利用原有关系

$$\begin{aligned} & y'(x) = f(x,y), \\ & y''(x) = f'(x,y) = f'_x + ff'_y \triangleq Df, \\ & y'''(x) = f''(x,y) = f''_{xx} + 2f''_{xy}f + f''_{yy}f^2 + f'_xf'_y + (f'_y)^2f = D^2f + \frac{\partial f}{\partial y}Df, \\ & \cdots\cdots \end{aligned}$$

来替代, 此时把

$$\begin{cases} y_0 = y(x_0) \\ y_{i+1} = y_i + hf(x_i, y_i) + \dfrac{h^2}{2}f'(x_i, y_i) + \cdots + \dfrac{h^r}{r!}f^{(r-1)}(x_i, y_i) \quad (i = 0, 1, 2, \cdots, n-1) \end{cases} \quad (9.23)$$

称为r 阶泰勒方法. 当 $r = 1$ 时式 (9.23) 就是欧拉方法的式 (9.7), 现取 $r = 2$, 则由式

(9.23) 得

$$\begin{cases} y_0 = y(x_0) \\ y_{i+1} = y_i + hf(x_i, y_i) + \dfrac{h^2}{2}(f'_x(x_i, y_i) + f(x_i, y_i)f'_y(x_i, y_i)) \quad (i = 0, 1, 2, \cdots, n-1) \end{cases} \tag{9.24}$$

这是局部截断误差为 $O(h^3)$, 精度为二阶的数值计算公式.

9.2.3 改进的欧拉方法

改进的欧拉方法和欧拉方法差不多, 只是把式 (9.9) 中的被积函数 $f(x, y(x))$ 用函数值 $f(x_{i+1}, y_{i+1})$ 近似, 并用 y_i 表示 $y(x_i)$ 的近似值, 得到

$$y_{i+1} = y_i + hf(x_{i+1}, y_{i+1}) \tag{9.25}$$

由于式 (9.25) 是 y_{i+1} 的隐式方程, 因此一般只能用迭代法求解, 即对 y_{i+1} 取初始值 $y_{i+1}^{(0)}$ 代入式 (9.25) 左端, 再循环迭代, 可得到公式

$$\begin{cases} y_{i+1} = y_{i+1}^{(0)} \\ y_{i+1}^{(k+1)} = y_i + hf(x_{i+1}, y_{i+1}^{(k)}) \quad (k = 0, 1, 2, \cdots) \end{cases} \tag{9.26}$$

式 (9.26) 中的 y_{i+1} 可以用欧拉方法得到, 即得

$$\begin{cases} y_{i+1}^{(0)} = y_i + hf(x_i, y_i) \\ y_{i+1}^{(k+1)} = y_i + hf(x_{i+1}, y_{i+1}^{(k)}) \quad (k = 0, 1, 2, \cdots) \end{cases} \tag{9.27}$$

若 $\lim\limits_{k\to\infty} y_i^{(k)}$ 存在, 则记为 y_i, 称式 (9.26)、式 (9.27) 为**隐式欧拉方法**, 相应地式 (9.7) 称为**显式欧拉方法**. 可以证明隐式欧拉方法的局部截断误差与显式欧拉方法的局部截断误差的主部只差一个负号, 即都是 $O(h^2)$.

用隐式欧拉方法的迭代公式当然要考虑迭代过程收敛的条件, 注意到

$$\left|y_{i+1}^{(k+1)} - y_{i+1}^{(k)}\right| = h\left|f(x_{i+1}, y_{i+1}^{(k)}) - f(x_{i+1}, y_{i+1}^{(k-1)})\right| \leqslant hL\left|y_{i+1}^{(k)} - y_{i+1}^{(k-1)}\right|$$

其中, L 为利普希茨常数, 因此, 当 $0 < hL < 1$ 时迭代过程收敛.

对隐式欧拉方法来说, 绝对稳定区域和欧拉方法的绝对稳定区域不一样, 把隐式欧拉方法用到试验方程 $y' = \lambda y$ 上, 有

$$y_{i+1} = y_i + \lambda h y_{i+1}$$

误差方程是

$$\rho_{i+1}=\rho_i+\lambda h\rho_{i+1}$$

因此

$$\left|\frac{\rho_{i+1}}{\rho_i}\right|=\frac{1}{|1-h\lambda|}=\frac{1}{(1-2\text{Re}(\lambda h)+h^2|\lambda|^2)^{1/2}} \tag{9.28}$$

对式 (9.28) 只要 $\text{Re}(\lambda h)<0$ 就有 $|\rho_{i+1}/\rho_i|\leqslant 1$, 所以隐式欧拉方法是 $A-$ 稳定的. 但注意到, 方法虽是 $A-$ 稳定的, 由于迭代时要求 $0<hL<1$, 在 L 比较大时 (亦即 $|\lambda|$ 较大)h 仍要受到限制.

由于**隐式欧拉方法**的局部截断误差与**显式欧拉方法**的局部截断误差的主部只差一个负号, 即都是 $O(h^2)$, 所以容易得到

$$y(x_{i+1})-\frac{1}{2}(\bar{y}_{i+1}+\tilde{y}_{i+1})=O(h^3)$$

式中, $\bar{y}_{i+1}$, $\tilde{y}_{i+1}$ 分别是**显式欧拉方法**和**隐式欧拉方法**得到的近似值. 由此可知当把式 (9.9) 中的积分用梯形求积公式来计算, 并记 $y(x_{i+1})=y_{i+1}, y(x_i)=y_i$, 则得公式

$$\begin{cases} y_0=y(x_0) \\ y_{i+1}=y_i+\dfrac{h}{2}(f(x_i,y_i)+f(x_{i+1},y_{i+1})) \end{cases} \tag{9.29}$$

式 (9.29) 就称为**梯形公式**, 所以梯形公式的整体截断误差为 $O(h^2)$, 比欧拉方法高一阶. 但梯形公式每积分一步要计算二个函数值, 这说明精度的提高是以增加计算量为代价的. 梯形公式也是隐式格式, 在实际应用中一般都与显式方法结合使用, 即得迭代公式

$$\begin{cases} y_{i+1}^{(0)}=y_i+hf(x_i,y_i) \\ y_{i+1}^{(k+1)}=y_i+\dfrac{h}{2}(f(x_i,y_i)+f(x_{i+1},y_{i+1}^{(k)})) \quad (k=0,1,2,\cdots) \end{cases} \tag{9.30}$$

把式 (9.30) 称为**改进的梯形公式**. 因为对式 (9.30) 有

$$\left|y_{i+1}^{(k+1)}-y_{i+1}^{(k)}\right|\leqslant\frac{hL}{2}\left|y_{i+1}^{(k)}-y_{i+1}^{(k-1)}\right|$$

所以迭代收敛的条件是 $0<\dfrac{hL}{2}<1$, 比用隐式欧拉方法的迭代步长可以放宽一倍.

梯形公式是 A$-$ 稳定的, 这是因为它的误差方程为

$$\rho_{i+1}=\rho_i+\frac{h\lambda}{2}(\rho_i+\rho_{i+1})$$

所以

$$\left|\frac{\rho_{i+1}}{\rho_i}\right| = \left|\frac{1+\dfrac{\lambda h}{2}}{1-\dfrac{\lambda h}{2}}\right| = \left[\frac{1+\mathrm{Re}(\lambda h)+\dfrac{1}{4}h^2|\lambda|^2}{1-\mathrm{Re}(\lambda h)+\dfrac{1}{4}h^2|\lambda|^2}\right]^{1/2} \tag{9.31}$$

当 $\mathrm{Re}(\lambda h)<0$ 时, 上式右端总是 $\leqslant 1$, 所以有 $\left|\dfrac{\rho_{i+1}}{\rho_i}\right| \leqslant 1$.

把式 (9.29) 改成

$$\begin{cases} y_0 = y(x_0) \\ y_{i+1}^{(0)} = y_i + hf(x_i, y_i) \\ y_{i+1} = y_i + \dfrac{h}{2}(f(x_i, y_i) + f(x_{i+1}, y_{i+1}^{(0)})) \end{cases}$$

或写成

$$\begin{cases} y_0 = y(x_0) \\ y_{i+1} = y_i + \dfrac{h}{2}(f(x_i, y_i) + f(x_{i+1}, y_i + hf(x_i, y_i))) \end{cases} \tag{9.32}$$

这一公式称为**改进的欧拉方法**, 其整体截断误差为 $O(h^2)$, 即精度为二阶, 与梯形公式同阶, 改进的欧拉方法与改进的梯形方法本质上是相同的. 改进的欧拉方法是显式的, 记

$$\begin{cases} \bar{y}_{i+1} = y_i + hf(x_i, y_i) & (9.33) \\ y_{i+1} = y_i + \dfrac{h}{2}(f(x_i, y_i) + f(x_{i+1}, \bar{y}_{i+1})) & (9.34) \end{cases}$$

称式 (9.33) 为对 y_{i+1} 的预估, 称式 (9.34) 为对预估值 $\bar{y}_{i+1}$ 的校正, 这样就达到了提高精度的目的 (提高了一阶). 改进的欧拉方法也叫**预估 — 校正方法**.

例 1　用欧拉方法和改进的欧拉方法对初值问题

$$\begin{cases} y' = y - \dfrac{2x}{y} \\ y(0) = 1 \end{cases}$$

取 $h=0.1$, 在区间 $[0,1]$ 上计算.

解　首先节点为 $x_i = 0 + ih = 0.1i(i=0,1,2,\cdots,10)$, 其中 $h=\dfrac{1-0}{10}=0.1$. 由欧拉方法的公式得

$$y_{i+1} = y_i + hf(x_i, y_i) = y_i + 0.1\left(y_i - \frac{2x_i}{y_i}\right) = 1.1y_i - \frac{0.02i}{y_i} \quad (i=0,1,2,\cdots,9)$$

由改进的欧拉方法的公式得

$$\begin{aligned}
y_{i+1} &= y_i + \frac{h}{2}(f(x_i, y_i) + f(x_{i+1}, y_i + hf(x_i, y_i))) \\
&= y_i + \frac{h}{2}\left(\left(y_i - \frac{2x_i}{y_i}\right) + y_i + h\left(y_i - \frac{2x_i}{y_i}\right) - \frac{2x_{i+1}}{y_i + h\left(y_i - \frac{2x_i}{y_i}\right)}\right) \\
&= 1.105y_i - \frac{0.011i}{y_i} - \frac{0.01(i+1)y_i}{1.1y_i^2 - 0.02i}
\end{aligned}$$

而初值问题的精确解为 $y = \sqrt{1+2x}$, 各计算结果如表 9.1 所示.

表 9.1 计算结果

x_i	欧拉方法 y_i	改进的欧拉方法 y_i	精确解 $y(x_i)$	欧拉方法的误差	改进的欧拉方法的误差
0.1	1.1	1.09591	1.09545	0.00455	0.00046
0.2	1.19182	1.18410	1.18322	0.00860	0.00088
0.3	1.27744	1.26620	1.26491	0.01253	0.00129
0.4	1.35821	1.34336	1.34164	0.01657	0.00172
0.5	1.43513	1.41640	1.41421	0.02092	0.00219
0.6	1.50897	1.48596	1.48324	0.02573	0.00272
0.7	1.58034	1.55251	1.54919	0.03115	0.00332
0.8	1.64978	1.61647	1.61245	0.03733	0.00402
0.9	1.71778	1.67817	1.67332	0.04446	0.00485
1	1.78477	1.73787	1.73205	0.05272	0.00582

9.3 龙格–库塔方法

龙格–库塔 (R–K) *方法*是由德国数学家 C. Runge 及 M. W. Kutta 首先提出, 后来作了不同程度的改进和发展得到的高阶的一步法. 作为高精度的单步法, 至今还被广泛应用, 本节着重介绍导出龙格–库塔方法的基本思想. 前面已经讨论了欧拉方法、隐式欧拉方法和梯形方法, 它们都是一步法, 即在计算 y_{i+1} 时, 只用到 x_i 上的值 y_i. 欧拉方法和隐式欧拉方法的整体截断误差是 $O(h)$, 称它们为一阶方法. 梯形方法的整体截断误差是 $O(h^2)$, 是二阶方法. 一个方法的整体截断误差若为 $O(h^r)$, 则称它为 r 阶的方法. 整体截断误差和局部截断误差之间有以下关系:

$$\text{整体截断误差} = O(h^{-1} \times \text{局部截断误差}) \tag{9.35}$$

一般说来，方法的整体截断误差阶越高，则能达到的精度也越高. 得到高阶方法的一个直接想法是用泰勒展开式，即用泰勒方法的 r 阶的计算公式 (9.23) 这个方法其实并不实用，因为一般情况下，求 $f(x,y)$ 的微商比较麻烦. 从计算高阶微商的公式知道，方法的截断误差提高一阶，需要增加的计算量是很大的.

龙格–库塔方法不是用求微商的办法，而是用计算不同点上的函数值，然后对这些函数值作线性组合，构造近似数值计算公式，把近似公式和解 $y(x)$ 的泰勒展开式相比较，使前面的若干项吻合，从而使近似公式达到一定的阶数 (精度). 这就需要考虑在哪些点上计算函数值和如何组合函数值的问题. 先设一个一般的显式**龙格–库塔**的数值计算公式为

$$y_{i+1} = y_i + \sum_{j=1}^{N} c_j K_j \tag{9.36}$$

其中

$$\begin{aligned} &K_1 = hf(x_i, y_i) \\ &K_j = hf\left(x_i + a_j h, y_i + \sum_{m=1}^{j-1} b_{jm} K_m\right) \quad (j = 2, 3, \cdots, N) \end{aligned} \tag{9.37}$$

这里待定参数 c_j, a_j, b_{jm} 的选择原则是，要求式 (9.36) 的右端在 (x_i, y_i) 处泰勒展开后，按 h 的幂次重新整理后所得到的

$$\tilde{y}_{i+1} = y(x_i) + \mathrm{d}_1 h + \frac{1}{2!}\mathrm{d}_2 h^2 + \frac{1}{3!}\mathrm{d}_3 h^3 + \cdots \tag{9.38}$$

与微分方程的解 $y(x)$ 在点 x_i 的展开式

$$y(x_i + h) = y(x_i) + hy'(x_i) + \frac{1}{2!}h^2 y''(x_i) + \frac{1}{3!}h^3 y'''(x_i) + \cdots$$

有尽可能多的项重合. 为说明这个思想与计算方法，用计算两个函数值的情形为例，分析和讨论式 (9.36) 的构造. 这时式 (9.36) 和式 (9.37) 变成

$$\begin{cases} y_{i+1} = y_i + c_1 K_1 + c_2 K_2 \\ K_1 = hf(x_i, y_i) \\ K_2 = hf(x_i + a_2 h, y_i + b_{21} K_1) \end{cases} \tag{9.39}$$

这里有 4 个参数 c_1, c_2, a_2, b_{21} 可供选择. 如何选取这 4 个参数，使近似公式 (9.39) 的阶尽可能得高，也就是说局部截断误差 $e_{i+1} = y(x_{i+1}) - \tilde{y}_{i+1}$ 最高能达到几阶. 这里

的 $\tilde{y}_{i+1}$ 表示用 $y(x_i)$ 计算得到的近似值, 把 $\tilde{y}_{i+1}$ 和 $y(x_{i+1})$ 都在 x_i 点泰勒展开

$$K_1 = hf(x_i, y(x_i)) = hy'(x_i)$$

$$K_2 = hf(x_i + a_2h, y(x_i) + b_{21}K_1) = h(f(x_i, y(x_i)) + (a_2hf'_x + b_{21}K_1f'_y)) + O(h^3)$$

这里的 f'_x, f'_y 是在点 $(x_i, y(x_i))$ 处的偏导数值, 于是

$$\tilde{y}_{i+1} = y(x_i) + (c_1 + c_2)hy'(x_i) + c_2a_2h^2\left(f'_x + \frac{b_{21}}{a_2}f'_yf\right) + O(h^3) \tag{9.40}$$

而把解 $y(x)$ 在点 x_i 展开, 并代入 x_{i+1} 得

$$y(x_{i+1}) = y(x_i) + hy'(x_i) + \frac{h^2}{2!}y''(x_i) + O(h^3) \tag{9.41}$$

由式 (9.40) 和式 (9.41) 注意到, 若要求局部截断误差达到 $O(h^3)$, 则必须有

$$c_1 + c_2 = 1, \quad c_2a_2 = \frac{1}{2}, \quad \frac{b_{21}}{a_2} = 1$$

这里得到了 4 个未知数的 3 个方程, 虽不能惟一解出各参数, 但当选取

$$c_1 = c_2 = \frac{1}{2}, \quad a_2 = b_{21} = 1$$

时, 式 (9.40) 和式 (9.41) 右端的前面 3 项完全吻合, 即由式 (9.39) 得

$$\begin{cases} y_{i+1} = y_i + \dfrac{1}{2}(K_1 + K_2) \\ K_1 = hf(x_i, y_i) \\ K_2 = hf(x_i + h, y_i + K_1) \end{cases} \tag{9.42}$$

的局部截断误差为 $O(h^3)$, 且容易看到式 (9.42) 与改进的欧拉方法的显式 (9.32) 相同. 当然还可以分析, 在计算函数值的次数不增加的前提下, 能否有其他选择参数 c_1, c_2, a_2, b_{21} 的办法使局部截断误差的阶再提高呢? 具体说来, 就是能否适当选择这 4 个参数, 使近似公式 (9.39) 的局部截断误差的阶达到 $O(h^4)$? 为此, 把 K_2 多展开一项, 这时有

$$\begin{aligned} K_2 = h[&f(x_i, y(x_i)) + (a_2hf'_x + b_{21}K_1f'_y) \\ &+ \frac{1}{2!}(a_2^2h^2f''_{xx} + 2a_2b_{21}hK_1f''_{xy} + b_{21}^2K_1^2f''_{yy}) + O(h^3)] \end{aligned}$$

$$
\begin{aligned}
&= hf(x_i, y(x_i)) + a_2h^2\left(f'_x + \frac{b_{21}}{a_2}f'_yf\right)\\
&\quad + \frac{a_2^2h^3}{2}\left(f''_{xx} + 2\frac{b_{21}}{a_2}f''_{xy}f + \frac{b_{21}^2}{a_2^2}f''_{yy}f^2\right) + O(h^4)
\end{aligned}
$$

所以

$$
\begin{aligned}
\tilde{y}_{i+1} &= y(x_i) + (c_1 + c_2)hy'(x_i) + a_2c_2h^2\left(f'_x + \frac{b_{21}}{a_2}f'_yf\right)\\
&\quad + \frac{c_2a_2^2h^3}{2}\left(f''_{xx} + 2\frac{b_{21}}{a_2}f''_{xy}f + \frac{b_{21}^2}{a_2^2}f''_{yy}f^2\right) + O(h^4)
\end{aligned}
$$

而由 $y(x)$ 在点 x_i 的泰勒展开式得

$$
\begin{aligned}
y(x_{i+1}) &= y(x_i) + hy'(x_i) + \frac{h^2}{2!}y''(x_i) + \frac{h^3}{3!}y'''(x_i) + O(h^4)\\
&= y(x_i) + hy'(x_i) + \frac{h^2}{2!}(f'_x + f'_yf) + \frac{h^3}{3!}(f''_{xx} + 2f''_{xy}f + f''_{yy}f^2\\
&\quad + f'_xf_y + (f'_y)^2f) + O(h^4)
\end{aligned}
$$

要使局部截断误差达到 $O(h^4)$, 就要求以上两个公式右端前面各对应项相等. 但在 $y(x_{i+1})$ 展开式的含 h^3 的项中 $f'_xf'_y + (f'_y)^2f$ 是不能通过选择 a_2, b_{21}, c_1, c_2 来销掉的, 所以不论 4 个参数如何选择, 都不能使局部截断误差的阶达到 $O(h^4)$. 这说明在计算两个函数值的情况下局部截断误差的阶最高是 3, 要再提高阶就必须增加计算函数值的次数. 公式 (9.42) 称为二阶龙格–库塔方法.

经典的龙格–库塔方法是一个四阶的方法, 它的公式为

$$
\begin{cases}
y_{i+1} = y_i + \dfrac{1}{6}(K_1 + 2K_2 + 2K_3 + K_4)\\
K_1 = hf(x_i, y_i)\\
K_2 = hf\left(x_i + \dfrac{h}{2}, y_i + \dfrac{K_1}{2}\right)\\
K_3 = hf\left(x_i + \dfrac{h}{2}, y_i + \dfrac{K_2}{2}\right)\\
K_4 = hf(x_i + h, y_i + K_3)
\end{cases}
\tag{9.43}
$$

经典龙格–库塔方法的局部截断误差为 $e_{i+1} = O(h^5)$, 整体截断误差是 $O(h^4)$. 推导的办法和前面二阶龙格–库塔方法一样, 只是推导过程略繁琐些, 这里从略, 若要深入了解可参考有关文献.

为讨论龙格–库塔方法的绝对稳定区域, 把龙格–库塔方法用到试验方程 $y' = \lambda y$ 上去, 则

$$\begin{aligned}
K_1 &= h\lambda y_i \\
K_2 &= h\lambda\left(y_i + \frac{1}{2}K_1\right) = y_i\left(h\lambda + \frac{1}{2}(h\lambda)^2\right) \\
K_3 &= h\lambda\left(y_i + \frac{1}{2}K_2\right) = y_i\left(h\lambda + \frac{1}{2}(h\lambda)^2 + \frac{1}{4}(h\lambda)^3\right) \\
K_4 &= h\lambda(y_i + K_3) = y_i\left(h\lambda + (h\lambda)^2 + \frac{1}{2}(h\lambda)^3 + \frac{1}{4}(h\lambda)^4\right)
\end{aligned}$$

因此

$$\begin{aligned}
y_{i+1} &= y_i + \frac{1}{6}(K_1 + 2K_2 + 2K_3 + K_4) \\
&= y_i\left(1 + h\lambda + \frac{1}{2}(h\lambda)^2 + \frac{1}{6}(h\lambda)^3 + \frac{1}{24}(h\lambda)^4\right)
\end{aligned}$$

误差方程是

$$\rho_{i+1} = \rho_i\left(1 + h\lambda + \frac{1}{2}(h\lambda)^2 + \frac{1}{6}(h\lambda)^3 + \frac{1}{24}(h\lambda)^4\right)$$

于是龙格–库塔公式的绝对稳定区域为

$$\left|1 + h\lambda + \frac{1}{2}(h\lambda)^2 + \frac{1}{6}(h\lambda)^3 + \frac{1}{24}(h\lambda)^4\right| \leqslant 1 \tag{9.44}$$

为了在 λh–复平面上找出这个区域, 画出使式 (9.44) 的等号成立的轨迹, 图形如图 9.4 所示.

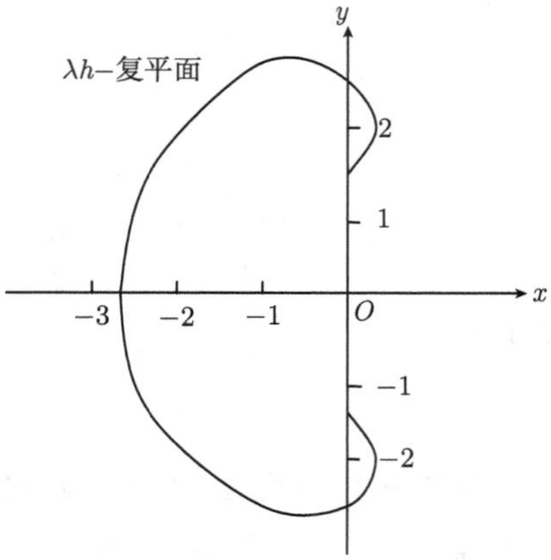

图 9.4

经典龙格–库塔方法的优点是:

(1) 一步法, 在给定初值以后可以逐步计算下去, 可以自开始.

(2) 精度较高, 经典龙格–库塔方法是 $O(h^4)$.

(3) 在计算过程中便于改变步长.

经典龙格–库塔方法的缺点是计算量较大, 每计算一步需要计算 4 次函数值.

例 2 用二阶龙格–库塔方法和四阶龙格–库塔方法对初值问题 $\begin{cases} y' = y - \dfrac{2x}{y} \\ y(0) = 1 \end{cases}$ 取 $h = 0.1$, 在区间 $[0, 1]$ 上计算.

解 首先节点为 $x_i = 0 + ih = 0.1i(i = 0, 1, 2, \cdots, 10)$, 其中 $h = \frac{1-0}{10} = 0.1$. 由二阶龙格–库塔方法的公式得

$$K_1 = hf(x_i, y_i) = h\left(y_i - \frac{2x_i}{y_i}\right) = 0.1y_i - \frac{0.02i}{y_i}$$

$$\begin{aligned} K_2 &= hf(x_i + h, y_i + K_1) = h\left(y_i + K_1 - \frac{2(x_i + h)}{y_i + K_1}\right) \\ &= 0.1\left(y_i + K_1 - \frac{0.2(i+1)}{y_i + K_1}\right) \end{aligned}$$

$$y_{i+1} = y_i + \frac{1}{2}(K_1 + K_2) \quad (i = 0, 1, 2, \cdots, 9)$$

由四阶龙格–库塔方法的公式得

$$K_1 = hf(x_i, y_i) = h\left(y_i - \frac{2x_i}{y_i}\right) = 0.1y_i - \frac{0.02i}{y_i}$$

$$\begin{aligned} K_2 &= hf\left(x_i + \frac{h}{2}, y_i + \frac{K_1}{2}\right) = h\left(y_i + \frac{K_1}{2} - \frac{2\left(x_i + \frac{h}{2}\right)}{y_i + \frac{K_1}{2}}\right) \\ &= 0.1\left(y_i + \frac{K_1}{2} - \frac{0.2(i+0.5)}{y_i + \frac{K_1}{2}}\right) \end{aligned}$$

$$\begin{aligned} K_3 &= hf\left(x_i + \frac{h}{2}, y_i + \frac{K_2}{2}\right) = h\left(y_i + \frac{K_2}{2} - \frac{2\left(x_i + \frac{h}{2}\right)}{y_i + \frac{K_2}{2}}\right) \\ &= 0.1\left(y_i + \frac{K_2}{2} - \frac{0.2(i+0.5)}{y_i + \frac{K_2}{2}}\right) \end{aligned}$$

$$\begin{aligned} K_4 &= hf(x_i + h, y_i + K_3) = h\left(y_i + K_3 - \frac{2(x_i + h)}{y_i + K_3}\right) \\ &= 0.1\left(y_i + K_3 - \frac{0.2(i+1)}{y_i + K_3}\right) \end{aligned}$$

$$y_{i+1} = y_i + \frac{1}{6}(K_1 + 2K_2 + 2K_3 + K_4) \quad (i = 0, 1, 2, \cdots, 9)$$

而初值问题的精确解为 $y = \sqrt{1 + 2x}$, 各计算结果如表 9.2 所示.

表 9.2 计算结果

x_i	二阶 R-K 方法 y_i	四阶 R-K 方法 y_i	精确解 $y(x_i)$	二阶 R-K 方法的误差	四阶 R-K 方法的误差
0.1	1.095909	1.095446	1.095445	0.000464	0.000001
0.2	1.184097	1.183217	1.183216	0.000881	0.000001
0.3	1.266201	1.264912	1.264911	0.001290	0.000001
0.4	1.343360	1.341642	1.341641	0.001719	0.000001
0.5	1.416402	1.414215	1.414214	0.002188	0.000001
0.6	1.485956	1.483242	1.483240	0.002716	0.000002
0.7	1.552514	1.549196	1.549193	0.003321	0.000003
0.8	1.616475	1.612455	1.612452	0.004023	0.000003
0.9	1.678167	1.673324	1.673320	0.004847	0.000004
1	1.737868	1.732056	1.732051	0.005817	0.000005

9.4 线性多步法

以龙格–库塔方法为代表的一步法, 在计算 y_{i+1} 时, 只用到 x_{i+1}, x_i 和 y_i, 即用前一步的函数值的近似值, 这是一步法的优点. 但是正因为它只用前面一步的结果, 所以要提高精度时需要增加中间函数值的计算, 这就加大了计算量. 下面介绍的线性多步法, 它在计算 y_{i+1} 时除了用 x_i 上的近似值 y_i 以外, 还要用 $x_{i-p}(p=1,2,\cdots)$ 上的近似值 y_{i-p}.

设微分方程初值问题 (9.2) 的解 $y(x)$ 在各点 $x_i,x_{i-1},\cdots,x_{i-p}$ 上的近似值 y_i, $y_{i-1},\cdots,y_{i-p}$ 都已计算出来, 我们研究计算 y_{i+1} 的算法. 可利用公式

$$y(x_{i+1})-y(x_{i-p})=\int_{x_{i-p}}^{x_{i+1}}f(x,y(x))\mathrm{d}x \tag{9.45}$$

来分析这个问题. 令 $F(x)=f(x,y(x))$, 对公式 (9.45) 中的 p 取各种不同的值, $F(x)$ 用各种不同的插值多项式去逼近, 就得到各种不同的数值解法. 其中最常用的是**四阶阿达姆斯 (Adams) 方法**. 下面就以**阿达姆斯公式**为例说明线性多步法计算公式的推导过程.

在式 (9.45) 中取 $p=0$, 并用点 $(x_i,F(x_i)),(x_{i-1},F(x_{i-1})),(x_{i-2},F(x_{i-2}))$, $(x_{i-3},F(x_{i-3}))$ 作三次拉格朗日插值多项式 $p_3(x)$, 则

$$p_3(x)=\frac{(x-x_{i-1})(x-x_{i-2})(x-x_{i-3})}{(x_i-x_{i-1})(x_i-x_{i-2})(x_i-x_{i-3})}F(x_i)$$

$$
\begin{aligned}
&+\frac{(x-x_i)(x-x_{i-2})(x-x_{i-3})}{(x_{i-1}-x_i)(x_{i-1}-x_{i-2})(x_{i-1}-x_{i-3})}F(x_{i-1})\\
&+\frac{(x-x_i)(x-x_{i-1})(x-x_{i-3})}{(x_{i-2}-x_i)(x_{i-2}-x_{i-1})(x_{i-2}-x_{i-3})}F(x_{i-2})\\
&+\frac{(x-x_i)(x-x_{i-1})(x-x_{i-2})}{(x_{i-3}-x_i)(x_{i-3}-x_{i-1})(x_{i-3}-x_{i-2})}F(x_{i-3})
\end{aligned}
$$

由插值余项公式得, $F(x)=f(x,y(x))$ 的三次拉格朗日插值多项式 $p_3(x)$ 的余项为

$$
R_3(x)=F(x)-p_3(x)=\frac{F^{(4)}(\xi)}{4!}(x-x_i)(x-x_{i-1})(x-x_{i-2})(x-x_{i-3}),\quad x_{i-3}<\xi<x_i
$$

代入式 (9.45) 得

$$
y(x_{i+1})-y(x_i)=\int_{x_i}^{x_{i+1}}(p_3(x)+R_3(x))\mathrm{d}x
$$

经过计算得出

$$
\int_{x_i}^{x_{i+1}}p_3(x)\mathrm{d}x=\frac{h}{24}(55F(x_i)-59F(x_{i-1})+37F(x_{i-2})-9F(x_{i-3}))
$$

若略去误差项 $\int_{x_i}^{x_{i+1}}R_3(x)\mathrm{d}x$, 并用 $y_{i+1},y_i,\cdots$ 来表示 $y(x_{i+1}),y(x_i),\cdots$ 的近似值, 就得到阿达姆斯外插值公式

$$
y_{i+1}=y_i+\frac{h}{24}(55f_i-59f_{i-1}+37f_{i-2}-9f_{i-3}) \tag{9.46}
$$

其中, $f_{i-j}(j=0,1,2,3)$ 表示 $f(x_{i-j},y_{i-j})$, 此时式 (9.46) 的余项为

$$
\int_{x_i}^{x_{i+1}}R_3(x)\mathrm{d}x=\frac{251}{720}h^5y^{(5)}(\eta),\quad (x_{i-3}<\eta<x_{i+1}) \tag{9.47}
$$

所以阿达姆斯外插公式 (9.46) 的局部截断误差是 $O(h^5)$. 把式 (9.46) 称做外插公式是因为插值多项式 $p_3(x)$ 是在 $[x_{i-3},x_i]$ 区间上作的, 即在积分区间 $[x_i,x_{i+1}]$ 的外部做的插值多项式 $p_3(x)$. 要用阿达姆斯外插公式必须先知道前面 4 个点上的函数值, 因此这个方法不能独立使用, 或者说不能 "自开始".

若取 $p=0$, 但用点 $(x_{i+1},F(x_{i+1})),(x_i,F(x_i)),(x_{i-1},F(x_{i-1})),(x_{i-2},F(x_{i-2}))$ 作三次插值多项式 $p_3(x)$, 用同样的办法可以得到

$$
y(x_{i+1})=y(x_i)+\frac{h}{24}(9F(x_{i+1})+19F(x_i)-5F(x_{i-1})+F(x_{i-2}))-\frac{19}{720}h^5y^{(5)}(\eta^*)
$$

其中, $\eta^* \in (x_{i-2}, x_{i+1})$, 若略去误差项, 并用 $y_{i+1}, y_i, \cdots$ 表示 $y(x_{i+1}), y(x_i), \cdots$ 的近似值, 可得阿达姆斯内插值公式

$$y_{i+1} = y_i + \frac{h}{24}(9f_{i+1} + 19f_i - 5f_{i-1} + f_{i-2}) \tag{9.48}$$

其中, f_{i-j} 表示 $f(x_{i-j}, y_{i-j})(j = -1, 0, 1, 2)$. 式 (9.48) 的余项是 $-\frac{19}{720}h^5 y^{(5)}(\eta^*)$. 内插公式与外插公式的主要区别是外插公式为显式, 而内插公式则是隐式. 因此, 要用内插值公式 (9.48) 进行迭代时, 通常先用阿达姆斯外插公式 (9.46) 计算初值, 再用阿达姆斯内插公式 (9.48) 做校正计算, 即有迭代公式

$$\begin{cases} y_{i+1}^{(0)} = y_i + \dfrac{h}{24}(55f_i - 59f_{i-1} + 37f_{i-2} - 9f_{i-3}) \\ y_{i+1}^{(k+1)} = y_i + \dfrac{h}{24}(9f(x_{i+1}, y_{i+1}^{(k)}) + 19f_i - 5f_{i-1} + f_{i-2}) \end{cases} \quad (k = 0, 1, 2, \cdots) \tag{9.49}$$

做迭代计算时需要考虑迭代法的收敛问题. 因为

$$y_{i+1}^{(k+1)} - y_{i+1}^{(k)} = \frac{h}{24} \times 9(f(x_{i+1}, y_{i+1}^{(k)}) - f(x_{i+1}, y_{i+1}^{(k-1)}))$$

利用利普希茨条件有

$$\left|y_{i+1}^{(k+1)} - y_{i+1}^{(k)}\right| \leqslant \frac{3}{8}hL\left|y_{i+1}^{(k)} - y_{i+1}^{(k-1)}\right|$$

所以, 若 $0 < \frac{3}{8}hL < 1$, 则迭代法就收敛.

若把阿达姆斯方法用到试验方程 $y' = \lambda y$ 上, 得

显式

$$y_{i+1} = y_i + \frac{\lambda h}{24}(55y_i - 59y_{i-1} + 37y_{i-2} - 9y_{i-3})$$

隐式

$$y_{i+1} = y_i + \frac{\lambda h}{24}(9y_{i+1} + 19y_i - 5y_{i-1} + y_{i-2})$$

于是得到相应的误差方程

显式

$$\rho_{i+1} = \rho_i + \frac{\lambda h}{24}(55\rho_i - 59\rho_{i-1} + 37\rho_{i-2} - 9\rho_{i-3}) \tag{9.50}$$

隐式

$$\rho_{i+1} = \rho_i + \frac{\lambda h}{24}(9\rho_{i+1} + 19\rho_i - 5\rho_{i-1} + \rho_{i-2}) \tag{9.51}$$

式 (9.50) 是四阶齐次差分方程, 它的通解是

$$\rho_i = a_1\mu_1^i + a_2\mu_2^i + a_3\mu_3^i + a_4\mu_4^i$$

这里 $\mu_1, \mu_2, \mu_3, \mu_4$(均依赖于 λh) 是对应于齐次差分方程 (9.50) 的特征方程

$$\mu^4 - \mu^3 = \frac{\lambda h}{24}(55\mu^3 - 59\mu^2 + 37\mu - 9)$$

的 4 个根. 显然, 阿达姆斯方法 (9.46) 稳定的条件是

$$|\mu_j(\lambda h)| \leqslant 1 \quad (j = 1, 2, 3, 4)$$

对于式 (9.51), 因为它是三阶齐次差分方程, 所以它的通解 (也不涉及有重根的一般情况) 是

$$\rho_i = b_1(\mu_1^*)^i + b_2(\mu_2^*)^i + b_3(\mu_3^*)^i$$

这里 $\mu_1^*, \mu_2^*, \mu_3^*$(均依赖于 λh) 是对应于齐次差分方程 (9.51) 的特征方程

$$\mu^3 - \mu^2 = \frac{\lambda h}{24}(9\mu^3 + 19\mu^2 - 5\mu + 1)$$

的 3 个根, 同样阿达姆斯方法 (9.48) 稳定的条件是

$$\left|\mu_j^*(\lambda h)\right| \leqslant 1 \quad (j = 1, 2, 3)$$

习　题　9

1. 用欧拉方法和改进的欧拉方法对初值问题

$$\begin{cases} y' = y + \sin x \\ y(0) = 1 \end{cases}$$

取 $h = 0.1$, 在区间 $[0, 1]$ 上计算.

2. 用二阶龙格–库塔方法和四阶经典的龙格–库塔方法对初值问题

$$\begin{cases} y' = -y + x + 1 \\ y(0) = 1 \end{cases}$$

取 $h = 0.1$, 在区间 $[0, 1]$ 上计算.

3. 用阿达姆斯方法对方程

$$\begin{cases} y' = 4x\sqrt{y} \\ y(0) = 1 \end{cases}$$

取 $h=0.2$ 在区间 $[0,1]$ 上计算.

4. 试证明多步法

$$y_{i+1}=y_i+\frac{h}{2}(3f(x_i,y_i)-f(x_{i-1},y_{i-1}))$$

的局部截断误差为

$$R_i=\frac{5}{12}h^3y'''(\xi_i)$$

其中 $\xi_i\in(x_{i-1},x_{i+1})$.

部分习题参考答案

习题 1

1. 0.65231×10^1, 0.35632005×10^3, 0.235651×10^0, 0.7851×10^{-2}
2. 5, 3, 4, 7
3. 916.45, 2.0001, 83.218, 0.015203
4. 3, 3
5. 舍入
6. 测量误差应控制在 0.005cm 之内
7. $|\ln(1+\delta)|$ 或 δ
8. 3ε
9. 3
10. $\dfrac{1}{2} \times 10^{-4}$
11. $\dfrac{1}{4} \times 10^{-4}$
12. $I_n = \dfrac{1}{6n} - \dfrac{1}{6} I_{n-1}\,(n = 1, 2, \cdots, 10)$. 该算法每次运算都能缩小原来的误差 (6 倍).

习题 2

1. 用 x_0, x_1 做一次插值

$$p_1(x) = 1 + \frac{1}{7}(x-1), p_1(5) = 1.571429, r(5) = f(5) - p_1(5) = 0.138547$$

用 x_0, x_2 做一次插值

$$p_1(x) = 1 + \frac{1}{21}(x-1), p_1(5) = 1.190476, r(5) = f(5) - p_1(5) = 0.519499$$

用 x_1, x_2 做一次插值

$$p_1(x) = 2 + \frac{1}{28}(x-8), p_1(5) = 1.892857, r(5) = f(5) - p_1(5) = 0.182881$$

用 x_0, x_1, x_2 做二次插值

$$p_2(x) = 1 + \frac{1}{7}(x-1) - \frac{1}{588}(x-1)(x-8), p_2(5) = 1.591837$$
$$r(5) = f(5) - p_2(5) = 0.118139$$

2. $p_2(x) = 2 - 4(x-0) + 8(x-0)(x-1) = 8x^2 - 12x + 2$
3. $f[-1,0,1,2] = \dfrac{25}{6}$
4. $\Delta^4 y_0 = 55$
5. $p_3(x) = \dfrac{x(x-3)(x-6)}{162} + \dfrac{(x+3)(x-3)(x-6)}{27} + \dfrac{(x+3)x(x-6)}{27} + \dfrac{5(x+3)x(x-3)}{81}$

$p_3(x) = -1 + (x+3) - \dfrac{7}{18}(x+3)x + \dfrac{23}{162}(x+3)x(x-3)$

6. $H(x) = (3-2x)x^2 + 5(x-1)x^2 = 3x^3 - 2x^2$
7. 略
8. $p_2(x) = -1 + (x+2) - \dfrac{1}{8}(x+2)x = -\dfrac{1}{8}x^2 + \dfrac{3}{4}x + 1$

$$|r(x)| = |f(x) - p_2(x)| = \left|\frac{f'''(\xi)}{3!}(x+2)x(x-2)\right| \leqslant \frac{M}{6}\left|x(x^2-4)\right| \leqslant \frac{8\sqrt{3}}{27}M$$

9. 提示：对 $f(x) = x^k$ 考虑拉格朗日插值
10. $p_3(x) = \dfrac{(x-c)^2(x-b)}{(a-c)^2(a-b)}f(a) + \dfrac{(x-a)(x-b)}{(c-a)(c-b)}\left(1 + \dfrac{a+b-2c}{(c-a)(c-b)}(x-c)\right)f(c) +$

$$\frac{(x-a)(x-c)^2}{(b-a)(b-c)^2}f(b) + \frac{(x-a)(x-c)(x-b)}{(c-a)(c-b)}f'(c)$$

$$r(x) = f(x) - p_3(x) = \frac{f^{(4)}(\xi)}{4!}(x-a)(x-c)^2(x-b)$$

11. $p_2(x) = f(a) + (x-a)f'(a) + \dfrac{(x-a)^2}{2}f''(a)$

$$r(x) = f(x) - p_2(x) = \frac{f'''(\xi)}{3!}(x-a)^3$$

12. 当 $x < 0.3$ 时

$$s_3(x) = 50(20x-3)(x-0.3)^2 + 55(7-20x)(x-0.2)^2 + 100(x-0.2)(x-0.3)^2 + \frac{1985}{28}(x-0.3)(x-0.2)^2$$

当 $0.3 \leqslant x < 0.4$ 时

$$s_3(x) = 55(20x-5)(x-0.4)^2 + 65(9-20x)(x-0.3)^2 + \frac{1985}{28}(x-0.3)(x-0.4)^2 + \frac{465}{7}(x-0.4)(x-0.3)^2$$

当 $0.4 \leqslant x < 0.5$ 时

$$\begin{aligned} s_3(x) =& 65(20x-7)(x-0.5)^2 + 70(11-20x)(x-0.4)^2 \\ &+ \frac{465}{7}(x-0.4)(x-0.5)^2 + \frac{3175}{28}(x-0.5)(x-0.4)^2 \end{aligned}$$

当 $x \geqslant 0.5$ 时

$$\begin{aligned} s_3(x) =& 70(20x-9)(x-0.6)^2 + 85(13-20x)(x-0.5)^2 \\ &+ \frac{3175}{28}(x-0.5)(x-0.6)^2 + 80(x-0.6)(x-0.5)^2 \end{aligned}$$

习题 3

1. 模型为 $y = 0.58333 + 1.11905x$

2. a, b 满足的正规方程组为 $\begin{cases} na + \sum_{i=1}^{n} x_i^2 b = \sum_{i=1}^{n} y_i \\ \sum_{i=1}^{n} x_i^2 a + \sum_{i=1}^{n} x_i^4 b = \sum_{i=1}^{n} x_i^2 y_i \end{cases}$

3. 模型为 $y = -0.40518 + 1.7267x_1 + 0.5527x_2$

$$F = 486.1, R = 0.9974, t_1 = 4.94, t_2 = 5.05$$

4. 模型为 $y = a + bx + cx^2$

5. 模型为 $y = 28.40439\mathrm{e}^{-0.52258x}$

6. 模型为 $y = \dfrac{1}{a+bx}$

习题 4

1. (1) 精确值为 $\int_0^2 \frac{x}{1+x^2}\mathrm{d}x = \frac{1}{2}\ln 5 = 0.804719$

由复化梯形公式得 $\left(h = \frac{1}{2}\right)$, $\int_0^2 \frac{x}{1+x^2}\mathrm{d}x \approx T_4 = 0.780769$

由复化抛物线公式得 $\left(h = \frac{1}{2}\right)$, $\int_0^2 \frac{x}{1+x^2}\mathrm{d}x \approx S_2 = 0.807692$

可以看出，由复化抛物线公式得到的结果较好.

(2) 精确值为 $\int_0^6 \sqrt{x}\mathrm{d}x = 4\sqrt{6} = 9.797959$

由复化梯形公式得 $(h=1)$, $\int_0^6 \sqrt{x}\mathrm{d}x \approx T_6 = 9.607078$

由复化抛物线公式得 $(h=1)$, $\int_0^6 \sqrt{x}\mathrm{d}x \approx S_3 = 9.716797$

可以看出，由复化抛物线公式得到的结果较好.

2. 由复化梯形公式得 $(h=1)$, $\int_{-2}^{2} f(x)\mathrm{d}x \approx T_4 = 15$

复化梯形公式的整体截断误差为

$$|R(f,T_4)| = \left|\int_{-2}^{2} f(x)\mathrm{d}x - T_4\right| \leqslant \frac{1}{3}M$$

3. 提示: 考虑梯形公式的截断误差. 几何意义是, 曲线 $y=f(x)$ 是上凸的, 在割线的上方.

4. 因为 $h=\dfrac{1-(-1)}{4}=\dfrac{1}{2}$, 则利用复化抛物线公式有 $\int_{-1}^{1} f(x)\mathrm{d}x \approx S_2 = \dfrac{67}{6}$

复化抛物线公式的整体截断误差为 $|R(f,S_2)| = \left|\int_{-1}^{1} f(x)\mathrm{d}x - S_2\right| \leqslant \dfrac{M}{1440}$

5. 提示: 直接计算, 比较两个结果.

6. 对复化梯形公式的整体截断误差设 $h=\dfrac{b-a}{n}$, 即区间等分个数为 n, 则 $n > \sqrt{\dfrac{(b-a)^3}{12\varepsilon}M}$ 时就有 $|R(f,T_n)| = \left|\int_{a}^{b} f(x)\mathrm{d}x - T_n\right| < \varepsilon$

对复化抛物线公式的整体截断误差, 设 $h=\dfrac{b-a}{2n}$, 即区间等分个数为 $2n$, 则当 $n > \sqrt[4]{\dfrac{(b-a)^5}{180\varepsilon}M}$ 时就有 $|R(f,S_n)| = \left|\int_{a}^{b} f(x)\mathrm{d}x - S_n\right| < \varepsilon$

7. 具有 3 次代数精度的高斯型求积公式为

$$\int_{-1}^{1} f(x)\mathrm{d}x \approx \frac{2}{3}\left(f\left(-\frac{\sqrt{2}}{2}\right) + f(0) + f\left(\frac{\sqrt{2}}{2}\right)\right)$$

8. 具有 3 次代数精度的高斯型求积公式为

$$\int_{-h}^{h} f(x)\mathrm{d}x \approx \frac{h}{3}(f(-h) + 4f(0) + f(h))$$

具有 2 次代数精度的高斯型求积公式为

$$\int_{-1}^{1} f(x)\mathrm{d}x \approx \frac{1}{3}(f(-1) + 2f(-0.2899) + 3f(0.5266))$$

或

$$\int_{-1}^{1} f(x)\mathrm{d}x \approx \frac{1}{3}(f(-1) + 2f(0.6899) + 3f(-0.1266))$$

9. 在 $[-1,1]$ 上用高斯–勒让德求积公式, 对节点个数 $n=4$, 查计算节点和系数的表得

$$x_{2,3} = \pm 0.339981, \quad x_{1,4} = \pm 0.861136, \quad A_{2,3} = 0.652145, \quad A_{1,4} = 0.347855$$

所以用高斯–勒让德求积公式计算得 $\int_{-1}^{1} \dfrac{1}{1+x^2}\mathrm{d}x \approx 1.568627$

对节点个数 $n=4$, 由牛顿–科茨求积公式计算得

$$\int_{-1}^{1}\frac{1}{1+x^2}\mathrm{d}x\approx 1.56$$

精确值为 $\displaystyle\int_{-1}^{1}\frac{1}{1+x^2}\mathrm{d}x=2\arctan x|_0^1=1.570796$

所以用高斯–勒让德求积公式计算的结果较好.

习题 5

1. (1) 迭代格式: $x_{n+1}=2+\dfrac{1}{x_n^2}$ 收敛

   (2) 迭代格式: $x_{n+1}=\sqrt[3]{1+2x_n^2}$ 收敛

   (3) 迭代格式: $x_{n+1}=\sqrt{\dfrac{1}{x_n-2}}$ 不收敛

   (1) 的迭代格式: $x_{n+1}=2+\dfrac{1}{x_n^2}$ 收敛快, 取 $x_0=2$, 经迭代 5 次得到具有 4 位有效数字的近似根 $x^*=2.206$, 可达到 $|f(2.206)|=5.598\times10^{-5}$.

2. 取迭代格式: $x_{n+1}=\dfrac{1}{2+x_n^2}$, 取 $x_0=0$, 经迭代 8 次得到具有 4 位有效数字的近似根 $x^*=0.4534$, 可达到 $f(0.4534)=2.2095\times10^{-6}$.

3. 收敛的迭代格式为: $x_{n+1}=\sqrt{\dfrac{10}{x_n+4}}$

4. 用牛顿法, 取 $x_0=2$, 经迭代 4 次得到近似根 $x^*=1.879385$, 可达到 $f(1.879385)=-6.568\times10^{-8}$. 用单点弦位法, 取 $x_0=2$, $x_1=1$, 经迭代 6 次得到具有 4 位有效数字的近似根 $x^*=1.879$, 能达到 $f(1.879)=-5.2587\times10^{-5}$. 用双点弦位法, 取 $x_0=1$, $x_1=3$, 经迭代 10 次也得到近似根 $x^*=1.879385$, 能达到 $f(1.879385)=-6.568\times10^{-8}$.

5. 牛顿迭代格式为: $x_{n+1}=\dfrac{1}{2}\left(x_n+\dfrac{a}{x_n}\right)$

6. 经迭代 2 次得到具有 8 位有效数字的近似根 $x^*=1.7320508$

7~9. 略

10. 提示: 做迭代格式: $x_{n+1}=\sqrt{2+x_n}$

11. $\begin{cases}x_1=1.58125\\ y_1=1.225\end{cases}$, $\begin{cases}x_2=1.581139\\ y_2=1.224745\end{cases}$, 此时有 $\begin{cases}f_1=9.765\times10^{-4}\\ f_2=-2.736\times10^{-4}\end{cases}$

习题 6

1. $x=(2,1,-1)$

2. $\boldsymbol{L}=\begin{bmatrix}1&&\\2&1&\\-1&-2&1\end{bmatrix}$, $\boldsymbol{U}=\begin{bmatrix}1&2&-1\\&-3&5\\&&14\end{bmatrix}$, $\boldsymbol{x}=(2,0,1)$

3. $\boldsymbol{x}=(1,-1,2)$

4. $\boldsymbol{L}=\begin{bmatrix}1 & & \\ 2 & \sqrt{2} & \\ -2 & \dfrac{5}{\sqrt{2}} & \sqrt{\dfrac{3}{2}}\end{bmatrix}$, $\boldsymbol{x}=(3,-2,1)$

5. 略

6. (1) $\boldsymbol{A}=\begin{bmatrix}1 & & \\ \dfrac{1}{2} & 1 & \\ -2 & \dfrac{8}{3} & 1\end{bmatrix}\begin{bmatrix}2 & 1 & -4\\ & \dfrac{3}{2} & 4\\ & & \dfrac{4}{3}\end{bmatrix}$

(2) $\boldsymbol{x}=\left(1,-1,\dfrac{1}{2}\right)$

(3) 正定

7~8. 略

习题 7

1. $\|\boldsymbol{x}\|_1=12$, $\|\boldsymbol{x}\|_2=2\sqrt{14}$, $\|\boldsymbol{x}\|_\infty=6$
2. $\|\boldsymbol{A}\|_1=6$, $\|\boldsymbol{A}\|_\infty=8$

3~4. 略

5. (1) 对雅可比迭代法其谱半径 $\rho(\boldsymbol{B}_1)=0$, 所以迭代法收敛.

对高斯–赛德尔迭代法其谱半径 $\rho(\boldsymbol{B}_2)=2$, 所以迭代法发散.

(2) 对雅可比迭代法其谱半径 $\rho(\boldsymbol{B}_1)>1$, 所以迭代法发散.

对高斯–赛德尔迭代法其谱半径 $\rho(\boldsymbol{B}_2)=\dfrac{5+\sqrt{89}}{2}$, 所以迭代法发散.

(3) 对雅可比迭代法, 谱半径 $\rho(\boldsymbol{B}_1)=0$, 所以迭代法收敛.

对高斯–赛德尔迭代法, 谱半径 $\rho(\boldsymbol{B}_2)=2$, 所以迭代法发散.

6~7. 略

8. 提示: 考虑对称正定矩阵 $\boldsymbol{A}$ 与迭代矩阵 $\boldsymbol{I}-\alpha\boldsymbol{A}$ 的特征值的关系

习题 8

1. $-5\leqslant\lambda\leqslant 7$
2. $\lambda_1=8.87$, $\lambda_1=8.38762$
3. $\boldsymbol{H}=\begin{bmatrix}1 & 0 & 0 & 0\\ 0 & -\dfrac{2}{3} & -\dfrac{1}{3} & -\dfrac{2}{3}\\ 0 & -\dfrac{1}{3} & \dfrac{14}{15} & -\dfrac{2}{15}\\ 0 & -\dfrac{2}{3} & -\dfrac{2}{15} & \dfrac{11}{15}\end{bmatrix}$

4. $\boldsymbol{H}=\begin{bmatrix}1&0&0\\0&-\frac{3}{5}&-\frac{4}{5}\\0&-\frac{4}{5}&\frac{3}{5}\end{bmatrix}$, $\boldsymbol{HAH}=\begin{bmatrix}3&-5&0\\-5&\frac{73}{25}&\frac{14}{25}\\0&\frac{14}{25}&-\frac{23}{25}\end{bmatrix}$

5. 经迭代 6 次得到 $\boldsymbol{A}_6=\boldsymbol{P}_{13}^{\mathrm{T}}\boldsymbol{A}_5\boldsymbol{P}_{13}=\begin{bmatrix}1.26795&-1.735\times10^{-4}&0\\-1.735\times10^{-4}&3&0\\0&0&4.7321\end{bmatrix}$,

所以近似根为 $\lambda_1=4.7321$, $\lambda_2=3$, $\lambda_3=1.26795$

习题 9

1.

x_i	欧拉方法 y_i	改进的欧拉方法 y_i	精确解 $y(x_i)$	欧拉方法的误差	改进的欧拉方法的误差
0.1	1.1	1.109992	1.110338	−1.033759E−2	−3.459454E−4
0.2	1.219983	1.241965	1.242736	2.275288E−2	−7.711649E−4
0.3	1.361849	1.398074	1.39936	−3.751123E−2	−1.285553E−3
0.4	1.527586	1.580597	1.582497	−5.491185E−2	−1.900792E−3
0.5	1.719286	1.791948	1.794578	−7.529199E−2	−2.629399E−3
0.6	1.939157	2.034703	2.038189	−9.903216E−2	−3.48568E−3
0.7	2.189537	2.311614	2.316099	−0.1265621	−4.485607E−3
0.8	2.472913	2.625633	2.63128	−0.1583674	−5.647182E−3
0.9	2.791939	2.979945	2.986936	−0.1949968	−6.991148E−3
1	3.149466	3.377996	3.386536	−0.2370701	−8.540154E−3

2.

x_i	二阶 R-K 方法 y_i	四阶 R-K 方法 y_i	精确解 $y(x_i)$	二阶 R-K 方法的误差	四阶 R-K 方法的误差
0.1	1.005	1.004838	1.004837	1.626015E−4	1.192093E−7
0.2	1.019025	1.018731	1.018731	2.942085E−4	1.192093E−7
0.3	1.041218	1.040818	1.040818	3.993511E−4	2.384186E−7
0.4	1.070802	1.07032	1.07032	4.818439E−4	3.576279E−7
0.5	1.107076	1.106531	1.106531	5.450249E−4	3.576279E−7
0.6	1.149403	1.148812	1.148812	5.917549E−4	3.576279E−7
0.7	1.19721	1.196586	1.196585	6.247759E−4	4.768372E−7
0.8	1.249975	1.249329	1.249329	6.461143E−4	4.768372E−7
0.9	1.307227	1.30657	1.30657	6.577969E−4	4.768372E−7
1	1.368541	1.36788	1.36788	6.613731E−4	4.768372E−7

3. 阿达姆斯方法 y_i: 1.08　1.341757　1.841156　2.678851　3.987335

精确解 $y(x_i)$: 1.0816　1.3456　1.8496　2.6896　4

误差: −1.599908E−3, −3.842711E−3, −8.444548E−3, −1.074934E−2, −1.266456E−2

前三个值 y_i 先用二阶龙格–库塔方法计算.

4. 略

参考文献

曹志浩, 张玉德, 李瑞遐. 1979. 矩阵计算和方程求根. 北京: 高等教育出版社.

何满喜, 何财富. 1995. 层次分析法在农业技术进步度量分析中的应用. 内蒙古师大学报.

何满喜, 李东升. 2009. 植物叶片厚度日变化的微分方程模型. 大学数学.

何满喜, 王勤. 待发. 基于 Simpson 公式的 GM(1, N) 建模的新算法. 系统工程理论与实践.

何满喜. 2004. 四阶 R-K 方法中一类新算法的分析. 大学数学.

何满喜. 2005. 计算基尼系数的一个新算法. 统计与决策.

何满喜. 2007. 时间序列趋势预测的三步滚动模型. 统计与决策.

何满喜. 2010. 组合预测方法在旅游经济分析预测中的应用. 数学的实践与认识.

黄友谦, 李岳生. 1987. 数值逼近. 北京: 高等教育出版社.

李庆扬, 王能超, 易大义. 2001. 数值分析. 北京: 清华大学出版社.

李荣华, 冯果忱. 1996. 微分方程数值解法. 北京: 高等教育出版社.

林成森. 2006. 数值分析. 北京: 科学出版社.

清华大学, 北京大学. 1974. 计算方法 (上、下). 北京: 科学出版社.

孙志忠. 2001. 计算方法典型例题分析. 北京: 科学出版社.

王能超. 2004. 计算方法简明教程. 北京: 高等教育出版社.

王仁宏. 2005. 数值逼近. 北京: 高等教育出版社.

徐萃薇, 孙绳武. 2007. 计算方法引论. 北京: 高等教育出版社.

易大义, 陈道琦. 1998. 数值分析引论. 杭州: 浙江大学出版社.

易大义, 蒋叔豪, 李有法. 1984. 数值方法. 杭州: 浙江科学技术出版社.

张凯院, 徐仲. 2000. 数值代数. 西安: 西北工业大学出版社.

David K, Ward C. 2003. Numerical Analysis: Mathematics of Scientific Computing. 3rd ed. Beijing: China Machine Press.

Marchuk G I. 1982. Methods of Numerical Mathematics. New York: Springer.

Stoer J, Bulirsch R. 1980. Introduction to Numerical Analysis. New York:Springer-Verlag.